冶金工业出版社

普通高等教育"十四五"规划教材

轧制工程技术及发展

楚志兵　朱艳春　帅美荣　秦建平　编著

本书数字资源

北　京
冶金工业出版社
2025

内 容 提 要

本书以七十多年来国内主要的钢铁材料生产和深加工企业所采用的轧制成型工艺装备为主线，介绍钢铁材料的轧制生产过程和轧制设备基本组成，论述各种轧制工艺的技术特点和发展，轧制过程分析及轧制力和传动力矩的计算方法。在此基础上，叙述了轧钢机的主要构件和轧制工具的设计计算方法。

本书可作为材料学与材料加工专业和冶金机械设计专业的本科生专业课教学用书，也可作为有关专业的研究生教学参考书。本书亦可供金属材料研发、生产和使用单位的生产、设计和技术开发等部门的技术人员和管理者阅读。

图书在版编目（CIP）数据

轧制工程技术及发展 / 楚志兵等编著. -- 北京：
冶金工业出版社，2025.1. --（普通高等教育"十四五"
规划教材）. -- ISBN 978-7-5240-0061-7

Ⅰ. TG33

中国国家版本馆 CIP 数据核字第 2024RC0866 号

轧制工程技术及发展

出版发行	冶金工业出版社		电　　话	(010)64027926
地　　址	北京市东城区嵩祝院北巷 39 号		邮　　编	100009
网　　址	www.mip1953.com		电子信箱	service@ mip1953.com

责任编辑　于昕蕾　美术编辑　吕欣童　版式设计　郑小利
责任校对　梅雨晴　责任印制　窦　唯
三河市双峰印刷装订有限公司印刷
2025 年 1 月第 1 版，2025 年 1 月第 1 次印刷
787mm×1092mm　1/16；17.5 印张；422 千字；264 页
定价 49.00 元

投稿电话　（010）64027932　投稿信箱　tougao@cnmip.com.cn
营销中心电话　（010）64044283
冶金工业出版社天猫旗舰店　yjgycbs.tmall.com
（本书如有印装质量问题，本社营销中心负责退换）

前　　言

轧制成型技术是金属材料生产的主要手段，我国的现代钢材轧制生产已经有一百多年的历史。然而，直到新中国成立以后，轧制技术才作为现代工业的重要工程技术之一，在国家层面上开展系统的技术研究开发，并成为高等工业学校的重要专业教学科目。

几十年来，我国轧制技术领域的有关单位和人员先后翻译和编著了许多专业书籍和教材，如轧制理论、轧钢工艺、轧钢设备等方面的高等学校教学用书、各种专著和设计参考资料等。本书作者试图在此基础上，以新的视角，综合性陈述各种轧制技术及其发展，以期读者能够较为完整、系统地了解轧制工程技术。

本书以板、管、型、线等产品的轧制生产方式为主线，叙述其生产工艺及技术发展过程。此外，本书亦讲述金属材料的深加工技术，包括轧制、弯曲、拉拔和旋压等相关技术。最后，在介绍轧制工艺过程和轧制设备组成的基础上，对轧制理论、轧制工具和轧制设备的基本知识作系统讲述，从而使读者对轧制技术的感性认识提升到理性认识，进而能够在轧制新技术的开发和新材料生产领域的应用方面有所启迪。

传统轧制生产技术的工艺过程简单直观，了解传统轧制工艺和轧制设备，对于机械设计制造（轧钢机械）专业和材料成型与控制（轧钢工艺）专业学生的专业课程的学习和毕业设计的完成都有很好的促进作用。

此外，考虑到现代轧制生产条件下，读者对轧制生产现场了解的途径有限，作者在文字叙述的基础上，配置较多的实物和生产过程的图片，以期增强读者对轧制技术装备的感性认识。

本书是在当前实现"双碳"目标的大背景下撰写而成的，期望以此能够为探索钢铁和有色金属材料生产新的轧制工艺技术方案，促进钢铁与有色金属材料轧制生产技术进步做出贡献。

全书的编著是由太原科技大学教师楚志兵、朱艳春、帅美荣、田雅琴、秦建平等同志完成的，由秦建平同志作最后统稿。

由于作者水平所限，书中难免有不妥之处，恳请读者批评指正。

编　者

2024 年 1 月

目　　录

1 绪　论

1.1 概　述

金属材料的最初用途，主要是作为功能材料。例如，铜、铁等金属材料最早是用来制作酒器、礼器、兵器、炊具、工具、农具等器具，其生产制作方法是采用铸造、锻打等工艺方式。由于生产方式原始，生产能力低下，古代金属材料的产量和应用范围十分有限。尽管史学界采用"铜器时代"和"铁器时代"对人类社会文明时代进行划分，但是在古代社会，工程上实际使用的结构材料，主要还是木材、石材和泥土（砖、陶）等"自然材料"。只有进入工业社会时期，钢铁这种"人造材料"才开始广泛地应用到工程结构和日常生活领域中（图1-1）。

图1-1　古代建筑与近代建筑
a—应县木塔；b—法国巴黎埃菲尔铁塔；c—赵州桥；d—英国伦敦塔桥

结构用金属材料的大量生产和广泛使用是金属材料工业发展成熟的标志之一。结构用金属材料的特征是：能够承受较大的载荷，具有确定的形状、尺寸，可以通过不同方式连接形成构件。最早作为结构用金属材料的是青铜，陕西西安出土的秦始皇陵的铜车马（图1-2）就是现存的实例。铜车马金属零件的加工制作和连接状况能够表明，当时的金属加工工艺已经十分成熟。

图1-2　秦始皇陵的铜车马

钢铁材料的出现使结构用金属材料的广泛使用成为可能，而轧制技术的发展则是实现这种可能的必要技术条件。

经过数百年的发展和演变，特别是近半个多世纪的发展，目前钢铁材料生产和使用技术已经十分成熟，无论是产品品种、生产工艺还是应用方式和方法，都已经达到很高的技术水平，成为现代文明不可缺少的结构用材料（图1-3）。

图1-3　轧制钢材的四大品种
a—板材；b—管材；c—型材；d—线材

钢铁生产模式的发展历程可以按照生产企业的钢铁产品的构成形式划分：由少品种低产能生产到多品种联合生产，再到少品种高产能的规模化生产过程。

（1）少品种低产能生产阶段。在单一产品生产阶段，由于冶炼生产和轧制生产能力都比较低，因此整个生产过程只能生产一两个品种的轧制产品。

（2）多品种联合生产阶段。随着大容积高炉炼铁、平炉炼钢的应用，钢铁冶炼生产能力显著提高，而轧制生产能力尚未大规模提升，需要较多的轧制生产线来消化，通过初轧机开坯为下游轧钢厂供料，因此一个钢铁企业可以生产多种轧制产品，即多种产品联合生产。例如，20世纪60年代鞍钢主体厂区十几个轧钢厂联合生产，数十个轧制产品涵盖板、管、型、线四大类以及铸造产品。

（3）少品种高产能生产阶段。从20世纪六七十年代开始，轧钢生产进入大型化、连续化、自动化时代，生产能力显著提高，尽管冶炼生产由于超大容积高炉炼铁、转炉炼钢和吹氧技术的出现，产能也得到提高；但是由于连铸技术的成熟，冶炼生产与轧制生产实现了更高产能水平的平衡衔接，钢铁生产的经济性得到显著提升，钢铁企业的生产流程则以少品种、高产能的模式为主，专门生产板材、管材和棒线材的大型钢铁生产企业。

当前，钢铁生产进入后大型化时代，尽管还会有大型钢铁企业兴建或重组改造，钢铁产量还会维持高水平，但是随着各种金属材料在社会保有量的上升，新金属材料需求量的增加，为金属材料生产方式的改进和技术装备的创新提供了新的动力。温故而知新，回顾历史，充分了解传统轧制技术，在现代科技框架下加以应用，以适应钢铁生产新模式和新金属材料的生产，将具有重要意义。

为了改善金属材料产品的供应形态，提高金属材料生产企业运行的经济效益，通过了解钢铁生产发展历程，分析技术和生产方式演变的内在规律，开发新的金属材料轧制生产技术装备是十分必要的，对于满足现阶段国民经济各领域对金属材料的多样化需求将产生积极的促进作用。

近年来，我国有色金属材料生产发展迅速，尤其是铝、镁、钛合金等轻金属材料的生产（图1-4），这些金属的工程用结构材料的塑性加工生产多处于规模化生产的前期，直接使用目前的轧钢技术设备进行生产存在许多问题。例如，钢铁材料的生产工艺、设备形式和投入产出比等方面都不能适应轻金属工程结构材料的生产工艺、产品的多样化和规模化，以及经济性生产的要求。因此借鉴钢铁生产规模化初期的技术，开发适于轻金属工程结构材料规模化生产的技术与模式，对于促进我国金属材料生产的发展具有重要意义。

  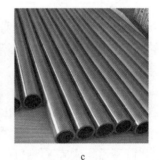

a   b   c

图1-4　钛合金轧制材

a—钛合金板材；b—钛合金线材；c—钛合金管材

1.2　钢铁生产系统

与其他工业部门相比，钢铁生产系统具有原、燃料及辅助材料消耗量大，生产环节多、相互间联系密切，运输量大，产品种类规格多等特点，为了获得稳定产品质量和良好的经济效益，大多采用联合生产方式。钢铁联合企业的出现是钢铁生产成熟的重要标志，也是现代大工业生产的典型代表。简单的钢铁联合企业涵盖从烧结→炼铁→炼钢→连铸（模铸）→轧钢的生产过程，进一步的联合生产则包括原料、燃料、辅料、动力、运输等辅助生产部门。在20世纪中期，鞍山钢铁公司（图1-5和图1-6）是典型的钢铁联合企业，其生产部门包括：

（1）钢铁产品生产，包括矿山采掘、矿石洗选、烧结、炼铁、炼钢、轧钢和金属制品；

（2）辅助产品生产，包括金属和非金属矿（镁、石灰石、黏土）、耐火材料、焦炭、化工产品；

（3）能源动力生产，包括电力、燃气、氧气生产，供电、给水；

（4）物流运输，包括铁路运输、汽车运输、管道输送；

（5）设备设施维修，包括筑炉（冶金炉）、机械修理、电机修理、仪器仪表维护、电讯维护；

（6）废弃物处理，包括铁渣处理、钢渣处理、污水处理、废钢处理等。

图1-5　鞍钢的高炉群

图1-6　百年历史的鞍钢大孤山铁矿

钢铁联合企业中辅助企业的存在带来了钢铁产品生产的便利，同时也导致相关辅助产能的闲置，影响企业的整体经济效益。随着经济体制改革的推进，钢铁企业的主要生产部门与辅助生产部门逐渐分离，生产服务社会化，使钢铁联合企业的规模缩小，产能得到发挥，人均产量逐步提高。进入20世纪90年代以后，在进口富矿、商品焦炭及耐火材料的冲击下，钢铁企业的冶金矿山和焦炭化工等相关部门的作用在弱化，许多只设置炼铁、炼钢和轧钢生产部门的钢铁厂纷纷建立，极大地改变了我国钢铁生产企业的布局。

当前，鉴于铁矿石进口的情况，国家加大了国内铁矿山的开发，不久将能够改变我国铁矿石的来源渠道。此外，随着废钢社会保有量增加，废钢→炼钢→连铸→轧钢的短流程生产工艺的推行，必将进一步影响我国钢铁工业的布局。

1.3　钢铁工业地理

钢铁工业地理是经济地理学的重要组成部分，是研究钢铁工业与周边地理环境的学科。分析与钢铁生产有关的资源、交通和市场的地理分布状况，探讨钢铁工业布局的科学性和合理性，是钢铁工业从业者需要了解的基本知识。

现代钢铁工业始于 19 世纪初期，至今已有二百多年历史。但直到第二次世界大战前，钢铁工业发展缓慢，产量有限，实现工业化生产的国家不多，且分布十分集中。从 20 世纪 50 年代中期开始，日本钢铁工业发展极为迅速，先后超过法国、英国、联邦德国，到 80 年代超过美国跃居世界第二位。同期，苏联大力发展钢铁工业，于 20 世纪 70 年代超过美国居世界第一。

钢铁生产方式的演变与钢铁工业的地理分布密切相关，世界钢铁工业的分布可以分为以下三种类型。

1.3.1 内陆型

内陆型钢铁工业布局形式主要有：

（1）同时接近煤、铁资源产地和钢铁产品消费地，是钢铁工业布局中最理想的形式。例如，英国中部、前苏联的乌克兰南部、中国的辽宁省中部等。

（2）接近炼焦煤产地，是世界钢铁工业布局的早期形式。当时钢铁厂多利用富矿，耗用铁矿石少，而炼铁技术水平较低，焦比高，耗煤量大，故趋向于炼焦煤产地。例如，联邦德国的鲁尔区、苏联的顿巴斯和库兹巴斯、美国的宾夕法尼亚等。

（3）接近铁矿石产地。随着钢铁工业技术水平的提高，推广配煤和焦比不断降低，加之富矿日益减少，广泛利用贫矿生产人造富矿，铁矿石消耗量大增，钢铁工业布局又趋向于铁矿石产地。例如，苏联的乌拉尔、克里沃罗格，西欧的法国、比利时、卢森堡等国。

（4）位于铁矿石与煤炭交换的运输线上。例如，美国的五大湖地区、苏联的第聂伯河沿岸，钢铁工业依靠其方便的运输地理位置而得到发展。

（5）接近市场和消费地。在第二次世界大战后发展较快的，多数是中小型炼钢厂和轧钢厂。

1.3.2 沿海型

顾名思义，沿海型钢铁工业主要分布于沿海地区。20 世纪 60 年代以来，世界多数主要产钢国因资源匮乏，钢铁产品国内市场狭小，越来越依赖国际市场；加之海运业发展及先进大型铁矿专用船的普遍使用，在沿海兴建大型钢铁厂成为世界钢铁工业布局的普遍趋势（图 1-7 和图 1-8）。20 世纪 80 年代初，世界年产钢 500 万吨以上的大型钢铁厂中，有 60% 建在沿海，如日本濑户内海和太平洋沿岸、西欧的北海和地中海沿岸、美国的大西洋沿岸等。

图 1-7　鞍钢鲅鱼圈厂区

图 1-8　宝武湛江钢铁

1.3.3 沿海内陆型

20世纪90年代以来，我国的钢铁生产规模急剧扩大。从沿海到内地，钢铁企业逐渐分布到全国大部分地区，形成沿海内陆型钢铁工业布局。究其原因，除社会政治因素外，还有以下原因：全国性大规模基本建设的开展，使钢材的消费区域扩大；国外钢铁产生技术装备（主要是轧制设备）的引进，使国内钢铁生产技术水平快速提高；国外高品位铁矿石的大规模进口，弥补了我国铁矿石，特别是高品位铁矿石的缺口；国内外交通物流技术的发展，使钢铁物流成本降低，内地钢铁企业使用进口铁矿石和出口钢材成为可能。

近年来，由于环境的压力和后工业经济的发展，国内外许多钢铁企业停产或从大城市迁出，留下工业遗址（图1-9），离开城市依托的钢铁企业如何维持和发展有待观察。由此也给钢铁行业的从业者提出新的课题，即如何使钢铁生产与城市和谐共生，只有解决好该问题才能够使我国的钢铁企业健康稳定地发展。

图1-9　钢铁工业遗址
a—中国首钢；b—德国鲁尔

1.4 小 结

金属材料生产与社会经济发展密切相关，随着社会经济形态的演变，金属材料生产方式和产业布局也会产生相应的变化。全面了解金属材料生产历程和所形成的生产技术，充分利用传统轧制生产技术，积极开展金属材料轧制生产新技术的研究，适应社会经济的发展变化，是金属材料生产领域从业者的重要工作任务。

2 钢坯轧制

2.1 概　述

钢坯是生产钢材的原料,传统的钢坯生产主要是铸锭→轧制开坯。

钢坯生产的意义:保证固态轧制,钢水需要凝固才能进入轧制过程;调节冶炼与轧制的生产节奏,钢水生产是间歇生产,而轧制生产是连续生产,需要有中间的缓冲工序;保证钢材产品质量,提高轧制生产效率,不同产品钢材轧机需要的坯料形状尺寸不同,需要钢坯生产过程提供。此外,还有产品的组织性能方面的考虑。

总之,钢坯生产是钢材生产的第一步,其产品产量和质量决定了钢材生产的产能和产品质量。钢坯生产方式有以下几种:

(1) 轧制坯。轧制坯是将钢水浇铸的铸锭通过轧制成型生产的钢坯,轧制坯(图2-1)可以分为初轧坯(大方坯、板坯、异形坯)和产品钢坯(小方坯、管坯、带坯)两大类。

a　　　　　　　　　　　　　　　b

图 2-1　轧制坯
a—大方坯;b—小方坯

(2) 铸造坯。铸造坯是将钢水通过铸造设备直接铸成不同尺寸形状的钢坯,铸造的方式有:连续铸造、半连铸铸造、离心铸造等。铸造坯的种类有板坯、方坯、异形坯、圆坯(管坯)和双金属复合坯等(图2-2)。

(3) 锻造坯。锻造坯(图2-3)是将铸锭经过锻打成为不同形状和尺寸,用于轧制生产的坯料。锻造的方式有自由锻、径向锻造等。锻造坯的生产多用于小批量、多材质的特殊钢和有色金属材料的生产,一些特殊钢生产企业专门设置锻造钢坯生产厂,为下游钢材生产厂提供坯料。在某些特殊金属材料的生产单位,多将径向锻造机与轧制设备一起配置,作为轧制材生产的主要设备。

图 2-2　连铸坯

a—板坯；b—方坯；c—圆坯；d—型钢坯

　　（4）挤压坯。挤压坯是采用挤压机将铸锭挤压成带坯、圆形或异形的坯料（图 2-4），多用于有色金属材料生产。

图 2-3　锻造坯

图 2-4　挤压镁合金带坯

　　（5）粉末冶金坯。通过粉末冶金制坯（图 2-5），然后经过轧制得到粉末冶金制品，该工艺是粉末冶金生产过程的重要形式。

　　（6）废钢坯。利用大尺寸废钢（图 2-6）切割成钢坯，用于轧制小尺寸钢材，具有十分重要的经济意义。随着钢材的社会保有量增加，这种钢材改制生产的市场前景十分广阔。

图 2-5　钨铜粉末冶金圆坯

图 2-6　废钢轨坯料

2.2　钢锭生产

在连铸生产技术没有普及以前，炼钢厂生产的钢水主要通过浇铸的方式生产钢锭，然后再将钢锭轧制成各种规格的钢坯供成品轧钢厂使用。因此，铸锭车间属于炼钢厂的一部分。

2.2.1　钢锭生产方法

钢锭浇铸可以分为上铸法（图 2-7）和下铸法（图 2-8）两种，钢铁厂多使用下铸法。

上铸钢锭的内部结构较好，夹杂物较少，操作费用较低；下铸钢锭表面质量良好，通过中注管和汤道使钢中夹杂物增多。用于生产棒材和型材的钢锭一般为正方断面（称为方锭），生产板材的钢锭一般为长方形断面（称为扁锭），生产锻压材的钢锭有方形、圆形和多角形。

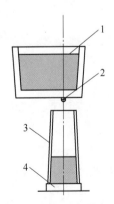

图 2-7　钢锭的上铸法

1—盛钢桶；2—滑动水口；3—钢锭模；4—底盘

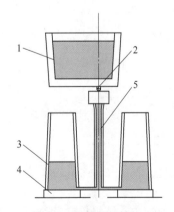

图 2-8　钢锭的下铸法

1—盛钢桶；2—滑动水口；3—钢锭模；
4—底盘；5—中铸管

钢铁厂钢锭生产的主要工序有：

（1）钢锭模准备。为了保证铸锭质量，钢铁厂多采用下铸法。钢锭模准备是将处理好的钢锭模置于平板车上，4个一组，中间放置中铸管，用耐火材料将连接通道封好。

（2）钢水浇铸。将钢水包（盛钢桶）的水口置于中铸管之上，打开滑动水口，进行浇铸（图2-9）。

图2-9　浇铸钢锭

（3）脱模。浇铸过程结束，待钢锭具有坚固的外壳后，将钢锭车运至脱模车间脱模（图2-10），用吊车将钢锭模提出。然后，送入坑式均热炉中均热（图2-11）。

图2-10　钢锭脱模

图2-11　钢锭均热

（4）钢锭模处理。用后的钢锭模经过清理，再返回铸锭车间进行下一次铸锭。

2.2.2　钢锭的种类

根据浇铸前钢液中氧含量的不同，钢锭分为镇静钢锭、沸腾钢锭和半镇静钢锭三种基本类型。

（1）镇静钢锭。镇静钢又称全脱氧钢，是凝固过程中钢液内氧含量低到不会与钢中的碳反应生成一氧化碳气泡的钢。浇铸前钢液须经充分脱氧，如用硅和铝脱氧，钢中硅含量在0.3%左右，铝含量在0.02%~0.06%。镇静钢锭均有缩孔，必须用带保温帽（图2-12）的锭模浇铸。轧制后切头，钢锭成坯率为85%~89%，要求成分均匀、组织致密的钢材采用这种钢锭。镇静钢采用上大下小带保温帽的铸模，现在广泛采用发热保温帽和隔热板保温帽等以提高成坯率。

（2）沸腾钢锭。沸腾钢钢液中氧含量较高（0.02%~0.04%），在锭模中发生强烈碳氧反应，生成一氧化碳气泡，使钢液在锭模中沸腾而得名。这种钢开始凝固时，气泡就形成并上浮。钢锭表皮凝固成含铁较纯的壳层，当表层达到所要求的厚度时，在钢锭顶部加上盖板，使顶部凝固，阻止气泡继续逸出；也可在顶部加入硅铁、铝等脱氧进行化学封顶；也有用瓶口式锭模进行封顶的。另一种方法是在钢液凝固成表面层后即向整体

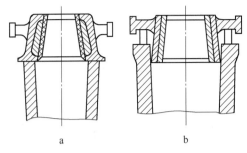

图 2-12 保温帽类型
a—固定式；b—浮游式

钢液中加铝脱氧，这种钢锭称为外沸内镇钢。沸腾钢一般采用上小下大敞开式铸模。沸腾钢锭成坯率高达 90%~92%，主要用于低碳钢。

（3）半镇静钢锭。半镇静钢是介于镇静钢和沸腾钢之间的钢种，这种钢内部气体少，结构接近于镇静钢。半镇静钢浇铸初期不产生气泡，当顶部自然凝固封顶后（可采用瓶口模促进封顶），由于钢液中碳和氧的富集和温度降低，促使在钢锭顶部产生少量一氧化碳气泡，填充整个钢液的凝固收缩空间。因此，可得到与沸腾钢相近的钢锭成坯率。半镇静钢主要用于中等碳含量和中等质量的结构钢，所用铸模一般为敞开式的上小下大型。

2.2.3 钢锭模

2.2.3.1 钢锭与钢锭模参数

钢锭与钢锭模（图 2-13）主要参数：钢锭质量、断面形状及尺寸、钢锭高度或高宽比、钢锭锥度、模壁厚度或模锭质量比、转角半径及底部形状等。

2.2.3.2 影响铸锭的因素

（1）钢锭质量。钢锭模的最大尺寸应与轧机能力相匹配，而最小断面尺寸决定于生产高质量产品所必需的压缩比（一般 ≥8）。在炼钢和轧制设备能力条件允许的前提下，尽量选择满足较大倍、定尺的钢锭质量。大钢锭的整模、浇铸、脱模等作业较简单，钢锭热送温度升高，轧机生产能力和轧制成坯率也较高。例如，1150 mm 初轧机轧制的扁锭多数在 15~20 t 之间、方锭在 8~13 t 之间。

（2）钢锭模断面形状。钢锭模的断面形状依钢锭用途而定，用于轧制型材、管材、线材的多采用方锭，轧制板材的多采用扁锭或矩形锭，圆形钢锭则用于轧制车轮、轮箍等，制作大型锻压件多采用多角形钢锭。

就铸锭生产能力和生产难度而言，矩形锭优于方形锭，方形锭优于圆形锭。条件允许时，以矩形锭代替方形锭，有利于改善钢锭质量和提高成坯率。

（3）钢锭模内壁形状。钢锭模内壁形状对钢锭质量有影响，直边模壁易使钢锭表面内凹，且边长愈长，凹陷愈重，钢锭模也易变形，往往造成卡锭而过早报废；凹面模壁可得到表面微凸的钢锭，有利于提高成坯率和钢锭模寿命；波纹形模壁的棱在钢锭凝固过程中起加强筋作用，有利于减少表面裂纹。

（4）钢锭的高宽比。增加锭高（H）有利于提高轧机生产率，但对钢锭内部质量不利。5~8 t 钢锭的高宽比（H/D）以 2.5~3.0 为宜，1~5 t 钢锭 H/D 可为 3.0~3.5。

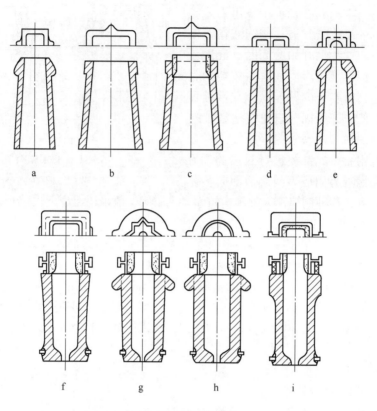

图 2-13　钢锭模类型

a—正锥方形；b—正锥矩形；c—正锥矩形（带保温帽）；d—连体模；e—瓶口模；
f—倒锥方形（带保温帽）；g—波纹形（带保温帽）；h—圆形（带保温帽）；i—方形（带保温帽）

（5）钢锭锥度。钢锭锥度过大增加钢锭局部悬挂的概率，不利于轧制，锥度过小则不利于脱模，且钢锭内部质量欠佳。锥度一般在 0.8%~4.2% 之间，高质量钢趋于上限。

（6）模壁厚度

钢锭模壁应能保证钢锭模有足够的强度，有时还要在其上端或下端加厚，以增加抗碰撞能力。通常模壁厚度在 50~160 mm 之间，大钢锭取上限；模锭质量比在 0.8~1.2 之间，大钢锭取下限。球墨铸铁钢锭模的模锭比一般以 1.0 为宜。模壁上口或外侧还要配置耳环或耳铁，以便于钢锭模的吊运和脱模操作。

（7）模壁转角半径。模壁转角半径是影响钢锭角部裂纹的重要参数，转角半径过大或过小都易使钢锭产生角部裂纹。适宜的转角半径为钢锭模内腔断面平均水力学直径的 8%~15%，碳素钢趋于下限，合金钢趋于上限。

（8）底部形状。钢锭模底部决定着钢锭开坯后的坯尾形状，是影响钢锭成坯率的重要参数。由于钢锭开坯时，表面变形量大于心部变形量，角部变形量大于面部中央变形量，因此坯尾通常呈"鱼尾"形（有时也呈舌形），需加以切除。钢锭模底部的形状，应能保证钢锭开坯时产生的鱼尾尽可能小，以减少切尾损失。钢锭底部形状有平底、半球形、截锥形等多种类型，其钢锭开坯切尾率依次减小。

2.3　初轧坯生产

初轧工艺自 19 世纪 60 年代出现，发展到 20 世纪 60 年代后期，在技术基本成熟定型。进入 20 世纪 70 年代中后期，由于连铸技术的逐步完善，连铸钢坯在成坯率及能耗方面与初轧钢坯相比显示出极大的优越性，逐渐取代了由钢锭经初轧开坯生产的初轧坯。此后，世界各国都在大力发展连铸技术，初轧生产已仅限于连铸尚不能生产的钢种或改用大连铸坯作原料进行初轧生产。

2.3.1　初轧生产工艺

初轧生产是钢锭轧制成钢坯的生产过程，初轧生产工艺（图 2-14）主要包括钢锭的均热（加热）、轧制和精整。

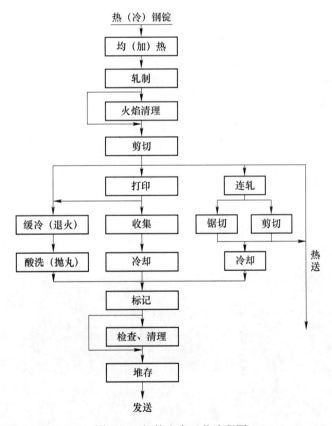

图 2-14　初轧生产工艺流程图

2.3.1.1　均热

钢锭脱模后在热状态下送往初轧厂的均热炉（图 2-15），通常热锭装炉温度为 800～850 ℃。锭温达到 900 ℃以上时，锭中心仍处于液态，这时钢锭装炉加热称为液芯加热。当热锭供应不足时，可由钢锭库补充冷锭。

钢锭用钳式吊车装入均热炉，将钢锭加热到接近 1200 ℃，然后用钳式吊车从均热炉

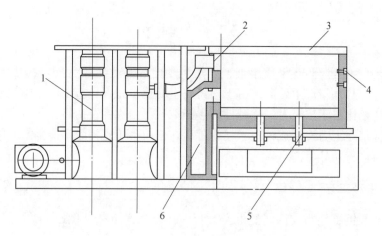

图 2-15　上部单侧烧嘴换热式均热炉

1—换热器；2—烧嘴；3—炉盖；4—测温仪；5—出渣孔；6—烟道

中吊出并将钢锭装进运锭车，送到初轧机前的受料辊道上。根据初轧机采用单锭或双锭轧制的要求，运锭车可同时装运一支或两支钢锭。钢锭进入受料辊道后，首先进行称重并通过回转台调整钢锭喂入方向（小头朝前），再经输入辊道和工作辊道送至初轧机轧制。

2.3.1.2　轧制

轧制大钢锭的轧机称为初轧机（图 2-16），多为单机架设置，也有双机架设置的。钢锭经过推钢机和翻钢机的推移和翻转，在不同的孔型中完成多道次的往复轧制，轧制成为不同断面形状和尺寸的钢坯，如方形、矩形以及工字形，断面尺寸在 140 mm×140 mm ~ 450 mm×450 mm 之间。

图 2-16　初轧机轧制钢坯

2.3.1.3　精整

钢坯离开初轧机后被剪切成定尺长度，大钢坯剪切采用浮动轴式钢坯剪切机。在很多情况下，钢坯剪切机的剪切能力不足，造成待剪钢坯积压。

剪切后的钢坯在断面进行打印，对有特殊要求的合金钢钢坯要进行表面火焰清理，清除表面轧制裂纹，保证表面质量。

2.3.1.4 热处理

剪切后的钢坯根据不同的工艺要求进行热处理，主要的热处理方式由空冷（堆冷）、坑冷或随炉冷，然后入库存放。

经过精整和热处理后的大钢坯作为商品坯外供。

此外，离开初轧机的大钢坯也可以不经过精整和热处理，直接进入顺序布置的钢坯连轧机组轧制，生产较小规格的方坯、管坯、异形坯和薄板坯。当时鞍钢的一初轧、二初轧和宝钢的初轧厂都设置有钢坯连轧机组。

2.3.2 初轧车间设备

初轧车间的主要设备有：运锭车、受料辊道、旋转辊道、初轧机、输出辊道、钢坯剪切机、火焰清理机、打印机、热处理设备等。除初轧机外，最重要的设备是钢坯剪切机，其剪切能力制约着整个初轧车间的生产。图 2-17 为宝钢 1350 mm 初轧厂平面布置。

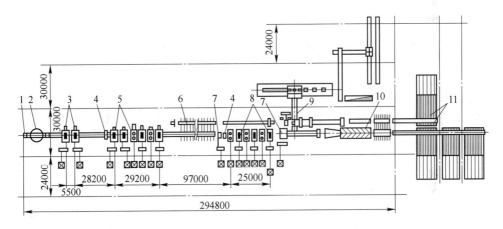

图 2-17　宝钢初轧厂平面布置

1—输入辊道；2—旋转台；3—双机架初轧机组；4—翻钢机；5—粗轧机组；6—拉钢机；
7—剪切机；8—精轧机组；9—二切头收集机；10—钢坯收集辊道；11—冷床

2.3.3 初轧机

2.3.3.1 初轧机的形式

初轧机按结构形式可以分为：方坯初轧机、方-板坯初轧机、万能板坯初轧机。

（1）方坯初轧机是可逆式二辊机座，上辊提升高度较小，主要生产方坯。

（2）方坯-板坯初轧机也是可逆式二辊机座，上辊提升高度大，生产方坯和板坯。1350 mm 方坯-板坯初轧机，上辊提升量达 2100 mm（最大达 2500 mm）。

（3）万能板坯轧机是二辊万能机座，具有两个水平辊和两个立辊，立辊可以布置在水平辊前后，1370 mm 板坯轧机就属此类型。万能板坯轧机主要生产板坯，有时亦可兼轧方坯。

初轧机按轧辊直径大小可分为：

（1）小型初轧机，辊径 800~900 mm，年轧锭量小于 100 万吨；

（2）中型初轧机，辊径 950~1150 mm，年轧锭量 100 万~400 万吨；

（3）大型初轧机，辊径 1200~1500 mm，年轧锭量 300 万~600 万吨。

2.3.3.2　初轧机的构成

初轧机（图 2-18）包括主机列和辅助机械。

（1）主机列：包括机架、轧辊、机架辊、压下机构、平衡机构、主传动电机、万向接轴、接轴平衡机构。

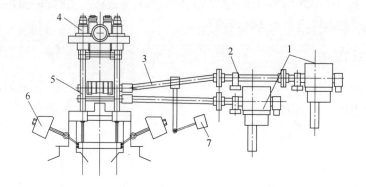

图 2-18　初轧机主机列构成

1—主电机；2—联接轴；3—万向接轴；4—立式压下电机；5—主机座；6—重锤平衡机构；7—万向接轴重锤平衡

（2）辅助机械：包括机前辊道和机后辊道（图 2-16）、推床和翻钢机（图 2-19）。

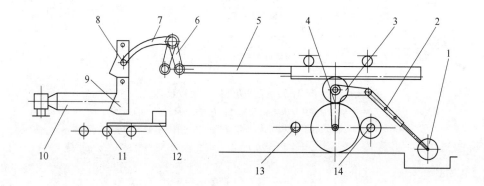

图 2-19　初轧机翻钢机机构

1—曲柄连杆机构；2—安全销；3—曲拐臂；4—叉动装置；5—翻钢杆；6—曲杆；7—钩子系统；
8—连杆；9—钩子；10—辊道；11—托辊；12—推杆；13—拉头转动轴；14—推头转动轴

2.3.3.3　初轧机特点

（1）布置形式。单机架布置，如鞍钢初轧厂 1150 mm 初轧机，双机架布置，首钢初轧厂 850 mm/650 mm 初轧机；

（2）轧制方式。通过翻钢机和推钢机进行翻钢，并将其从一个孔型移到另一个孔型。钢锭在同一机架上采用往返穿梭轧制，翻钢机还具有钢坯矫直作用。

（3）传动方式。由于钢锭的长度短，初轧机可逆轧制需要电机和传动系统频繁换向，因此初轧机多采用电动机直接传动方式。

轧机的速度可调整，有调速范围（0~50 r/min~120 r/min）的电机驱动，并有良好的加、减速性能［加速度为 20~60 r/(min·s)，减速度为 40~60 r/(min·s)］。

（4）压下方式。压下装置采用立式直流电机传动，可以大范围内快速调整轧辊位置，以满足多道次可逆轧制的要求。

（5）轧辊平衡。由于轧辊调整量大，且频繁，因此采用重锤平衡。

（6）导卫装置。板坯和方坯轧制采用推钢机推板夹持，异形坯或圆坯轧制时需要配置相应的孔型及导板。

2.3.4　我国初轧生产历史

在连铸技术广泛应用以前，初轧生产是制约钢铁生产的关键工序，被称为钢铁生产的"咽喉"，初轧机的生产能力决定着钢铁企业的钢材产量。同样，初轧机的制造也体现了当时国家的机械制造水平，我国钢铁企业的大型初轧机应用历程经历了由引进到自行设计制造的过程。

1933 年投产的鞍钢第一初轧厂的初轧机是我国第一台初轧机，新中国成立后经过多次技术改造，年生产能力 300 万吨；1956 年投产的鞍钢第二初轧厂的 1150 mm 初轧机是新中国引进的第一台初轧机，原设计能力为年产 210 万吨，1979 年轧制钢锭 420 万吨，获得"功勋轧机"的称号。到 20 世纪 60 年代，武钢、包钢、太钢分别引进苏联的 1150 mm 和1000 mm 初轧机；20 世纪 80 年代引进第一套双机架初轧，即宝钢初轧厂的 1350 mm 双机架初轧机。

我国自行设计制造初轧机的情况是：1960 年第一重机厂设计制造了我国第一台初轧机（图 2-20）、1972 年攀枝花钢厂的国产初轧机投产、1975 年第一套 1150 mm 万能板坯初轧机（图 2-21）在本钢投入使用。此外，我国第一套双机架初轧机是太原重机厂设计制造的 850 mm/650 mm 初轧机，20 世纪 70 年代初期在首钢初轧厂使用。

图 2-20　我国制造的第一台初轧机

图 2-21　我国制造的第一台板坯初轧机

2.4　小钢坯生产

　　小钢坯生产是将初轧机生产的大钢坯或者小尺寸的铸锭，通过开坯机或钢坯连轧机轧制成小规格的钢坯。在小方坯连铸和管坯连铸技术广泛应用以前，轧制小方坯、带坯和管坯是棒线材、叠轧薄板及窄带钢、无缝钢管轧制生产的主要原料。

2.4.1　钢坯连轧

　　利用初轧后的余热（约 1050 ℃），将初轧坯直接在连续式钢坯轧机上继续轧制，把大钢坯轧成中、小截面的产品钢坯是比较经济的生产方式。连续式钢坯轧机为二辊式轧机，纵向串列布置，钢坯同时在几个机架间轧制，轧件呈连轧状态通过各机架。例如，鞍钢第二初轧厂采用设置在 1150 mm 方板坯初轧机后面的 850 mm/730 mm/500 mm 两组钢坯连轧机进行钢坯连轧生产。

　　钢坯连轧机按主电机的传动方式分集体传动及单独传动两种。集体传动使用一台不变速的交流电机通过齿轮箱传动，机架间保持一定速比不能变动。集体传动的各机架之间保持金属秒体积流量相等原则，只能依靠改变各机架轧件的断面尺寸来实现。

　　单独传动采用一台电机带动两个机架或一个机架的连续式钢坯轧机，这种轧机可通过调整各机架的电机转速来调整各机架间金属的秒体积流量。

　　轧辊水平布置的钢坯连轧机，轧辊上刻有 3~6 个孔型以轧制各种钢坯，这样可充分利用辊身长度。另外，轧制过程中更换品种很方便，仅需变换进料孔型就可改变轧制线。全部采用水平布置连轧机组的机架间翻钢要由扭转导卫装置来进行。采用水平辊及立辊交替布置的钢坯连轧机的机架间不需要翻钢，因此不使用扭转导卫。

　　图 2-22 为宝钢初轧厂 900 mm/700 mm/500 mm 连续式钢坯轧机组，该机组布置在 1300 mm 初轧机后，将 370 mm×370 mm 的初轧坯轧成 80 mm×80 mm~170 mm×170 mm 的中、小钢坯及圆管坯。钢坯连轧机组的产量可满足初轧机 750 t/h 或 550 万吨/年的产量要求。

图 2-22　宝钢初轧厂 900 mm/700 mm/500 mm 钢坯连轧机

　　钢坯连轧机组由 14 个机架组成，机架全部单独传动。前两架水平布置单独成一组，辊径为 900 mm；后 6 架组成第二组，其中前 2 架辊径为 900 mm，轧辊水平布置，后 4 架轧辊直径为 730 mm，立辊、平辊交替布置；第三组有 6 架，立辊、平辊交替布置，辊径为 530 mm。

第二组轧机能轧出断面为 170 mm×170 mm～140 mm×140 mm 的方坯及直径为 110～150 mm 的管坯，其末架轧辊圆周速度为 2.3 m/s。

第三组轧机能轧出 120 mm×120 mm～80 mm×80 mm 的方坯及直径为 60～100 mm 的管坯，第三组机架末架轧辊圆周速度达 7 m/s。

这种轧制方式的缺点是：立辊轧机结构复杂，改轧产品时所有机架必须停车调整，为保持轧制线位置不变，水平机架和立式机架都要移动。

2.4.2 开坯机轧制

在没有广泛使用连铸坯以前，采用 300 mm×300 mm 的钢锭或钢坯通过开坯机生产小方坯、带坯和圆钢坯是地方钢铁企业最主要的生产方式。

三辊开坯机（图 2-23）一般是由若干架三辊轧机排列成一列或两列布置（图 2-24），辊径为 500～750 mm。这种轧机不仅可以将重 1.5 t 以下小钢锭轧成钢坯，还可以直接轧出一部分成品钢材，故生产灵活性大，适合于地方中小型轧钢生产系统。

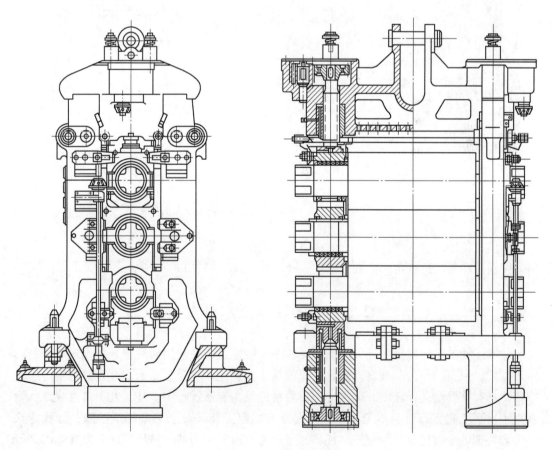

图 2-23 三辊开坯机

三辊开坯机轧制钢坯多采用共轭孔型轧制（图2-25），从而充分利用轧辊辊身长度，提高轧机利用率，缩短轧制时间。

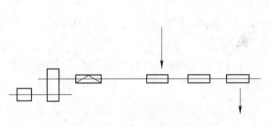

图 2-24　三辊开坯机布置

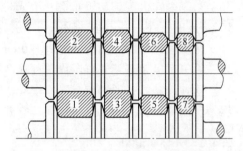

图 2-25　三辊共轭孔型轧制

三辊轧机可以上、下同时交叉轧制，轧机前设有升降台（升降辊道）（图2-26），轧机后设有翻钢机（翻钢板）（图2-27），易于实现机械化。这类轧机中650 mm三辊开坯机是比较典型的生产机组，年产量在30万吨以上。

图 2-26　三辊开坯机的机前升降辊道

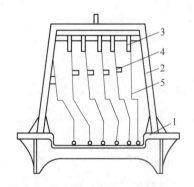

图 2-27　三辊开坯机的机后翻钢板
1—底座；2—框架；3—挡杆；
4—挡板；5—滑板

开坯机将钢锭或大钢坯轧制成的小方坯，在线热切定尺后收集堆放；轧制的带坯和圆钢坯则经过冷却后进行定尺剪切或锯切。

2.5　钢坯轧制技术开发

随着连铸技术的发展和连铸坯的广泛使用，钢铁生产中采用初轧机开坯方式生产钢坯越来越少。但是，作为金属材料塑性加工的重要步骤，开坯工艺在新型金属材料生产过程中仍然具有重要意义。轧制开坯的一个重要特性是在变形过程中，坯料处于自由状态，除变形工具（轧辊）以外，不需要额外的夹持或固定工具。对于一些材质特殊、形状特殊和工艺特殊的金属材料，如极短的坯料，常用的自由锻、精锻、挤压等加工方式难以进行开坯加工，采用轧制开坯方式应该是有效的手段。

例如，钛合金一类的难变形金属，由于合金化程度很高，具有变形抗力大、热变形塑性差和热加工温度范围窄等特点，其热加工是一大技术难题。钛合金锭的开坯和大棒材生产的传统热加工工艺是采用钛合金铸锭进行快速"锻造"成型。多火锻造的工艺流程导致难变形金属的热加工成本高、成材率低、表面质量差，极大制约了难变形合金的生产效率和产品质量的提高。

随着钛合金等有色金属工业的发展，其铸锭能力大幅度提升，已经可以生产 1 t 以上的大尺寸铸锭。例如，攀枝花航钛新材料科技有限公司的钛合金铸锭生产线可以生产重达 3 t 的钛锭（图 2-28），钛锭直径最大可达到 1.2 m。

图 2-28 大直径难变形金属铸锭

由于材料性质、生产规模和铸锭方式不同，曾经在钢铁生产中广泛使用的初轧机或开坯机生产技术与装备不能够直接用于新型金属材料的开坯加工。因此，开发能够满足新型金属材料开坯生产的专用初轧机或开坯机是十分必要的，也是轧制生产设备发展的一个方向。

新型金属材料的专用初轧机应该具备低产能化、自动化（无人化）和高强度等特征，能够满足不同材料特性的坯料在尺寸、精度和形状方面的要求。另外，对于材料加工环境的特殊要求，如温度（保温或散热）、湿度、环境气氛、辐射、光照等，也应予以保证。

目前，初轧-开坯轧制技术的新应用主要体现在以下几个方面。

2.5.1 改进型初轧-开坯设备

由中冶京诚 EPC 提供给陕西天成航空材料的改进型初轧-开坯设备用于钛合金开坯轧制，标志着低产能化、自动化的初轧-开坯模式在钛合金轧制开坯方面取得进展。该生产线采用"BD1350 mm+BDM850 mm"的轧制工艺模式，实现了钛合金大棒材"以轧代锻"的新突破，填补了国内钛合金大棒材轧制生产线的空白。

钛合金大棒材轧制生产线的产品定位是以生产高品质钛及钛合金棒材为主，规格覆盖 $\phi88 \sim 360$ mm 的圆棒和 150 mm×150 mm 的中间方坯，其产品满足航空航天、军工、医疗等高端市场的需求。钛合金大棒材轧制生产线有以下两台成型轧制设备：

（1）BD1350 mm 大型开坯机（图 2-29）。该装备为大型圆锭开坯机，具有自动调整辊缝、自动轴向调整、监测轧制压力、推床自动夹钢、翻钢等功能，实现了 $\phi600 \sim 800$ mm 钛锭的自由开坯轧制。

（2）BDM850 mm 横移式可逆开坯机（图 2-30）。该装备为高精度成品开坯机，具备各道次孔型自动对中轧线、辊缝自动调整、自动翻转、自动夹钢送钢等功能，实现了从固定式开坯机人工操作到横移式开坯机完全自动控制的转变，开辟了钛合金、优特钢及小型材生产的新模式。

图 2-29　BD1350 mm 大型开坯机

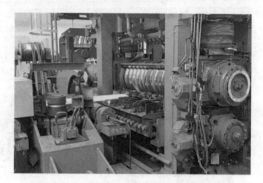
图 2-30　BDM850 mm 横移式可逆开坯机

2.5.2　三辊 Y 型轧机开坯

太原科技大学开发的横列式三辊 Y 型轧机（图 2-31），适应大尺寸钛合金锭开坯轧制，具有设备投资少、占地面积小、使用维护方便、运营成本低等特点。

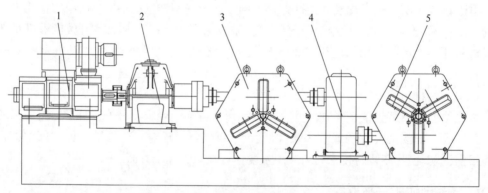
图 2-31　三辊横列式开坯机
1—主电机；2—减速器；3—三辊反 Y 型轧机；4—换向器；5—三辊正 Y 型轧机

采用 Y 型轧机开坯具有以下优点：设备结构尺寸小，轧件受力状态好，不需要翻钢和移钢，易于实现自动化。

横列式三辊 Y 型轧机主机列由两列组成，每一列有 2~6 个三辊 Y 型轧机，正反 Y 型布置，主机列包括：主电机、减速器、三辊 Y 型轧机和换向齿轮箱。每一列相邻的两个机座为正反 Y 型布置，通过换向齿轮箱实现往复轧制。两个主机列的对应机座为正反 Y 型布置，形成连轧。

轧机前后台的功能是将坯料送入轧机，并收纳轧出的轧件，然后将其移到下一个轧制线，送进轧制。轧机前后台包括首架轧机前的输入辊道、中间轧机之间的收纳管和翻转送进装置、末架轧机后的输出辊道。

2.5.3　开坯-成品轧制

中国科学院沈阳金属研究所将小型化、自动化的 500 mm 二辊可逆式开坯机与三辊 Y 型连轧机组合，形成短流程棒线材轧制生产线。该棒线材生产线，采用一台可逆开坯机取代粗轧段的若干台平立交替轧机，为成品连轧机（中轧、精轧机组）提供坯料，是一种更为经济的棒线材生产线，既可以用于棒材生产，也可以生产线材。

2.5.4　连铸坯在线压下

连铸钢坯在线压下（图 2-32）是在连铸坯生产线上设置若干架压下轧机，对连铸钢坯进行在线重压下轧制，以改善连铸坯的组织结构，调整连铸坯的尺寸，为下游钢材产品轧制生产提供更合适的连铸坯。

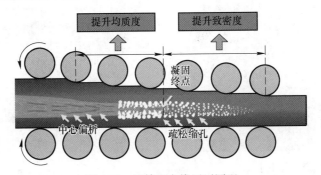

图 2-32　连铸坯在线压下原理

东北大学联合攀钢、唐钢等单位从理论、工艺、装备等方面，研发动态重压下工艺与装备技术，通过在连铸坯凝固末端及完全凝固后实施大变形压下（压下量约为铸坯厚度的 10%），充分利用连铸坯内热外冷高达 500 ℃ 的温差特点，实现压下量向其心部的高效传递，以达到充分改善偏析疏松、闭合凝固缩孔的效果。

连铸坯在线压下设备的工作条件十分苛刻，设备要在高温环境下长期连续稳定工作。此外，由于连铸生产线的作业空间有限，在线压下设备的尺寸受到限制，给设备设计制造、安装维护提出了更高的要求。

2.6　小　　结

随着连铸工艺的逐步完善，初轧-开坯轧制生产工艺渐渐退出了钢坯生产的主要流程。然而，初轧-开坯技术装备仍然具有重要的技术经济价值，随着钢铁工业生产方式的演进和有色金属结构材料生产的规模化，初轧-开坯技术可以找到新的应用领域。此外，连铸-轻压下技术也在推广应用之中。钢坯生产技术仍然存在较大的发展空间，需要金属材料生产领域的相关单位和工程技术人员的积极努力。

3 宽厚（中）板轧制

3.1 概　述

热轧宽厚板材是用途最广的钢材品种，大量应用于机械、军工、舰船、能源、建筑等各个领域（图 3-1~图 3-4）。

图 3-1　国产航母下水

图 3-2　采油平台用特厚板

图 3-3　塔里木盆地天然气管道

图 3-4　核电站钢制安全壳封头

热轧板材生产是最早出现的钢材轧制生产方式，是单重最大的钢材品种。

最初的热轧钢板生产是采用三辊劳特式轧机，钢板的宽度和厚度有限。随着设备制造能力的增强，热轧钢板生产采用四辊可逆式轧机生产，进而大型乃至巨型钢板轧机陆续出现，生产钢板的宽度和厚度范围显著增加。

现代化宽厚板轧机用的板坯，最大质量已达 80~110 t、最高轧制速度达到 7.5 m/s，轧件的最大长度达 65 m，钢板最大宽度达 5300 mm，一套双机架宽厚板轧机的年生产能力已从 200 万吨增至 300 万吨以上。

近代以来，我国钢铁工业长期处于落后水平，轧钢生产都是使用进口的轧制机械设备。1871 年福州船政局所属拉铁厂为生产造船钢板，引进 4 台轧机，轧制厚 15 mm 以下的钢板。1890 年湖广总督张之洞兴建汉阳铁厂时，从德国引进蒸汽机驱动的 2450 mm 二辊双机架中板轧机。抗日战争期间，这套轧机从汉口搬迁至重庆，一直在重庆钢铁公司的大轧厂运行到 1984 年才拆除，服役长达近百年之久。鞍钢的 2300 mm 三辊劳特式轧机，于 1938 年 5 月正式投产，2003 年 6 月 15 日"退役"。新中国成立后，该轧机轧制的产品曾用于武汉长江大桥、南京长江大桥和解放牌卡车，为祖国建设和鞍钢发展立下卓著功勋。

新中国成立后，我国为加速实现工业化，从苏联引进了大量轧制工艺技术和设备。1958 年鞍钢自苏联引进的 2800 mm/1700 mm 半连续式板带轧机建成投产。1966 年武钢从苏联引进一条 2800 mm 四辊式轧机建成投产，同年太原钢铁自苏联引进的 2300 mm/1500 mm 炉卷轧机建成投产。上述轧制设备均可以生产中厚板。

我国自己建造钢板轧制设备是从 1958 年开始的，各地方钢铁企业，仿照鞍钢第一中板厂的模式，先后建造了 13 套 2300 mm 三辊劳特式轧机。此外，一些钢铁企业和有色金属企业还拥有小规格的三辊劳特式轧机。例如，仿造国内某厂 20 世纪 50 年代从苏联引进的 1800 mm 三辊劳特式轧机，太原重机厂为四川江油长城特钢制造的 1200 mm 三辊劳特式轧机。

20 世纪 60 年代，我国决定自行建造一台 4 m 级厚板轧机，1966 年开始由冶金工业部和一机部统一领导研制，第二重型机器厂负责设计制造主体机械设备、东方电机厂提供主要电气设备，北京钢铁设计研究总院负责工艺和工厂设计。1978 年 9 月 8 日，这台我国当时最大的 4200 mm 四辊可逆式单机架厚板轧机（图 3-5）在河南舞阳钢铁公司投产，开启了我国的宽厚板工业生产时期。该轧机轧制的钢板厚度 8~250 mm，甚至达到 420 mm（图 3-6），长 18 m（特殊的达 27 m），用于舰船、坦克、潜艇、高压锅炉、核电等领域，为我国国防建设做出了重大贡献，被授予"功勋轧机"称号。

图 3-5　舞钢 4200 mm 厚板轧机

图 3-6　板厚 420 mm 的宽厚板

20 世纪 80 年代后，各企业对原先建设的三辊劳特式中板轧机进行了技术改造。

90 年代初期，随着国内各行业的快速发展，对中厚板的需求量迅速上升。为解决发展与需求的矛盾，鞍钢、浦钢、邯钢、首钢等企业，分别从日本、德国、美国进口一批二手宽厚板轧机生产线，在国内做必要技术改造并补齐相应配套设施后快速投产。

2004 年以后，由于我国经济建设的高速发展，市场对宽厚板的需求量迅速攀升，全国各地掀起宽厚板轧制生产线的建设高潮，相继投产一批具有世界先进水平的特宽厚板轧机。2005 年投产的宝钢 5000 mm 宽厚板轧机是我国首台 5 m 级轧机；2006 年江苏沙钢投产的 5000 mm 轧机（图 3-7）是我国第二条 5 m 级厚板生产线；2010 年湖南华菱湘潭钢铁集团的 5000 mm 双机架四辊式厚板轧机生产线投产；2012 年河南舞阳钢铁 5000 mm 双机架四辊式厚板轧机生产线投产。

2009 年，鞍钢鲅鱼圈新厂的 5500 mm 宽厚板粗轧机（图 3-8）热负荷试车成功。鞍钢鲅鱼圈新厂是我国首个自主设计、技术总负责的现代化全流程钢铁厂，拥有世界最大规格的 5500 mm 宽厚板轧机等一批先进装备。

图 3-7　沙钢 5000 mm 特宽厚板轧机

图 3-8　鞍钢 5500 mm 宽厚板生产线

大型宽厚板轧机属于极限制造领域，鞍钢 5500 mm 生产线是由一台 5500 mm 四辊式可逆式粗轧机、一台 5000 mm 四辊式可逆式精轧机和 2 台步进式加热炉等 40 余台配套设备组成，零部件总数达 10 万多个。两台轧机占地长 200 m、宽 35 m，高近 20 m，重达近7000 t。由于体系复杂、精度要求高、制造难度极大，因此许多部件的质量和尺寸都达到了机械加工及运输的极限，被誉为世界"轧机之王"。

3.2　四辊可逆轧机轧制

本节以舞钢 4200 mm 宽厚板轧机为例，介绍宽厚板四辊可逆轧机轧制过程。舞钢宽厚板生产采用 4200 mm 四辊可逆轧机轧制，成品尺寸的厚度 8～250 mm、宽度 1500～3900 mm、长度 18 m（最长 27 m），原料用钢锭或锻坯，最大单重为 40 t。

3.2.1　生产设备组成

4200 mm 轧机宽厚板生产线的主要设备配置如下：

（1）加热炉。宽厚板生产线配置的加热炉有三种：均热炉和车底式炉用于加热钢锭和锻坯，推钢式炉则专用于加热板坯。用钢锭生产厚度较薄的钢板时，先开坯轧制，然后再加热，轧制成宽板。生产某些品种（如不锈钢）时，板坯在修磨机上全面修磨，清除缺陷。

（2）轧机。4200 mm 宽厚板轧机为单机架四辊可逆式轧机，工作轧辊直径为 980 mm，辊身长度为 4200 mm，支承辊直径为 1800 mm，采用油膜轴承。立辊轧机的轧辊直径为1000 mm，辊身长度为 1100 mm，开口度为 800～4200 mm。

轧机主传动为两台主电动机，容量均为 4600 kW，转速为 40 r/min 和 80 r/min。

（3）精整。轧制出的钢板经热矫直和冷却后进入剪切线，切成用户要求的尺寸。

（4）热处理。车间内还设有辊底式、外部装出料式和车底式等热处理炉，根据产品的品种和交货状态的要求，可进行常化、淬火、回火、退火和调质等金属热处理。

3.2.2 新技术应用

尽管宽厚板轧制设备庞大，宽厚板轧机用的板坯，最大质量已达 $80 \sim 110$ t、最高轧制速度已达 7.5 m/s，轧件的最大长度达 65 m，钢板最大宽度达 5300 mm，随着与轧制生产相关的技术发展进步，板带轧制的先进技术和其他新技术也逐渐应用于宽厚板轧制生产中，对提升宽厚板的产品质量、扩大产品范围产生了重要作用。

3.2.2.1 加热技术

尽管设备费用和维修费用都比较高，但是宽厚板生产的板坯加热已经广泛采用了步进式加热炉（图 3-9）。与推钢式连续加热炉相比，步进式加热炉的优点是：加热质量好、黑印少、下表面无划伤、炉长不受坯厚的限制、操作灵活，能更适用于宽厚板小批量、多品种生产的要求。

图 3-9 宽厚板坯加热炉
a—入炉侧；b—出炉侧

步进式加热炉自动化程度高，采用全自动化控制，炉膛温度控制由具有动态限幅带的双交叉限幅控制，实现二、三级自动控制。

步进式加热炉配备热自动化控制系统，控制空燃比和合理的炉压控制，热损失小，能耗低。

3.2.2.2 高压水除鳞

为了有效地去除板坯表面和中间坯的氧化铁皮，普遍采用水压达 $17 \sim 20$ MPa 的高压水除鳞装置（图 3-10）。

3.2.2.3 轧制技术

宽厚板轧制采用板厚控制和板形控制技术，包括：液压自动厚度控制、液压弯辊装置、轧辊偏心控制和加大支承辊直径，减少了钢板纵向厚度偏差和横向厚度偏差，使钢板成材率大大提高。

此外，控制轧制也广泛应用于宽厚板轧制，提高了钢板的力学性能，减少了热处理量，节省了能耗。

图 3-10 高压水除鳞装置

3.2.2.4 精整

经过相关科技人员的努力，宽厚板轧后精整设备的装备水平也得到提升，主要有：四重式矫直机、步进格板式冷床、连续自动超声波探伤装置、滚切式双边剪以及自动打印机等，使钢板的尺寸偏差、平直度、表面和内部质量等得到了保证。

太原科技大学轧制工程中心就宽厚板的剪切过程和矫直理论展开全面研究，与相关单位合作，开发性能优良的宽厚板精整设备，包括：液压滚切定尺剪切机（图 3-11）、液压双边滚切剪（图 3-12）、可变凸度强力全液压矫直机（图 3-13）和智能化高强宽厚板压力矫正机（图 3-14）等。

图 3-11 液压滚切定尺剪切机

图 3-12 液压双边滚切剪

太原科技大学与太原重工等单位合作设计制造的全液压双边滚切剪机，总质量为 447 t，可以剪切厚度为 6~50 mm、宽为 2050~4200 mm、长为 8000~33000 mm、最大质量为 21.9 t 的钢板，具有产品质量减轻、剪切精度更高、剪切范围更宽、剪切速度更快的优势。

智能化高强宽厚板压力矫正机在保证压平宽度、厚度的前提下，可实现压平前后弯曲度自动识别和自动放置垫板功能，具有自动化程度高、可有效降低工人劳动强度、生产安全高效的优点。

图 3-13 可变凸度强力全液压矫直机

图 3-14 智能化高强宽厚板压力矫正机

3.2.2.5 热处理

长期以来，热处理是宽厚板生产过程中的薄弱环节，多数企业只能用罩式炉或辊底炉对钢板作退火或常化处理。近年来，相关高校和企业加强合作，积极开展宽厚板热处理理论研究，开发新工艺、新设备，可以进行包括淬火在内的各种热处理，使我国宽厚板产品性能得到显著提高。图 3-15 为宽厚板热处理工序的工艺流程。

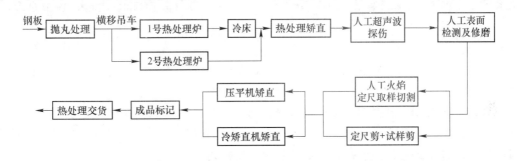

图 3-15 宽厚板热处理工序的工艺流程

东北大学轧制技术及连轧自动化国家重点实验室（RAL）通过在特厚钢板表面高效率可控传热、断面温度梯度控制、大速比辊速高精度控制、抗冲击重载辊道、残水快速清除、钢板表面氧化铁皮去除等多个方面的研究开发，制订大断面特厚钢板淬火工艺，并研制出世界首套 300 mm 级大断面特厚钢板辊式淬火装备（图 3-16~图 3-19），该设备具备超厚高强钢板高强度、高均匀性、高平直度的淬火生产能力；实现了最厚 300 mm、40~50 t 大断面特厚钢板高强均匀淬火，淬火时间与传统浸入式相比缩短近一半，淬火后板形、表面质量改善明显。

北京科技大学高效轧制国家工程研究中心在开发超密度冷却器的同时，开展板带材淬火冷却器的研究。水幕在钢板横向形成的无缝冷却为直接淬火（DQ）功能创造了条件，避免了点式喷水导致的局部不均匀冷却，以及由此产生的板带表面硬度不均匀的问题。

图 3-16　宽厚板辊式热处理炉

图 3-17　辊式热处理炉辐射管加热

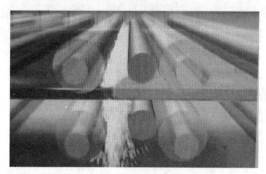

图 3-18　辊式热处理炉喷水淬火

图 3-19　特厚板淬火

　　中压水缝隙斜喷冷却，兼顾无缝冷却、喷水流速高、喷水无（或少）喷溅的诸多特点。以此为理论基础，开发的倾斜式超快速冷却器（图 3-20），喷射具有一定压力（0.5 MPa）的冷却水，对钢板全宽实行均匀的"吹扫式"冷却，达到全板面的均匀核沸腾冷却，极大地提高了冷却效率，实现了高速率的超快速冷却；突破了高速冷却时冷却均匀性问题，实现了板带材全宽、全长上的均匀化冷却。

图 3-20　倾斜式超快速冷却器

3.2.2.6　自动化

在自动化方面，除轧机上采用计算机过程控制外，加热炉、剪切线和热处理线也实现了计算机过程控制。从板坯仓库到成品板发货，一般采用若干台过程监控机，过程控制机和1~2台专用管理机构成三级计算机系统，实现全车间的综合自动控制。

3.2.3 宽厚板轧机的再制造

随着我国钢铁工业的发展，宽厚板生产的产能急剧扩大，导致宽厚板轧机的开工不足，甚至设备淘汰。由于宽厚板轧机的投资巨大，设备的使用寿命长，且报废后金属回收困难，因此对其进行再制造，用于其他金属材料生产，将产生积极的经济效益。

太原科技大学主持完成了浙江绍兴滨海金属的4300 mm宽厚板轧钢机（图3-21~图3-23）的再制造工程。通过再设计和再制造，将其恢复为4300 mm宽厚板轧机，再配置先进的辅助设备（钢板矫直机、定尺滚切剪和双边滚切剪），形成全新的4300 mm宽厚板生产线。

图3-21 再制造前的轧机牌坊

图3-22 装配中的轧机牌坊

图3-23 再制造后的4300 mm宽厚板轧机

4300 mm宽厚板轧机再设计制造的主要目标值为：

坯料规格：最大300 mm×2600 mm×3500 mm（21.29 t），最小150 mm×1250 mm×2200 mm（3.21 t）；

产品规格：（6~100）mm×（2000~4100）mm×（6000~12000）mm；.

产品品种：合金钢、不锈钢板、钛合金、铝合金；

设计产能：80 万吨/年。

4300 mm 宽厚板轧机的再制造取得了较好效果，产生了具有相当产能的，配置先进测控装置，可用于各种金属材料生产的大型宽厚板轧钢机，为钛、铝、镁以及特殊合金的宽厚板轧制生产提供了经济有效的技术装备。

按照通常机械设备的再制造标准，一般情况下再制造的成本不超过原型新品的 50% 就是合理的，本次再设计制造过程的经济指标已经远远超过了该项数值。

轧钢设备的再设计制造工作的思路可以向更宽泛的领域扩展，例如可以将板轧机改制为开坯机或型钢轧机，还可以将轧钢设备改制为有色金属材料的轧制设备，甚至是压力成型设备（焊管机组）。在不远的将来，轧钢设备的再设计制造工作或许会成为消化大量退役轧钢设备的重要措施。

3.3　三辊劳特式轧机轧制

中板生产是宽厚板轧机出现以前钢板生产的重要方式，主要是采用三辊劳特式轧机，其生产车间设备布置见图 3-24。由于钢板厚度（4~20 mm）和宽度（1~2 m）有限，因此称为中板。中板生产可以采用板坯或板锭作为原料。

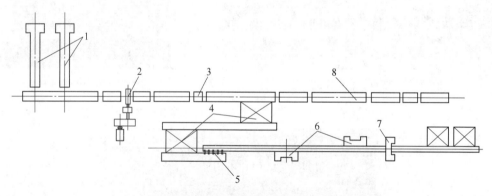

图 3-24　2300 mm 中板车间设备布置图
1—加热炉；2—轧钢机；3—九辊矫直机；4—冷床；5—翻板机；
6—纵切铡刀剪；7—横切铡刀剪；8—常化炉

3.3.1　劳特式轧机构成

劳特式轧机通过三个轧辊实现轧制过程（图 3-25），其中上、下辊直径较大，有主电动机传动，中辊直径较小，依靠上、下辊摩擦传动。轧辊的旋转方向不变，在下辊和中辊之间朝一个方向通过，返回是则在中辊和上辊之间通过，实现往复轧制。为了升降轧件并把它喂入轧辊，需设升降台（图 3-26）。

三辊劳特式轧机采用交流电动机，通过带动飞轮减速器来传动，所以可以减小主电动机的容量（图 3-27）。它的中辊直径小，可以降低轧制压力，中辊受上下辊的支持，故刚性增加。另外，中辊易于更换，修磨方便，容易采用控制板形的轧辊辊型，从而使产品的厚度精度比二辊热轧机有所提高。

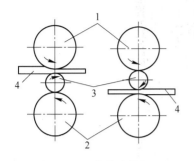

图 3-25　劳特式轧机

1—上辊；2—下辊；3—中辊；4—轧件

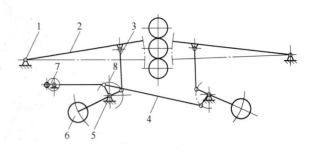

图 3-26　劳特式轧机升降台

1—摆动支座；2—台体；3—升降杆；4—拉杆；
5—升降支座；6—平衡锤；7—传动曲柄；8—臂杆

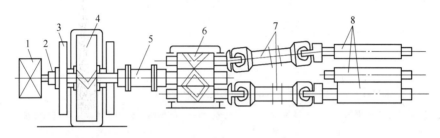

图 3-27　三辊劳特式轧机主机列

1—主电机；2—主接手；3—飞轮；4—减速器；5—齿接手；
6—齿轮箱；7—万向接轴；8—轧辊

在轧制过程中采用角轧方式实现坯料的展宽和改善咬入条件，用人工抛掷树木枝条来除去氧化铁皮。

三辊劳特式轧机的缺点是：由于不能变速，中辊的直径小，且又是惰辊，故咬入能力大大减弱。此外，三辊劳特式轧机结构复杂，维修量大，操作和维修的人员也多。该轧机已经被四辊轧机取代，只是在一些特殊材料的轧制生产中还在使用。

三辊劳特式轧机的中辊需要频繁升降，因此其升降机构要反应快、安全可靠，有不同形式的中辊升降机构。图 3-28 是一种用扇形齿轮实现中辊升降的机构。

为使轧件在上、下轧制线轧制，三辊劳特式轧机的前后设置升降台（图 3-29）。升降台与中辊的升降同步，保证轧件顺利进入辊缝（图 3-30 和图 3-31）。

3.3.2　中厚板轧制技术应用

尽管在钢铁生产领域，现代宽厚板轧制生产已经取代了传统的中厚板生产，但是中厚板生产技术仍然具有重要的应用价值。劳特式轧机和传统中厚板轧制技术可以在特殊材料生产中得到应用。

3.3.2.1　极短坯料轧制

由于制备工艺和材料来源所限，一些特殊金属材料只能生产纵向尺寸很短的铸造坯料，从而产生极短坯料延伸的问题。极短轧件的延伸是不能够采用目前常用的轧制设备或锻压设备解决的，原因是：

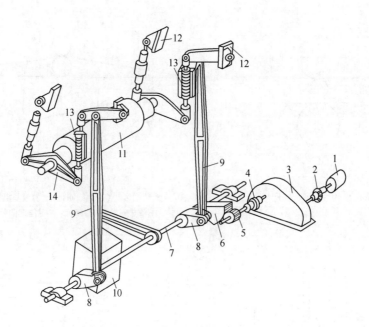

图 3-28   劳特式轧机中辊升降机构

1—电机；2—力矩接手；3—减速机；4—齿接手；5—圆柱齿轮；6—扇形齿轮；7—传动轴；
8—拉杆；9—升降机机构；10—平衡锤；11—中辊；12—瓦座；13—弹簧架；14—托臂杆

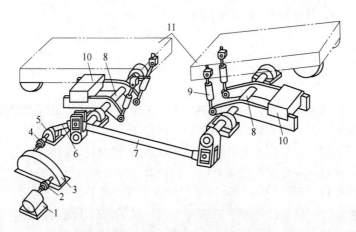

图 3-29   三辊劳特式轧机前后升降台

1—电动机；2—弹性接手；3—减速机；4—齿接手；5—曲轴；6—拉杆；
7—大连杆；8—摆动大轴；9—支承杆；10—平衡锤；11—升降台架

（1）极短轧件的轧制时间短，只能采用单机往复轧制，而常规的轧机传动系统不可能在极短的时间内反复实现可逆轧制；

（2）极短轧件的热容量小，为防止轧件的温降过大，必须在很短的时间内完成轧制过程；

（3）极短轧件的纵向尺寸很小，没有可夹持部分，也不能有压余部分，因此难以用锻、挤、拉等变形方式成型。

图 3-30　三辊劳特式轧机在生产

图 3-31　鞍钢 2300 mm 三辊劳特式轧机

因此，对于极短轧件的延伸只能采用轧制方式，快速、连续地成型。在不改变轧辊转向的前提下，通过多道次往复轧制可以实现这样的成型过程，而单机架可逆轧制和多机架连续轧制都不可能实现上述工艺要求。

劳特式轧机是采用不可逆电机传动三个轧辊，实现往复轧制的。尽管现代电气传动技术可以很好地完成可逆轧制生产，但是劳特式轧机的工作方式仍然具有一定的实际意义。其中，最有价值的应用是用于极短轧件的轧制成型。

太原科技大学研发的一台四辊多通道轧机就是采用劳特式轧机的工作方式。该发明采用四重辊系的不可逆传动轧机（图3-32），形成三个轧制通道，实现往复轧制，解决了极短轧件的轧制延伸问题。

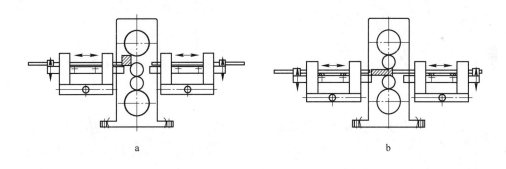

a

b

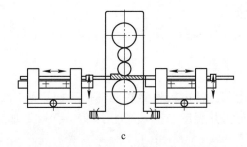

c

图 3-32　四辊多通道轧机

a—上轧制线轧制；b—中轧制线轧制；c—下轧制线轧制

四辊多通道轧机由一台四辊轧机和前、后升降送入装置组成。四辊轧机的四个轧辊均为工作辊，上下辊固定，中间两个辊可以上下调整，实现轧件的压下成型。四个轧辊的转向不变，轧件在三个轧制通道中轧制成型。根据工艺要求，轧件可以轧制多个道次，直至成品。

3.3.2.2　钼板材轧制

钨、钼材具有硬度高、耐磨性和耐高温性好等特点，是重要的有色金属材料。钨、钼板材轧制的变形特点是轧制温度高、可轧温度范围窄、轧件温降速度快、变形抗力大和加工硬化快。钨、钼材轧制过程中极易开裂，废品率高，因此要求轧机具有强轧制能力，合理安排工艺流程。此外，整个生产过程需要较高的自动化水平，精确控制轧制工艺参数，提高轧制节奏，减少轧件温降对钨、钼板材轧制的影响。

东北大学轧制技术及连轧自动化国家重点实验室的科研人员提出：提高出炉、轧机、辊道、压下、对中系统运行速度并优化各系统速度匹配，提高轧制节奏。加热炉装料及出料采用全自动机械手，保证快速出料；对中系统采用高精度比例阀+高速液压马达控制，保证对中精度和速度；加热炉出料、辊道运送、对中系统夹持、压下及轧制过程高速无缝连接，坯料由加热炉出料至第一道次开轧前所用时间小于 6 s，实现快速抢温轧制（图3-33和图 3-34）。

图 3-33　钼板材轧制中

图 3-34　轧制钼板材

在计算机自动化方面，采用一级和二级计算机过程控制，与现代化热连轧机的控制类似，其过程控制将扩展到后续工序。人工智能技术得到应用，轧机将根据不同的材质和轧制力选择与之相应的控制模型。

3.3.2.3　钛合金板材生产

钛合金板材的轧制也属于中板轧制范畴，可以采用三辊或四辊轧机单机往复轧制（图 3-35 和图 3-36）。

TC4 钛合金板主要工艺流程为：

（1）坯料加热。TC4 钛合金板轧制需要多火成材，故需要多次加热。温度选择 P 相区 1000~1050 ℃加热，成品加热温度选择 α+P 相区 950~760 ℃加热，随着火次增加适当降低加热温度。

（2）开坯。将铸锭轧制成钛板坯，然后表面切削加工，钛板坯尺寸为 150 mm×1200 mm。

（3）加热。一般加热温度为 850~870 ℃，加热时间的设定要保证充分均热。

（4）轧制。先粗轧至一定厚度，再精轧至最终厚度，对较薄的板材要进行 2~3 次热轧。

图 3-35　2500 mm 三辊轧机轧制钛板

图 3-36　四辊轧机轧制钛板

（5）热矫。轧制后立即送热矫机进行热矫，矫直尽量在高温下进行多道次矫直，一般热矫适用于 15 mm 以上的厚钛板。

（6）热处理。采用辊底炉或台车炉进行热处理，一般退火温度为 650~750 ℃。

（7）切断。对较薄的钛板用剪切机切断，较厚的钛板用气割或等离子切割机切断。

（8）矫正。根据热处理后的形状，视必要而实施。较厚的钛板采用压平机进行1500~3000 t 的冷压矫正，较薄的（如 20 mm 以下）由冷矫机或在热处理温度下的温矫机进行矫正。

（9）表面处理。厚纯钛板的表面往往进行碱洗和酸洗处理，对表面质量要求严格时还要进行研磨。

（10）检查和检验。对钛板的形状、尺寸、表面等检查，进行力学性能和金相组织的检验；对管板往往还要求应变、粗糙度、表面硬度、超声探伤、渗透探伤检查等。

3.3.2.4　波纹辊轧制复合板

图 3-37 是太原科技大学开发的波纹辊轧制金属复合板技术的成型原理。选取长宽相同的镁合金板作为复板，纯铝或铝合金板作为基板，对金属板表面进行清理，将基板和复板的打磨面对扣组装在一起。第一道次采用鼓形轧辊进行镁铝层合板轧制，促进复合板中间部分以及波纹界面波谷处的结合。第二道次轧平过程中，在板材第一道次轧制时结合较差的层合板边部以及波峰处的金属界面上形成应力峰值，同时产生较大的塑性变形，又促进了

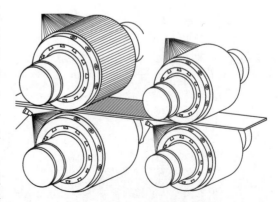

图 3-37　波纹辊轧制金属复合板

层合板边部的结合。该工艺先后两次轧制，对整个界面的结合产生促进作用，提高了复合板界面的结合强度。

3.4　宽厚板冷轧

将热轧钢板进行后续冷轧生产的不多，1971 年在太原钢铁厂投产的 2300 mm 合金钢板冷轧机，该套轧机与 2300 mm 热轧中厚板轧机配套，生产宽幅冷轧钢板，为保证我国军工行业需求做出了重要贡献。燕山大学研制开发了 450 mm 四/六辊冷热轧机，用于钛合金板材的冷轧和热轧。近年来，随着我国高新技术的发展，各种金属材料冷轧板材的应用逐渐增加，因此，开发高轧制负荷的宽幅板材冷轧机及相关配套设备具有重要意义。

3.5　小　　结

在我国热轧板材生产经历过长期的发展历程，大规模投资建设常规热轧板材生产线时期已经过去，积极开发新金属材料板材轧制生产工艺，研制多品种、小产能、特殊金属的板材热轧生产系统，是今后该领域技术的发展方向。全面回顾传统热轧板材技术发展过程，充分认识传统热轧板材生产技术的特点，在新的配套技术助力下，开辟热轧新金属材料板材的新领域，具有十分重要的技术经济意义。

4 薄板叠合轧制

4.1 概　　述

所谓叠合轧制（叠轧），就是将两张以上的金属板重叠起来进行轧制，从而可以得到单张厚度很小的金属板材。在带钢热连轧生产方式出现以前，薄钢板生产都用此法轧制。叠轧法可生产厚0.28~2.0 mm、宽750~1000 mm、长1500~2000 mm的热轧薄钢板，也可生产厚2~4 mm热轧钢板，产品主要有屋面板、酸洗板、镀锌板、搪瓷板、油桶板和纯铁、硅钢等电工板，也可生产不锈耐酸钢板、耐热钢板以及有色金属板等。

叠轧薄板生产规模小，投资少，建设快；轧机的结构简单，是下辊单辊传动，不用齿轮机座。但其缺点很多，高温叠轧容易产生叠层间黏结，废品量大；轧速低，热轧件薄而冷却快，又不能对轧辊进行冷却；采用热辊轧制，使生产难以准确控制，轧辊消耗量也很大；轧辊轴承需用沥青润滑，油烟很大，污染环境。此外，劳动生产率低，劳动强度高，操作条件恶劣；金属切损和烧损高，产品质量和尺寸精度低。

4.2　叠轧生产工艺过程

叠轧薄板生产的工艺流程为：板坯下料→板坯加热→轧制→折叠→加热→轧制→剪边→松板→掀板→矫平→切定尺，主要工序的作用如下：

（1）板坯下料。叠轧薄板生产主要采用热轧中厚板或带坯作为坯料（图4-1），通常需要进行板坯剪切，得到符合尺寸要求的坯料。

（2）板坯加热。叠轧薄板生产的坯料尺寸小，通常采用链式加热炉，出炉口直接与机前辊道衔接。在轧制过程中，还需要将中间产品送入加热炉补热，因此坯料加热是循环进行的。

（3）轧制。叠轧薄板生产轧制的特点是：热辊单向轧制，一个道次轧制后，坯料经上辊上方由摆动辊道送回入口侧进行下一道轧制（图4-2）。当轧件的温度低于轧制温度时，回炉进行补热。当轧件的长度达到折叠尺寸时进行折叠，然后再继续轧制。

图4-1　叠轧薄板坯

（4）折叠。折叠是叠轧薄板生产的重要工序，通常采用在线风动式折叠机进行折叠（图4-3）。根据成品厚度可以进行1~4次折叠，最多可以得到16层的叠轧板。折叠前，通常在坯料表面喷撒隔离剂，以尽量减少黏接。

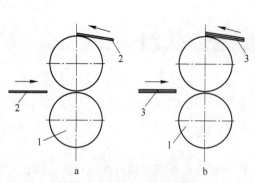

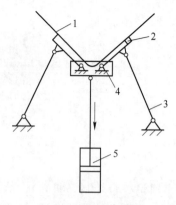

图 4-2 叠轧薄板生产示意图
a—单张轧制；b—折叠轧制
1—轧辊；2—单张轧件；3—叠轧轧件

图 4-3 折叠机构图
1—叠板；2—折板；3—支杆；
4—底座；5—气缸

（5）松板。为了便于将叠轧后的薄板分离，通常需要进行松板，将轧件反复弯曲，使板之间产生缝隙，便于薄板分离。松板是在切边和切头尾之后进行的。

（6）掀板。掀板采用人工方式将薄板掀开（图 4-4），掀板通常是在薄板尚未完全冷却的情况下进行，以减少掀板力和黏接率。薄板的局部黏接是产生废品的主要原因。

图 4-4 工人在掀板

（7）精整。掀板后得到的薄板，需要进行矫直，定尺剪切后包装出厂。有的产品还需要进行热处理，以保证产品质量。

4.3 叠轧生产工艺特点

叠轧薄板轧机的轧制过程具有以下特点：

（1）不可逆周期式轧制，轧件的空跑时间较长。

（2）因轧件的厚度小并且表面积大，故在轧制过程中散热快，再加上空跑时间长，使轧件温度很快下降到不适于继续轧制的程度，往往需中间回炉再加热。

（3）由于轧机弹性变形的限制，在产品厚度小于 2 mm 时，就必须进行多片叠轧，轧制厚度一般在 0.28~4.0 mm 之间。

（4）为了减少轧件在轧制过程中的温降，需要热辊轧制，轧制过程中轧辊不进行水冷，轧辊的工作温度为 500~600 ℃。

（5）轧辊在安装需要预热，正常轧钢之前轧辊需要进行烫辊，轧辊的预热温度为 380~420 ℃。

（6）叠轧过程中，既要使钢板之间产生较好的贴合，以使轧制变形更为均匀，同时又要尽量不要产生严重的粘接，增加掀板的难度，并造成较高的废品率，因此使用合适的隔离剂和采用合理的压下规程是十分重要的。

（7）由于轧辊直径过大导致轧机的轧制压力大，一般达到 9 MN 以上，最大压力可达到 16 MN。

4.4　叠轧薄板轧机组成

叠轧薄板生产主轧线（图 4-5）由以下部分组成：炉前升降台、炉底运输链、炉后输出链、机前固定台、主轧机、机后摆动台。

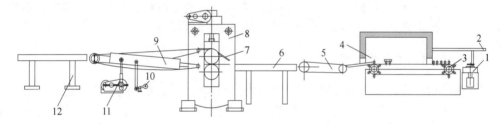

图 4-5　叠轧薄板主轧线

1—升降受料台；2—坯料移送机构；3—炉底输送链；4—链式加热炉；
5—输送链；6—机前固定台；7—轧件返回滑板；8—二辊轧机；9—机后摆动台；
10—平衡锤；11—摆动机构；12—输出平台

（1）机架布置。叠轧薄板轧机通常采用双机架平行布置（图 4-6），使用一套传动装置。由于轧件长度小，轧制时间短，这样布置可以充分利用传动装置，提高生产率。

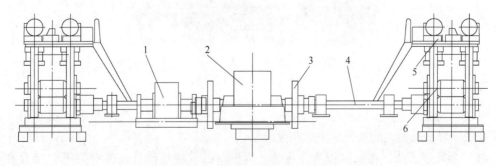

图 4-6　叠轧薄板轧机主轧列

1—电动机；2—减速器；3—飞轮；4—接轴；5—压下装置；6—工作机座

（2）机架结构。由于轧辊更换和预热的需要，机架窗口较为宽大，采用电动压下，压下螺丝直接与上辊轴承座连接，没有轧辊平衡装置，由压下螺丝带动轧辊上下运行。

（3）传动方式。采用交流不可逆传动，电动机位于两架轧机之间，分别传动两架轧机。由于轧制时间短，因此要求电动机具有较高的过载系数（2.3~2.6），并采用飞轮储能。

（4）轧辊装置。轧辊多采用球墨铸铁轧辊，铜瓦轴承，用沥青作润滑剂，以保证高温下的润滑。

（5）输送装置。由于轧件尺寸小，故采用链条输送装置，使轧件实现咬入、轧制后抛出和回送动作。

（6）折叠装置。折叠装置是叠轧薄板生产的关键设备之一，提高折叠速度是提高生产效率的重要措施，通常采用风动折叠机进行在线折叠。

4.5 叠轧技术的应用

随着薄带钢热连轧带钢生产的发展，叠轧薄板生产工艺在钢铁生产领域基本被取代。但是作为一种有效的轧制生产技术，叠轧生产在金属材料生产领域还是具有应用价值的。近年来，在一些特殊金属材料生产中使用叠轧方式，特别是在双金属材料生产中，对传统叠轧生产中黏接机理的研究也可以用于当前的叠轧生产过程中。

4.5.1 双金属材料的叠轧生产

双金属材料的叠轧焊合主要用于生产金属复合材料。金属复合材料生产是通过轧制方式，将两种或两种以上的层状金属轧制焊合在一起，即通过轧制使层状金属间的间隙消除，形成牢固的冶金结合，成为双金属材料（图 4-7）。

图 4-7　双金属复合板

直接轧制法是生产金属复合板的一种较普遍方法，可分为热轧复合法（图 4-8）、冷轧复合法、异步轧制复合法及真空轧制复合法。

（1）热轧复合法是将复材和基材重叠，周围焊接，通过热轧使复材与基材结合在一起的方法。在剪切变形力的作用下，两种金属间的接触表面十分类似于黏滞流体，更趋向于流体特性。一旦新生金属表面出现，它们便产生黏着摩擦行为，有利于接触表面间金属的固着，以固着点为基础（或核心），在高温热激活条件下形成稳定的热扩散，从而实现

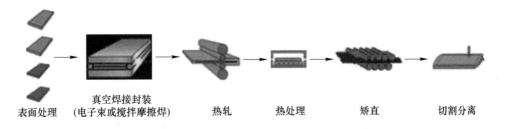

表面处理　　　真空焊接封装　　热轧　　热处理　　矫直　　切割分离
　　　　　（电子束或搅拌摩擦焊）

图 4-8　双金属复合板制备工艺

金属间的焊接结合。

　　（2）冷轧复合法。冷轧复合法的工艺过程是："表面处理+冷轧复合+扩散退火"的三步法生产工艺。与热轧复合法相比，冷轧复合时的首道次变形量更大，一般要达到60%~70%，甚至更高。冷轧复合凭借大的压下量，冷轧重叠的二层或多层金属，使它们产生原子结合或榫扣嵌合，并随后通过扩散退火使之强化。

　　（3）异步轧制复合法。异步轧制是通过改变上下轧辊轧速使轧辊线速度不同轧制金属的，异步轧制复合法一般把较硬的金属与快速辊对应，较软的金属与慢速辊对应。异步轧制复合充分利用了"搓轧区"内的相对滑动。一方面，相对滑动的界面摩擦生热，为界面的结合提供能量；另一方面，相对滑动使接触表面污染层和氧化膜的破碎和挤出，促进新鲜表面的生成，有利于提高界面结合强度。

　　（4）真空轧制复合法。真空轧制复合法分为真空中热轧和冷轧两种情况。真空中热轧的最大特征是：由于不含氧化性气氛，金属表面不形成氧化物、氮化物，使在大气中氧化而难以加工的金属变得容易加工，通过塑性加工生成的金属新生面的本来特性能够充分发挥，并因真空中有助于脱气，可获得清洁的精加工金属表面。

4.5.2　宽幅薄金属板材的叠轧生产

　　通常，采用普通轧制方式难以获得较薄的宽幅热轧金属板材。这是由于轧制过程中，轧件的温度降低太快，而产生的轧制压力过大所致。如果将多层金属板叠在一起轧制，然后再分开，可以获得更薄的宽幅金属板。这样的生产目的与叠轧薄板生产是相同的，只是由于普通的薄板可以方便地通过连轧方式生产，而宽幅热轧薄钢板则难以用现有的方法生产。

　　通过叠轧方式可以生产宽度大于 3400 mm、厚度小于 6 mm 的各种结构用钢板。国内某公司采用叠轧方式，通过制定合理的工艺方案及工艺参数并有效实施，获得了规格为2.75 mm×2000 mm×5000 mm 的宽幅钛合金板材。该板材的板形和尺寸精度均符合要求，表面质量优良。

4.5.3　难变形金属包覆轧制生产

　　据统计，TC4 钛板生产中，碱酸洗和打磨造成的无形损失高达 30%左右，综合成品率只有 35%左右，且生产周期长，性能不稳定。其冷轧程度变形率不超过 25%，需要多次的冷轧和中间退火、碱酸洗，且轧制中易出现裂纹、裂边、掉渣、压坑等工艺缺陷。

包覆轧制工艺生产钛合金板（1.0 mm 以下）可以有效地减少或避免上述问题。为此，国内有关企业自主研发钛合金板叠轧与包覆轧制工艺，以及相关技术，取得了显著效果。采用包覆叠轧工艺已经生产出 0.6 mm 厚的 TC4 薄板。俄罗斯 AVSMA-VSMPO、美国活性金属公司（RMI）及日本 NKK 公司，均采用包覆叠轧工艺生产钛合金薄板。

4.5.4　超细晶材料生产

累积叠轧焊（Accumulative Roll Bonding，ARB）（图 4-9）是将表面脱脂、退火等处理后，尺寸大小相等的两块相同材质的金属板材在一定温度下叠轧使其自动焊合，然后重复进行相同的工艺，反复叠片轧制焊接，从而使材料的组织细化，夹杂物均匀分布，大幅度提高材料的力学性能。由于累积叠轧焊工艺在理论上能获得比较大的压下量，突破了传统轧制压下量的限制，并可连续制备薄板类的超细晶金属材料，被认为是大应力变形工艺中唯一有希望能生产大块超细晶金属材料的方法。ARB 工艺属于强烈塑性变形（SPD）方法中的一种。国外学者利用此工艺对铜、铝、铝合金等易变形金属材料进行研究，获得 200 nm 超细晶铝合金金属和 500 nm 的超细晶低碳钢。

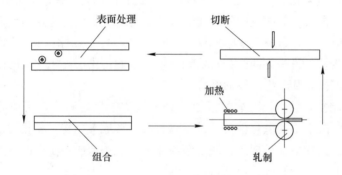

图 4-9　累积叠轧焊

4.5.5　大体积坯料叠轧制作

大尺寸金属制件需要大体积的坯料，采用叠轧的方法将小体积的坯料轧制焊合在一起，形成大体积的坯料，然后进一步成型加工，用于制作大尺寸的金属制件，由此可以解决熔炼和铸造能力不足的问题。通过轧制焊合方式获得常规工艺难以生产的，具有锻造组织的大体积坯料，用于机械加工生产。这种大体积坯料要求具有均匀一致的金属组织，因此需要通过反复叠轧（或压缩），实现层状金属之间的完全焊合，基本上消除界面现象，形成完整的大体积坯料。

4.6　小　　结

叠轧工艺曾经是生产热轧薄金属板的经济有效方法，目前也是生产复合板材以及其他特殊板材的方法之一。传统的叠轧工艺装备适应当时的技术与经济条件，满足生产各种用途薄板材制品的需求。目前，采用新的技术手段，重新发掘叠轧技术特点，开发新金属材料生产技术工艺及装备将具有重要技术经济价值。

5 成卷带材热轧

5.1 概　述

热连轧技术的发展，使得热轧带钢生产成为可能，进而使热连轧带钢成为产量最大的钢材品种之一。

我国的带钢连轧生产起源于鞍钢的 2800 mm/1700 mm 半连轧生产线。鞍钢半连轧厂 1958 年 7 月正式投产，全套设备从苏联引进，年设计生产能力 80 万吨。截至"九五"期间实施 1780 mm 改造前的 1999 年，老 1700 mm 生产线（鞍钢半连轧厂）卷板产量达到 273.72 万吨。1966 年太原钢铁自苏联引进的 2300 mm/1500 mm 炉卷轧机，采用单机成卷轧制生产，后来有武钢的 1700 mm 热连轧带钢机组（图 5-1）和宝钢的 2050 热轧带钢机组投产。

本溪钢铁公司的 1700 mm 热连轧带钢机组是我国自行设计制造的第一套热连轧带钢机组（图 5-2），于 1964 年开始设计制造，1980 年投入生产。

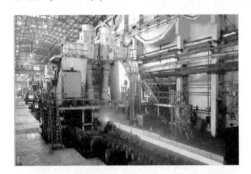

图 5-1　武钢 1700 mm 热连轧带钢机组

图 5-2　本钢 1700 mm 热连轧带钢机组

带钢的成卷生产是建立在连轧技术基础上的。连轧生产工艺的发展，促进了轧钢技术的自动化、大型化，从而使轧钢生产进入了新的历史时期。最初的带钢连续轧制是在精轧段实施连续轧制，而粗轧段采用往复式轧制，即所谓的"半连轧"。随着轧机装备水平的发展，出现了"3/4 连轧"（其中，粗轧部分的后两架轧机为连轧）和"全连轧"（全轧制线连续）。考虑到设备投资和生产的经济性，"全连轧"在宽带钢热连轧生产中应用的不多。

根据带钢的宽度，带钢热连轧的工艺与设备构成也有差异。宽度在 1300 mm 以上为宽带钢，宽度在 650～1300 mm 之间为中宽带钢，宽度在 650 mm 以下的为窄带钢（图 5-3）。近年来，随着轧制技术与轧钢设备制造的发展，中宽带钢和窄带钢连轧生产的技术装备水平得到了显著提升。

图 5-3　不同宽度的热轧带钢

5.2　带钢热连轧生产

5.2.1　带钢热连轧工艺过程

带钢热连轧生产工艺的主要工序是加热、轧制、冷却和卷取。随着对产品质量要求的提高，除鳞、定宽、切头尾、边部加热、热卷取和保温等辅助工序也成为带钢热连轧生产工艺的组成部分（图 5-4）。

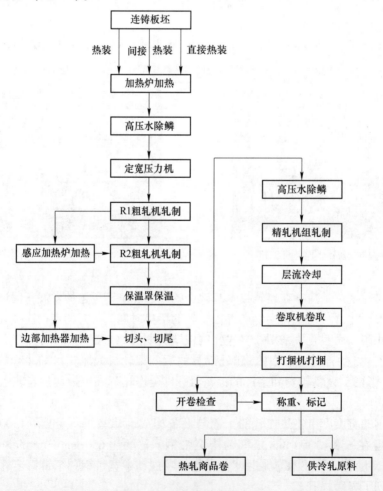

图 5-4　带钢热连轧工艺流程

钢坯在加热出炉后，通过高压水除鳞去除氧化铁皮，进入四辊可逆式粗轧机进行开坯，轧制成适合连轧机组轧制的中间坯料。开坯过程中立辊保证钢板精确的宽度，中间坯经飞剪剪头后，进入连轧机组。一次轧制成所需的规格，最后由卷取机收卷。轧制过程中，粗、精轧机均有高压水对钢板进行二次除鳞。

5.2.2 带钢热连轧制设备

带钢热连轧生产线的主要设备包括：步进（连续）式加热炉、高压水除鳞箱、定宽侧压机（立辊轧机）、粗轧机组、保温辊道、热卷箱、切头飞剪、精轧机组、层流冷却辊道、卷取机、打捆机等（图 5-5~图 5-14）。

图 5-5 步进（连续）式加热炉

图 5-6 高压水除鳞箱

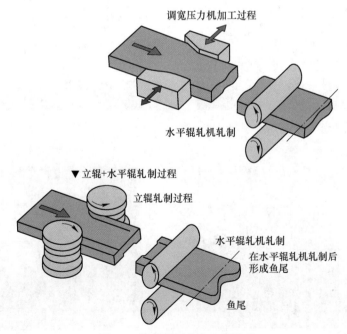

图 5-7 定宽侧压机与立辊轧机

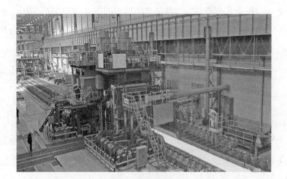

图 5-8   粗轧机组

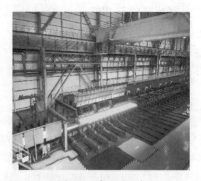

图 5-9   保温辊道

图 5-10   热卷箱

图 5-11   切头飞剪与精轧机组

图 5-12   层流冷却

图 5-13   地下卷取机

图 5-14   钢卷打捆机

随着带钢热连轧生产技术的发展和相关领域的技术进步，这些设备的装备水平和性能逐步提高，能够适用自动化乃至智能化运行。

5.2.3 带钢热连轧生产技术

现代带钢热连轧生产是通过复杂的技术系统实现的。随着技术的进步，该系统的内含越来越丰富，主要包括：加热炉燃烧控制技术、厚度控制技术（AGC）、板形控制技术（CVC，PC）、立辊控宽和调宽技术（AWC 和 SSC 控制）、连轧张力控制技术、卷取控制技术（AJC）、加速冷却技术（ACC）、自由程序轧制技术、在线磨辊技术等工艺控制技术以及全套的计算机控制系统。

2000 年，鞍钢通过对 1700 mm 热连轧机的技术改造，率先开发了中厚板坯的短流程生产技术，实现了我国板带热连轧生产系统的第一次自主集成。2005 年，鞍钢建设了 ASP 2150 mm 热连轧机，并转让到济钢，建设了 ASP 1700 mm 热连轧机。此后，又在多条热连轧线上实现自主集成和创新，建设多套热连轧机及全套自动控制系统，实现了我国板带热连轧机技术集成上的跨越式发展。在此过程中，我国自主开发了 VCL 轧辊板形控制、UFC+ACC 控制冷却系统、氧化铁皮控制、集约化生产等创新性技术，我国已经跻身于热连轧技术先进国家行列。

5.3 鞍钢半连轧技术特点

鞍钢 2800 mm/1700 mm 半连轧生产线的技术装备属于带钢热连轧技术的初级阶段，尽管与现代热连轧带钢生产线相比有很大技术差距，但是了解和认识其技术状况，对于熟悉现有带钢热连轧技术，开发新技术是很有帮助的。该生产线的主要技术特征是：

（1）中厚板和热轧板卷共线生产。为了用较少的设备生产更多品种的钢材，机组的粗轧机又作为中厚板生产的轧制设备，粗轧机组与精轧机组之间设置横移辊道，将轧制的中厚板移至钢板冷床。中厚板和板卷共线生产使机组的生产能力受到限制。

（2）采用板锭的轧制板坯生产。采用板锭模（图 5-15）浇铸板锭，再通过初轧机将浇铸的板锭轧制成板坯，用于轧制带钢卷。与连铸板坯相比，模铸板锭的轧制板坯的长度尺寸受到限制，因此带钢卷的卷重比较小。

（3）加热炉为连续式推钢加热炉。采用连续推钢式加热炉，炉体结构简单，投资少，操作简单；但是，在板坯加热质量和加热速度方面与步进式加热炉相比有很大差距。

（4）粗轧为可逆轧制。粗轧机组为一台二辊轧机和一台四辊轧机（图 5-16），分别进行可逆轧制。

（5）精轧机组为连轧。精轧机组为六机架连轧（图 5-17），与现代带钢热连轧机组的七机架精轧机相比，轧制精度和厚度尺寸范围有明显差距。

（6）没有宽度调整设备。没有设置大立辊或侧压机构等宽度调整设备，板坯宽度不能调整，导致带钢卷的宽度单一、宽度尺寸不精确。

（7）采用水银整流器整流。20 世纪 70 年代以前，直流电机的供电是采用交流电→交流电机→直流发电机→直流电（FD 机组）和水银整流器整流两种方式，大型轧钢机的直流电机传动多采用整流器方式。随着可控硅整流技术出现，水银整流技术逐渐被淘汰。

图 5-15　板锭模

图 5-16　2800 mm/1700 mm 半连轧粗轧机

（8）单机架人工调速。由于当时计算机控制技术尚未采用，各个机架的速度调整是根据人工观察活套张力状况进行的，因此堆钢和断带的现象时常发生。操作工人的劳动强度也很大，每个机架需要两个工人轮换操作。由于速度控制不好，轧机出口速度与输出辊道速度不匹配，造成带钢甩尾，在辊道打折堆积，成为废品，需要及时处理。图 5-18 是经过改造后的半连轧精轧机组的操作室。

图 5-17　2800 mm/1700 mm 半连轧精轧机组

图 5-18　2800 mm/1700 mm 半连轧操作室

（9）缺少高压水除鳞、切头飞剪、层流冷却、自动打捆机、喷印机器人等辅助设备。

（10）卷取机（图 5-19）结构复杂，助卷辊分布不合理，卷取能力不够。由于卷取机的问题，卷取过程中容易产生松卷、散卷、塔形等缺陷（图 5-20）。

（11）缺少厚度自动控制系统和板形自动控制系统。只能依靠人工调整轧辊压下装置，保证板材厚度，通过原始辊形曲线控制板形。

图 5-19 2800 mm/1700 mm 半连轧卷取机

图 5-20 2800 mm/1700 mm 半连轧的带钢卷

5.4 带钢连轧技术开发

连轧技术应用的实际意义是保证带钢精轧阶段的轧制温度，实现薄带材的轧制生产。因此，可以采用不同的成型方式，完成坯料在粗轧阶段的金属变形，然后进入精轧机组轧制到成品。有色金属带材生产领域，有些产品是通过挤压获得的带坯，然后供给用户，进行二次加工轧制成带材。为此，太原科技大学开发了一种挤-轧成型机组（图 5-21），用于难变形金属带材的短流程生产。

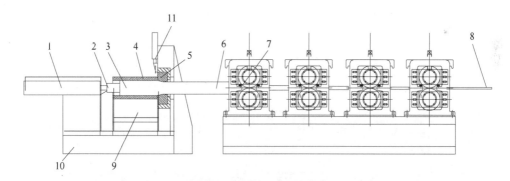

图 5-21 带材挤-轧成型机组

1—挤压缸；2—推头；3—坯料；4—挤压筒装置；5—挤压模；
6—挤压件；7—轧机；8—轧件；9—挤压筒底座；10—挤压机座；11—压余剪

5.4.1 挤-轧成型工艺特点

挤-轧成型的主要工艺过程是：坯料→加热→挤压→连轧→卷取→冷却→入库，其主要特点是：

（1）短流程生产，占地面积小，设备投资少；

（2）坯料温降小，能量消耗少；

（3）工艺灵活，材料适应范围广；

（4）金属烧损少，表面氧化皮少，产品表面质量好。

5.4.2　挤-轧成型机组

挤-轧成型机组的设备组成有：

（1）加热炉。加热炉可以采用感应加热，加热速度快，烧损少，加热器体积小，生产线紧凑。

（2）卧式挤压机。采用卧式挤压可以进行有压余或无压余挤压，挤压后带坯直接进入连轧机轧制。

（3）多机架连轧机。采用紧凑型二辊或四辊带材轧机，多机架微张力连轧。

（4）卷取机。采用一次卷取（松卷），待冷却后进行二次卷取（紧卷）。

5.5　带钢炉卷轧制生产

炉卷轧机，又称斯特克尔轧机（Steckel 轧机）。自美国 1932 年研制出第一台试验性炉卷轧机并于 1949 年正式应用于工业生产，炉卷轧机经历了传统型、改造型、现代型三个发展阶段。随着连铸技术的发展和机械制造、电气传动与控制领域的技术进步，炉卷轧制工艺的优势得以充分体现，扩大了炉卷轧机使用范围。

传统型炉卷轧机解决了成卷轧制热轧薄板过程中温度降低太快的问题，使得带钢卷可以实现单机可逆式的往复轧制，直到轧制过程完成，即实现炉卷轧制（图 5-22，图5-23）。

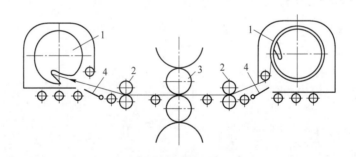

图 5-22　炉卷轧机示意图

1—炉内卷取机；2—送料辊；3—四辊可逆轧机；4—升降导板

我国的炉卷轧机应用始于 1966 年太原钢铁自苏联引进的 2300 mm/1500 mm 炉卷轧机，该轧机是苏联制造的第一套炉卷轧机。建成投产后，炉卷部分的生产长期不太正常，主要产品是中厚板，主要生产设备有 2300 mm 二辊可逆式轧机、2300 mm 四辊可逆式万能轧机、1500 mm 炉卷轧机各一架。

在 20 世纪 70 年代，我国西安重型机械研究所曾经设计制造了一套炉卷轧机，作为援外钢铁工程项目。20 世纪 80 年代以后，开始引进二手炉卷轧机生产线，使我国的炉卷轧机进入了新的发展时期。

进入 21 世纪，酒钢、昆钢、南京钢厂、安阳钢厂等企业陆续建设炉卷轧机生产线，采用中薄板连铸机和炉卷轧机的集约化模式。该模式的优点是：投资省、见效快、建设周

图 5-23　炉卷轧机

期短，占地面积少，有利于产品结构与品种的调整。

至此，炉卷轧机作为热轧成卷带钢生产和热轧板材生产的重要组成部分，在我国钢铁生产中占有重要位置。

5.5.1　炉卷轧制工艺过程

炉卷轧机可以和中厚板生产共线，下面介绍具体生产工艺流程。

（1）中板生产：原料→加热→高压水除鳞→2300 mm 二辊可逆式轧机（展宽轧制）→2300 mm 四辊可逆式万能轧机（延伸轧制）→热剪（切头尾）→热矫直机→冷床→七辊冷矫直机→1 号检查台（翻板）→圆盘剪→铡刀剪→2 号检查台（取样、喷印）→入库。

（2）卷板生产（图 5-24）：原料→加热→高压水除鳞→2300 mm 四辊可逆式万能轧机→1500 mm 炉卷轧机→热卷取机→检查→入库。

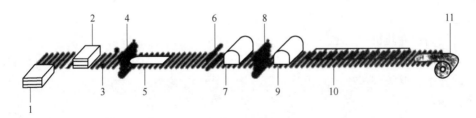

图 5-24　炉卷轧制生产工艺过程

1—加热炉；2—除鳞机；3—立辊轧机；4—粗轧机；5—辊道；6—切头剪；7—左卷取炉；
8—炉卷轧机；9—右卷取炉；10—层流冷却；11—地下卷取机

炉卷轧机生产工艺的轧制过程：板坯在连续式加热炉中加热后，通过高压水除鳞，在带立辊的四辊粗轧机上分别轧制一定道次，将板坯轧成厚 10~20 mm 的带坯，在飞剪上切除头尾，然后送入炉卷轧机进行可逆轧制。当第一道带坯头部出炉卷轧机后，右边的升降导板抬起，将带坯的头部引入右边卷取炉的卷筒中进行卷取，卷取炉卷筒与轧机之间带钢的张力不大。当第一道轧件尾部一出轧辊，右边的夹送辊下降，整个机组反转，开始第二道轧制，此时左边的夹送辊和升降导板抬起，又将带钢导入左边的卷取炉进行卷取，如此反复轧制几道，即轧成所需要的带卷。

由于每道轧制时轧件端部均需通过轧辊，因而每道次开始时都需以导入速度（0.5~2.5 m/s）轧制，使轧件端部平滑进入卷筒的槽口。导入后，卷筒和轧机同步升速到正常轧制速度。在每道次终了时，则必须及时制动，以防轧件尾部进入保温炉内。这样频繁改变的操作制度必须依赖自动控制才能实现，同时也限制了轧制速度的提高。一般轧件在炉卷轧机上轧制7~9道次，轧到要求的带卷厚度后，通过运输辊道冷却到卷取温度，在地下卷取机上卷成钢卷。

5.5.2　炉卷轧制技术特点

由于炉卷轧机前后设置有卷取炉，带钢轧制过程中在卷取炉内保温，通过控制卷取炉工艺温度，能够生产不锈钢、钛合金、高温合金、复合材料等多种高附加值热轧带卷。

传统炉卷轧机的技术特点主要有：

（1）优点：作业线短、设备数量少、钢板温降小，适于生产轧制温度范围窄的产品；生产工艺灵活，适于生产小批量、多品种的带钢产品。

（2）缺点：单机往复轧制，时间长，二次氧化皮多，产品表面质量较差，不能生产薄板；技术经济指标较低，各项消耗较高；轧辊易磨损，换辊频繁；工艺操作复杂。

5.5.3　炉卷轧机技术发展

20世纪60年代，美国铁本公司开始用现代控制技术改造传统炉卷轧机，采用了一系列热连轧宽带钢轧机的成熟新技术，重新发展了自20世纪30年代发明以来几乎被人遗忘了的炉卷轧机。1980年前后，发达国家纷纷兴建新的或改造旧的炉卷轧机，但主要还是用来专业化生产不锈钢和特种合金钢，仅有少部炉卷轧机生产碳素结构钢。

由于炉卷轧机的生产效率和产品质量大幅度提高，产生了所谓"第2代炉卷轧机"，或称现代炉卷轧机。自20世纪90年代以来，除轧制不锈钢等的炉卷轧机技术有所发展外，又建设了一批实现连续化生产碳钢和低合金钢中厚板为主的炉卷轧机，其建设台数比轧制不锈钢的炉卷轧机台数还多。

随着近终型连铸技术、连铸连轧技术、现代控制技术、计算机技术、新型材料技术、数字传动技术、变频调速技术的普及应用，炉卷轧机的发展进入新的阶段。主要体现在以下几个方面：

（1）铸-轧一体化。随着薄板坯连铸技术的发展，炉卷轧机与炼钢炉、精炼炉、中薄板连铸机组成了新一代集约型的板带材生产线，以生产中厚板为主、兼生产薄板卷。

（2）改进轧制工艺。现代炉卷轧机采用提高中间带坯进精轧机的厚度，在精轧机上采用高的压缩比，提高轧制速度，减少轧制道次，提高卷重，使轧制温度均匀化等新工艺。

（3）提高设备性能。提高轧机的刚度，将轧机允许的最大轧制力加大，刚度提高，使得轧机弹跳减少，其允许的最大轧制力比传统炉卷轧机提高了近1倍。

卷取炉内的卷取芯轴采用带水冷芯轴的预热卷筒，这种新型设计和材料的卷筒的表面温度可达950℃，卷取带钢厚度可达20 mm。

采用带有封闭式炉底和新型炉型的卷取炉、计算机控制炉内气氛，减少了热损和炉内氧化，提高了炉温控制精度和均匀分布度。

采用具有较短换向时间（约 3 s）的交流变频主传动电机，其加速与反转时间比直流电机减少。

在炉卷轧机内设有在线轧辊修磨系统，轧辊不必更换就可在线进行修磨。通过轧制过程中轧辊表面的修磨，可改善带钢的表面质量和增加轧制量。

（4）改进配套设备。现代炉卷轧机全面引用了热带钢连轧的新技术，如坯料采用连铸坯或连铸薄板坯、加热炉采用步进式炉、采用高效、高压水除鳞技术、粗轧机采用带立辊轧边的四辊可逆式轧机、在中间辊道中采用保温技术、在炉卷轧机后设立层流冷却系统、在地下卷取机上采用液压踏步控制系统等，更重要的是炉卷轧机还采用液压厚度自动控制技术和板形自动控制技术。

随着技术、工艺的进步，炉卷轧机将会不断得到完善并得到更加广泛的应用，其影响是长远和巨大的。由于炉卷轧机采用以现代热带钢连轧（包括快速冷却、板形及厚度控制、高精度尺寸控制、表面自动检测等）为标志的现代轧钢技术，其与中薄板连铸机组成的集约型连续化工艺生产线将会占据更多的中厚板和带卷市场份额，传统的板材轧机将失去竞争能力。

5.5.4　炉卷轧机的配置

炉卷轧机可以与连铸机组一起形成不同产品、不同规模的成卷带钢生产系统（图5-25），因此扩大了炉卷轧机的应用范围。

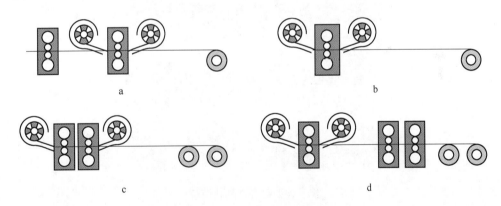

图 5-25　炉卷轧机的配置

a—双机架粗轧前置式；b—单机架粗精轧一体型；
c—双机架炉卷轧机型；d—双机架精轧后置型

（1）双机架粗轧前置式（方案 1）。本方案是炉卷轧机的一种应用较广的布局，该方案将带有立辊轧机的粗轧机布置在炉卷轧机的前面，精轧道次由炉卷轧机完成。本方案兼顾了轧制效率与品种规格，采用这种布局形式可以轧制生产 2 mm 厚的热轧薄板，其年产量在 80 万~100 万吨，投资费用适中，大多数钢厂都选择此种方案。

（2）单机架粗精轧一体型（方案 2）。本方案是炉卷轧机的最简化布局，采用一个机架的炉卷轧机，粗精轧均在炉卷轧机中完成。该布局形式适合于年产 30 万~50 万吨的小型钢厂，其投资最少，也能生产 2 mm 厚的热轧薄带卷，但其生产效率和质量相对方案 1

要低一些。

（3）双机架炉卷轧机型（方案3）。本方案的特点是生产效率较高，在两台卷取炉之间的炉卷轧机，带立辊轧边机的第一架以粗轧为主，第二架以精轧为主；其年产量可达到120万~130万吨，投资与方案1相似，但其轧制薄板的表面质量不如方案4。

（4）双机架精轧后置型（方案4）。本方案的特点是在炉卷轧机之后专门布置了一列精轧机架，其生产能力和投资与方案1相仿，但在轧制薄板时，其表面质量比方案1略好一些。

5.6　炉卷轧制技术应用

目前，炉卷轧制技术主要用于热轧板带钢生产，尤其是不锈钢板带生产。鉴于炉卷轧制生产工艺的特点，更适于有色金属材料的轧制生产。在难变形金属材料的生产领域，包括板带材和长材生产，一些单位开始炉卷轧制技术应用的研究。

5.6.1　钛合金带材轧制

2016年中国铝业沈阳有色金属加工有限公司采用炉卷轧制技术成功轧制出钛及钛合金热轧带卷（图5-26），填补了我国轧制宽幅大卷重的钛及钛合金热轧带卷空白。下面介绍该生产线的主要特征。

图5-26　钛合金热轧带卷

（1）合金品种：钛及钛合金：TA1、TA2、TC2、TC4；镍及其合金；铜和铜合金；各类不锈钢：AISI 304和AISI 316。

（2）生产能力：设计生产能力为4000吨/年中厚板和58000吨/年板卷，总产量为62000吨/年。

（3）坯料尺寸及产品规格：

坯料规格：（150~250）mm×（850~1560）mm×（2~4）m；

中厚板产品：（3.5~6.0）mm×（850~1560）mm×（4~7.85）m；

板卷产品规格：（3~6）mm×（850~1560）mm×C。

（4）设备组成及特点：一座可移动式电加热炉（当生产品种中有特殊工艺要求时使

用)、一台 1780 mm 炉卷轧机、一台四辊轧机、一套层流冷却系统、一台平整机。

层流冷却系统分为三个冷却区,以获得合适的冷却速率,确保最终产品的冶金性能。

轧制生产线的整个自动控制系统由 1 级基础自动化和 2 级过程控制系统组成,并采用先进的 HiPAC® PLC 技术。

5.6.2 镁合金带材轧制

海安太原科大技术研发中心将炉卷轧制技术应用于镁合金带材轧制,开发镁合金带材铸轧-轧制工艺与成套装备技术(图 5-27)。该技术的实施可以有效减轻宽幅镁合金板带材的边裂程度、减少板形缺陷,保证镁合金板带材性能的稳定性,大幅提高综合成材率、降低生产成本。

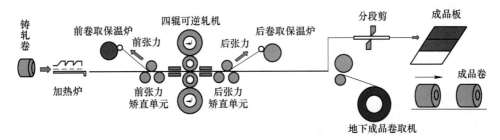

图 5-27 镁合金带材铸轧-轧制工艺

5.6.3 窄带材炉卷连轧

由于变形温度范围窄,特殊金属材料的窄带材轧制很困难。为此,太原科技大学轧制工程中心正在研究开发炉卷轧制技术。将炉卷轧制技术应用于特殊金属材料窄带材的多机架连轧生产中,以期形成用于轧制批量小、产品性能要求高的特殊金属材料窄带材的轧制生产线(图 5-28)。

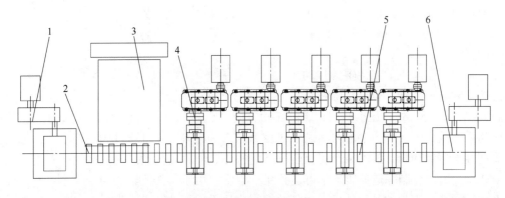

图 5-28 窄带材炉卷轧机组

1—机前炉内卷取机;2—输送辊道;3—板坯加热炉;4—窄带材连轧机组;

5—机架间辊道;6—机后炉内卷取机

(1)窄带材炉卷轧制工艺。特殊金属材料的窄带材炉卷轧制生产工艺是采用多机架轧机，整体可逆的炉卷轧制方式，其主要工艺过程是：坯料→加热→正向连轧→炉内卷取→反向连轧→炉内卷取→正向连轧→卷取→冷却→入库。

　　窄带材炉卷轧制工艺的主要特点是：工艺流程短、占地面积小、机架数量少、设备投资少、轧制速度低、能量消耗少、工艺灵活，可以将窄带材和棒线材共线生产，经济性好，材料适应范围广。

　　（2）窄带材炉卷轧制主要设备：

　　1）加热炉。加热炉采用端进端出的步进式加热炉，可以适应各种材料的坯料加热。

　　2）轧机。可以根据产品成型要求，采用两架以上的二辊可逆轧机，进行多道次轧制窄带材。

　　3）炉内卷取机。两台炉内卷取机可以进行中间卷取，也可以进行终端卷取和开卷。炉内卷取机的入口处设置夹送辊，用于控制尾部进入卷取机的位置。

5.7　带材行星轧制

　　如果说炉卷轧机是通过保持轧件温度的方式，使用一架或少机架轧机进行多道次轧制，实现薄板带或中厚板的轧制，而行星轧机则是通过大压下量的方式，以使用一架轧机进行一个道次轧制，实现短流程薄带材轧制的目的。显然，行星轧机的经济性更为明显，只是相比炉卷轧机，需要解决的相关技术问题更为复杂。

5.7.1　行星轧制原理

　　本小节讨论的行星轧机主要是用于板带材轧制生产的二辊式行星轧机，轧制过程是纵轧（图5-29）。用于轧制管棒材的行星轧机一般由3个或4个锥形轧辊构成，轧制过程为斜轧。板带材行星轧机是由一个或两个支承辊和围绕支承辊的许多行星辊（工作轧辊）组成的轧机。

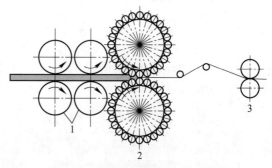

图5-29　板带材行星轧件示意图
1—递送机；2—行星辊；3—平整机

　　二辊式行星轧机的支持辊为传动辊，按轧制方向旋转，行星辊除按反轧制方向"自转"外，还围绕支持辊的转动方向"公转"。由于行星辊的自转方向与轧制方向相反，故无咬入能力，坯料由送料机推力送入。行星辊相继通过坯料变形区，似轧似锻周期性地压缩坯料。虽然每个行星辊压下量很小，但每秒内通过变形区的行星辊可以多达100对，所以轧制一道的压下率可达到90%以上。由于工作轧辊的辊径很小，所以轧制压力低于同样压下率的其他轧机。由于轧辊多次压下累积的结果，带材上出现波纹，需在平整机上平整消除，所以行星轧机机组主要由递送机、行星辊、平整机组成。

　　除热轧板带行星轧机外，行星轧机也可以用于板带材的冷轧。在行星轧机结构方面，开发了单行星辊的轧机，以解决上下辊同步问题。它的上面是大直径工作轧辊，或固定圆盘，或平盘，下面是行星辊，结构简化，推力、噪声和振动均减小，轧卡事故也少了。

5.7.2 行星轧制发展

行星轧制是同一年出现在英国（专利 E. M. Pickena. 609706，1948 年 10 月 6 日）和美国（专利 T. Sendzimira. 655190，1948 年 7 月 14 日），英国 Ductile 钢铁工厂根据专利制造了欧洲第一台行星轧机，即森吉米尔式行星轧机。其工作原理是：在两个支承辊的四周围绕着许多小直径工作轧辊（称为行星轧辊），支承辊直径和工作辊直径之比约为 8：1。

行星轧机带钢生产线具有建厂快、投资少、经济效益好等优点，特别适于小批量、多规格带材生产。1950 年法国建成第一台生产宽 165 mm 带钢的行星轧机，1951 年美国建成第二台生产宽 216 mm 带钢的行星轧机。20 世纪 60 年代，中国和许多国家先后建造了这种轧机。到 70 年代末，世界上已有 30 多台这种轧机，其中最大的是日本冶金工业株式会社于 1966 年安装的 1450 mm 行星轧机，可把厚 140 mm、宽 1300 mm、长 6500 mm 连铸板坯，一道轧制成厚 3.5~6 mm 带钢，也可轧成厚 6~50 mm 的中厚板。

20 世纪 70 年代以来，行星轧机发展缓慢，主要是由于设备结构复杂、维修工作量大、振动和噪声大，生产不稳定、轧制速度低，而且所生产板带的厚度精度不高，表面质量也差。虽然当时日本、联邦德国、苏联等国对行星轧机做了大量的研究工作，但是至今仍未脱离试生产阶段。随着热轧带钢连轧技术的逐渐成熟，行星轧机逐渐退出了板带钢轧制生产领域，只有管棒材的行星轧制得到了进一步的发展。

在 20 世纪 60 年代后期，为探索中小型热带钢轧制工艺及设备的可靠性，一机部、冶金部共同决定将山西省长治钢铁厂的 300 mm 行星轧机列入国家试验研究项目。从 1970 年 6 月开始至 1971 年 5 月止，西安重型机械研究所完成了设计、制造和安装工作。随后，300 mm 行星轧机热轧带钢车间顺利地进行了冷铝和热钢坯的试轧，情况良好。于同年 8 月投入了工业性试生产。通过试轧，针对轧线上存在的问题，对加热炉、立轧机、行星轧机、飞剪和卷取机等进行了一系列技术改进，从而使设备日臻完善，产量从 1971 年的数十吨，到 1975 年达到 2 万吨的设计水平。

1976 年 6 月在冶金部和一机部的主持下，对该生产线进行了全面的技术鉴定工作，一致认为：该行星轧机是压下率大、一次轧制成材、工艺流程简单的热轧带钢轧机，具有投资少、建厂快、易于收到经济效果，适用于小批量、多规格带材生产的技术特点，是解决中小型冶金厂热轧带卷生产的行之有效的办法。

此外，由西安重型机械研究所设计的沙市带钢厂 350 mm 热轧带钢生产线也采用了行星轧机。该机组有如下特点：将开坯机和行星轧机连接起来，实现一火连续轧制；增设飞焊机，可实现无头轧制。年产量为 6 万吨，轧机作业率达 83%。

5.7.3 长钢行星轧制生产线

5.7.3.1 技术参数
产品：(1.8 ~ 4) mm×(115 ~ 200) mm 热轧带卷；
坯料：40 mm×(115~200) mmn×3500 mm。

5.7.3.2 工艺流程

坯料加热→立轧→高压水除鳞→夹辊送料→行星轧机轧制→精轧→切头尾→卷取→检验→堆放冷却。

5.7.3.3 主要设备

长治钢厂的行星轧制生产线的主要设备有推钢机、步进式加热炉、立轧机、高压水除鳞夹辊装置、行星轧机、活套装置、平整机、飞剪机、对中装置、卷取机等。

步进式加热炉为简易型，是步进炉在国内板带钢轧制生产中的首次应用。

立轧机用于疏松热钢坯的氧化铁皮，同时对钢坯公差和边部造型起校正作用。轧制压力150 kN，轧制速度为2.23 m/s。

为了保证连续轧制要求，前后两块钢坯的头尾紧密衔接地进入送料辊，以防止送进推力的突然消失，在送料辊前须设有夹辊装置。夹辊为闭口式机架，辊径180 mm，辊长300 mm，最大坯料送进速度为4 m/min。

轧件的主要变形是在行星轧机（图5-30）中完成的。行星轧机机座由送料辊和行星辊两个主要部件构成，机架为闭口框架式结构。送料辊和行星辊的上轧辊皆采用电动压下装置，弹簧平衡，轧制中可以进行带负荷调整，压下螺丝转动一圈，移动量为6 mm。

行星辊下辊固定。送料辊下辊设置压下机构，手动调整，手柄处装有牙轮，转动一个牙，轧辊升降0.05 mm，用来调整送料辊和行星辊之间的轧制线，使其重合一致。

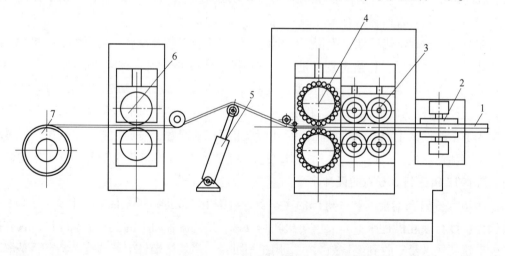

图 5-30　行星轧机结构图

1—板坯；2—轧边机；3—递送机；4—行星轧机；5—活套；6—平整机；7—卷取机

送料辊由一台40 kW直流电动机通过两台减速机，联合齿轮箱和万向接轴传动。送料辊采用滚动轴承，干油润滑。万向接轴采用叉头滑块式结构。

行星辊采用一台525 kW交流异步电动机，通过联合齿轮箱和圆弧齿万向接轴传动。

支承辊、分离圈和同步轴的轴承，采用滚动轴承，与同步齿轮装在同一个密封的容器内，干油润滑。工作辊采用滑动轴承，轴承材料为尼龙、胶木，水冷润滑。

行星辊和送料辊均采用导轨式换辊机构。

活套装置位于行星轧机和平整机之间，用于协调两轧机速度。

平整机用来消除带钢表面由于行星轧机轧制产生的有规则波纹、瓢曲和浪形，以得到平坦的表面，同时使带钢达到成品尺寸。平整机为二辊闭口式机架，最大轧制压力 1 MN，上辊采用电动压下，弹簧平衡。换辊机构为导轨式。可以将 2.0~4.6 mm 厚的轧件一次轧制至 1.8~4.0 mm，轧制速度为 30~60 m/min。

采用飞剪切去带钢头部不合格部分，以保证产品质量。飞剪为双滚筒式结构，单一电机驱动。工作制度为人工启动式，剪刀侧间隙可微调。切下的带钢头尾由料头收集装置收集，集中处理。其剪切厚度为 1.8~4 mm，剪切速度为 30~60 m/min。

对中装置可以正确地引导带钢进入卷取机，卷成整齐的钢卷。由两排可手动调节的自由转动的辊子组成。

卷取机为七辊无心上卷式，由送进辊、托辊各一对和三个弯曲辊组成。带钢经送进辊送进弯曲辊进行弯曲，下弯曲辊能够手动调整以控制钢卷内径，然后在两个托辊上成卷。钢卷由气缸带动推杆顶出卷取机。

卷取机的主要技术参数如下：

钢卷内径：300~400 mm；

钢卷外径：700~800 mm；

钢卷质量：约 210 kg；

卷取最大速度：75 m/min；

送进辊和弯曲辊直径及辊身长度：110 mm×350 mm。

5.7.3.4 电气传动

全车间共有 9 台直流电动机，分成 5 个直流供电系统进行供电，全部采用可控硅方案，取代直流发电机组供电，这在当时国内的钢铁生产领域是处于领先的。5 个供电系统分布为：夹辊装置、送料辊、精轧及精后辊道、飞剪、卷取机及成品辊道。弱电控制部分，除夹辊装置采用电压调节器和电流调节器外，其他系统全部采用速度调节器和电流调节器。

5.8 行星轧制技术应用

行星轧机经过几十年的发展形成了较为完整的成套工艺流程和技术装备，也是轧钢技术的重要组成部分。在当前金属材料品质规格和批量多样化的背景下，轧钢生产形式也应该多样化，充分利用现有技术用于不同的生产领域。

由于行星轧制具有道次变形量大、变形时间短、轧制过程中增温等特点，将其用于双金属复合板带的轧制将具有明显的技术优势。通过行星轧制，可以使复合板带能够实现更好的冶金结合，甚至在室温下也能很好地轧制复合。为此太原科技大学正进行这方面的可行性研究，探讨工艺路径和设备形式（图 5-31）。

双金属复合带材是利用两种不同金属带卷来生产的。因为采用双金属复合板通过多道次轧制生产双金属复合带材是很不经济的，现有的双金属复合带材生产线采用一台四辊轧机进行轧制复合，两种金属结合情况很不稳定。采用双机架单行星轧件轧制将能够获得良好的复合状态。

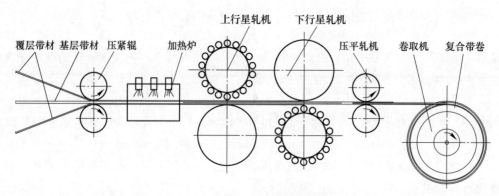

图 5-31　复合带材行星轧制方案

5.9　小　结

在我国，成卷热轧板带钢轧制生产技术已经十分成熟，将其应用到新金属材料板带卷材轧制生产工艺开发中，研制多品种、小产能、特殊金属材料的板带卷材热轧生产系统，是今后该领域技术发展方向。因此，全面回顾传统热轧板带卷材技术发展过程，充分认识传统热轧板带卷生产技术的特点，在新的配套技术助力下，开辟热轧金属板带卷材生产的新领域，将具有十分广阔的应用前景。

6 板带材冷轧

6.1 概　述

冷轧金属板带材（图 6-1 和图 6-2）是通过对热轧板带材进行冷状态轧制获得的。由于对金属材料的几何尺寸、形状与力学性能要求的提高，以及机械制造水平的发展，使金属板带材的冷轧生产成为可能。随着热轧带钢卷生产趋于成熟，冷轧带钢生产随之出现。冷轧带钢一般厚度为 0.2~3 mm，宽度为 100~2000 mm，以热轧带钢为原料，在常温下经四辊或六辊冷轧机轧制成材。厚度小于 0.2 mm 的带钢称为极薄带钢或箔材，则是采用冷轧带钢，更进一步轧制加工而成，通常采用多辊轧机轧制。

图 6-1　冷轧钢板

图 6-2　冷轧带钢卷

6.1.1 冷轧板带钢特点

冷轧板带钢的产品规格繁多、尺寸精度高、表面质量好、力学性能及工艺性能均优于热轧带钢，因而被广泛应用于机械制造、汽车制造、机车车辆、建筑结构、航空火箭、轻工食品、电子仪表及家用电器等工业部门。冷轧板带钢的特点如下：

（1）由于冷轧过程不存在热轧板带钢生产中的温降和温度的不均匀，因而可以生产极薄的带钢，最小厚度可达 0.001 mm；

（2）冷轧过程中轧件表面不产生氧化铁皮，且经轧前酸洗除锈，故产品表面质量好，并可以根据要求赋予带钢各种特殊表面，如毛面、绒面或磨光表面等；

（3）冷轧带钢通过一定的冷轧变形程度，与比较简单的热处理恰当地配合，可以满足较宽的力学性能要求。

冷轧带钢所用的坯料是由热轧供给的，故其发展又受到热轧的影响，只有不断提高热轧板卷的质量水平，包括表面质量、组织性能、厚度公差及板形平直度等，才能使冷轧带钢得到更好的发展。

6.1.2 冷轧板带钢性能

（1）表面状态和表面粗糙度。冷轧带钢要求具有良好的加工性和美观的表面，由于多作为外用板材和深冲板材，因此必须避免表面缺陷。

（2）尺寸和形状精度。冷轧带钢的尺寸精度要求包括厚度、宽度和长度，其偏差在相关标准中均有规定。形状精度一般用平坦度、横向弯曲、直角度表示，其允许值在标准中也有规定。

（3）加工性。冷轧产品用途广泛，加工方法很多，从简单的弯曲到深冲压加工，按加工性可分为成型性（扩展性和深冲性）和形状性两种。成型性是指加工成一定形状的能力。形状性是指在加工成一定形状后卸掉载荷所得到的尺寸和形状，同时把保持住加工形状的特性称为形状稳定性。

（4）时效性。所谓时效性就是指金属或合金的性能随时间推移而发生变化的现象。冷轧钢板存在淬火时效和应变时效，淬火时效是在某个温度范围急冷下来时发生的；应变时效则是在退火后经平整再冷加工时发生的，特别是通过平整消失了的屈服平台，经过一段时间后又可恢复。

（5）特殊性要求。特殊性要求主要是指搪瓷性能（搪瓷钢板）、耐蚀性（不锈钢板）、电磁性（电工钢板）、冲裁性（深冲钢板）等。

6.1.3 板带钢冷轧工艺过程

板带钢冷轧生产过程（图6-3）主要包括坯料准备、酸洗、冷轧、退火和精整。

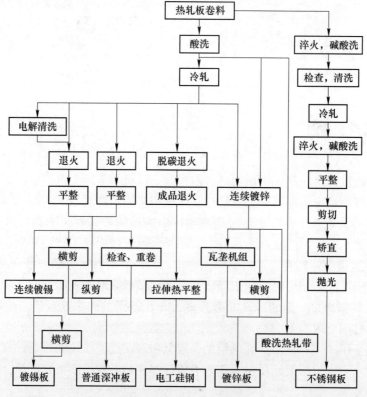

图6-3　冷轧带钢工艺流程

（1）坯料准备。坯料要求化学成分、宽度和厚度尺寸公差（三点差和同条差）、镰刀弯应符合要求，表面光洁，不得有裂纹、折叠、分层、气孔、非金属夹杂等缺陷。

（2）酸洗。酸洗主要是为了清除板带钢表面的氧化铁皮，酸洗前带钢应矫直和对焊，以便进行连续酸洗。在酸洗过程中应控制酸溶液浓度和温度、酸溶液中亚铁盐含量。

（3）轧制。轧制是获得板带钢尺寸形状和组织性能的主要手段，通过调整压下量、速度、张力和辊型以控制板带钢的厚度和板形。厚度主要采用 AGC 控制，板形主要依靠调整辊型（轧辊凸度和凸度补偿措施）来控制，如 HC、CVC 等。

（4）退火。退火分为中间退火和成品退火，中间退火是为了消除加工硬化，成品退火是为了得到所需的组织和性能。退火方式可以分为：连续退火和罩式退火，普通退火和保护气氛退火。罩式退火过程应控制炉内保护气体的比例、加热时间、冷却时间；连续退火过程应按退火曲线控制温度、速度、时间和气氛。控制炉内带钢张力保证板形，控制炉辊凸度可以防止带钢跑偏。

（5）精整。精整工艺包括平整、剪切、涂油和包装等，平整能够改善板形、净化表面和得到需要的性能。平整过程应控制带钢的伸长率。剪切包括纵切和横切，纵切是切边和分条，以获得不同宽度的带钢；横切用于分卷和切定尺，以获得不同卷重的钢卷和不同长度的钢板。涂油应均匀，包装应符合规定要求，有利于保管、运输和交付。

6.2　板带钢冷轧的形式

按照轧制方式分类，冷轧板带钢的形式有：单机架单张冷轧、单机架成卷冷轧、多机架成卷连轧。考虑到与酸洗和退火线的衔接，还有酸-轧线和酸洗-连轧-连续退火线。

6.2.1　单机架单张冷轧

单机架单张冷轧的特点是采用一台二辊或四辊可逆轧机（图 6-4）对单张钢板进行多道次冷轧。由于不能施加张力，因此钢板的板形很难保证，通常用于厚钢板的冷轧。太原钢铁公司的 2300 mm 合金钢板冷轧机就是单机架单张冷轧的典型形式。由于钢板单张单机冷轧的效率低、成本高，因此该轧机主要用于特殊领域的特殊材料生产。

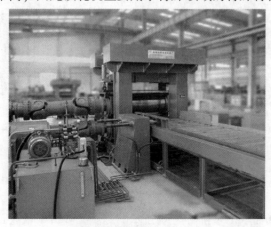

图 6-4　单机架单张冷轧机

6.2.2　单机架成卷冷轧

单机架成卷冷轧（图 6-5）曾经是冷轧带钢的主要形式，是采用一台二辊、四辊轧机或多辊轧机对成卷带钢进行冷轧。由于是成卷生产，因此可以实施张力轧制，从而能够完整地实现冷轧带钢的全部工艺手段，控制板形和板厚，完成轧制过程。单机冷轧过程可以是可逆轧制，也可以采用单机不可逆轧制。很多铝板带冷轧采用单机不可逆轧制。同样由于单机架成卷冷轧的效率低，目前多用于特殊形式和特殊用途的材料，如极薄带材的生产。太原钢铁公司的宽幅超薄精密不锈带钢就是典型的产品，这种不锈钢是目前世界上最薄的不锈钢品种，厚度只有 0.02 mm，相当于普通 A4 打印纸厚度的 1/4，能够轻轻撕开，俗称"手撕钢"。

图 6-5　单机架成卷冷轧机

目前，单机架成卷冷轧生产多采用多辊冷轧机，如偏八辊、十二辊、二十辊轧机（图 6-6 和图 6-7）。

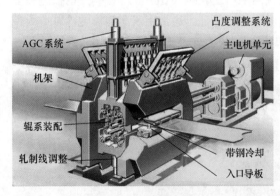

图 6-6　二十辊轧机

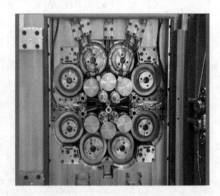

图 6-7　二十辊轧机辊系

6.2.3　多机架成卷连轧

随着冷轧带钢市场需求的增加和轧制技术的进步，多机架成卷连轧成为冷轧带钢生产的主要形式。多机架成卷连轧极大地提高了生产效率和产品质量。图 6-8 是一种处于初始技术状态的窄带钢四机架连轧机组。每个机架前有一名操作工人，他们观察判定带材的张力情况，并通过人工调节每架轧机的轧制速度，以保证连轧过程的稳定。

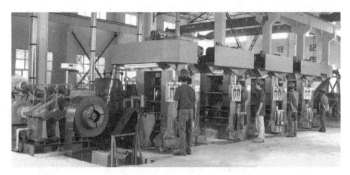

图 6-8　多机架成卷连轧

图 6-9 是一套现代化的双机架冷连轧机组，从上料、开卷、轧制、卷取到打捆，基本上处于无人操作的自动化生产状态。

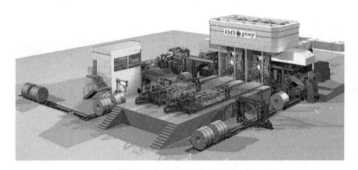

图 6-9　双机架连轧机组

6.2.4　无头轧制

无头轧制技术是冷轧带钢全连续生产的基础。其目的在于避免穿带、减少头尾偏差、生产效率高。在解决间断轧制问题，提高生产效率的同时，通过无头尾轧制解决穿带问题。主要益处是：

（1）提高穿带效率。单卷薄带轧制过程中，在穿带时产生的弯曲和蛇形，多是由于无张力产生的头尾特有现象。当施加张力后，几乎不发生蛇形现象，并可实现稳定轧制。

（2）提高质量稳定性和成材率。无头或半无头轧制使整个带卷保持恒定张力实现稳定轧制，并且不发生由轧辊热膨胀和磨损模型引起的预测误差及调整误差产生的板厚变化和板凸度变化，可显著提高板厚精度。超薄热带的厚度精度可达±30 μm，合格率超过99%，1.0 mm 厚的带钢合格率甚至比 1.2 mm 的还要高。超薄热带还显示出优良的伸长率和正常的微观组织结构。另外，通过稳定轧制也提高了温度精度。在无头轧制中几乎不发生板带头部到达卷取机前这段约 100 多米长的板形不良或非稳定轧制引起的质量不良。

（3）提高生产率。通常，在热轧厂生产 1.8~1.2 mm 厚的薄规格板带时，由于板带头部在辊道上发飘，穿带速度限制在 800 m/min 左右，而在无头或半无头轧制时已不受此限制。另外，单块坯轧制中的间歇时间在无头轧制中减为零，由此可显著提高薄规格轧制效率。

（4）可生产不易轧制品种的带钢。采用无头轧制时，可将非常难轧的材料夹在较容易轧制的较厚材料之间，使其头尾加上张力进行稳定轧制。

图 6-10 是无头轧制的冷连轧机组示意图，实现方法是前一卷的尾部与后一卷的头部焊接在一起。

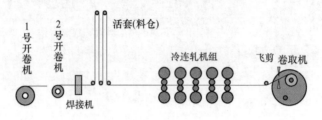

图 6-10　无头轧制带钢冷连轧

6.2.5　酸-轧生产系统

将多机架成卷连轧与连续酸洗线衔接在一起，由此成为"酸-轧机组"（图 6-11）。酸洗-冷轧联合机组的含义是：在酸洗前将热轧带钢卷通过焊接逐个连接在一起，然后通过酸洗工序，把带钢表面氧化物洗掉、烘干，切去带钢边部，送入连轧机组轧制，最后进行分卷卷取。

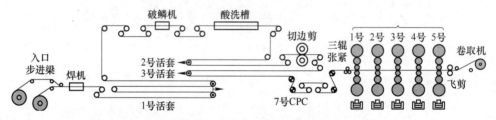

图 6-11　酸-轧机组工艺流程

图 6-12 为第一重机厂为鞍钢提供的 2130 mm 酸-轧机组。

图 6-12　2130 mm 酸-轧机组

6.2.6　酸-轧-退生产系统

将"酸-轧机组"与连续退火和表面处理生产线组合在一起，构成了完整的冷轧带钢生产系统，即酸洗-连续轧制-连续退火机组。图 6-13 为该生产线的主要设备构成。

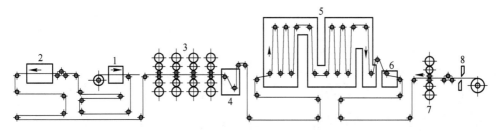

图 6-13　酸洗-冷轧-连续退火生产线（FIPL）

1—入口段；2—酸洗除鳞段；3—冷轧段；4—清洗段；5—连续退火段；

6—后部处理段；7—平整段；8—出口段

6.2.7　连轧-退火-酸洗生产系统

将轧制机组与连续退火线和酸洗线组合在一起，构成了连轧-退火-酸洗冷轧带钢生产系统。图 6-14 为该生产线的主要设备构成。

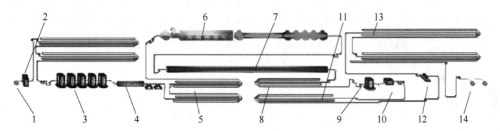

图 6-14　连续轧制-连续退火机组

1—开卷机；2—激光焊机；3—连轧机；4—轧后脱脂段；5—轧后活套；6—退火炉；

7—酸洗段；8—酸洗出口活套；9—平整机；10—拉矫机；11—平整后活套；

12—纵切机；13—剪切出口活套；14—卷取机

该生产线将"五机架连轧机、退火、酸洗、平整、拉矫、纵切"等单一的生产机组有机地集成在一条线上，建成了不锈钢冷轧带钢"六位一体"的全连续生产线。全线带钢最大长度 7900 m，产品设计宽度 1000 ~ 1650 mm，设计厚度 0.5 ~ 3.0 mm，最大卷重 40 t。

6.3　我国板带钢冷轧的发展

我国的宽带钢冷轧生产发展可以分为两个阶段，一个是技术装备引进阶段，另一个是自主设计制造阶段。引进阶段始于 20 世纪 60 年代，鞍钢冷轧厂从苏联引进的两套带钢冷轧设备（表6-1），即 1960 年投入生产的 1700 mm 冷轧机组，以及后来投产的 1200 mm 冷轧机组，两套机组的设计年产量是 30 万吨。

表 6-1　鞍钢薄带钢冷轧机主要技术参数

技 术 参 数	φ500 mm/1300 mm×1700 mm 四辊可逆式冷轧机	φ400 mm/1300 mm×1200 mm 四辊可逆式冷轧机	φ500/1300 mm×1700 mm 四辊平整机
轧制压力/MN	18	18	5
轧制速度/m·s⁻¹	10	13.8	20
主电机容量/kW	3600	2×2000	2×600
压下速度/mm·min⁻¹	7.29/14.58	7.29/24	7.29/14.58
原料厚度/mm	1.8~4.5	1.8~3.0	0.2~2.5
成品厚度/mm	0.35~2.5	0.2~1.5	0.2~2.5
原料宽度/mm	700~1550	550~1020	550~1550
卷重/t	15	15	15
钢卷外径/mm	1800	1800	1800
开卷速度/mm·s⁻¹	4.75	6.9	11.9

我国首台冷轧不锈钢成套设备是从德国引进的 MKW112-1400 型偏八辊可逆式冷轧机,1970 年 3 月在太钢七轧厂投产。

20 世纪 70 年代中期以后,板带钢冷轧生产进入了以武钢 1700 mm 和宝钢 2030 mm 为代表的宽带钢冷连轧时代。进入 21 世纪,国内各钢铁企业陆续投产了多套冷连轧机组,使不锈钢和硅钢的冷轧宽带生产也进入了连轧时代。表 6-2 是太钢两条不锈钢生产线的主要技术参数。针对铁素体不锈钢和奥氏体不锈钢轧制变形抗力和加工硬化差异,两条专业化生产线采用了不同轧机配置的五机架连轧机。

表 6-2　太钢不锈钢冷连轧机主要技术参数

项　　目	400 系专业生产线	360 系专业生产线
轧机机型	CVC—6-High	Z-High
支承辊辊径	1300~1400 mm	1120~1200 mm
中间辊辊径	510~560 mm	375~400 mm
侧支承辊辊径	—	138~143 mm
工作辊辊径	420~470 mm	140~160 mm
弯辊力	中间辊正弯辊 650 kN,负弯辊 450 kN,工作辊正弯辊 500 kN,负弯辊 350 kN	中间辊 ±220 kN
最大轧制力	25000 kN	18000 kN

国产板带钢冷轧设备的设计制造源于 20 世纪 60 年代,1965 年机械部和冶金部安排本溪钢铁公司的 1700 mm 热连轧机和冷连轧机项目,其中的冷轧线长 1400 m,由 8 个机组共 440 多台设备组成,由一重、沈重、太重和其他单位研制。这套冷轧机组到 1977 年才完成设计制造,后因国家压缩基建投资而没有投产。虽然这两条热轧、冷轧线都是 1960 年代的技术水平,但是开发这两套机组的成功之举"开创了我国研制冷、热连轧板机的历史"。

1971 年在太原钢铁厂投产的 2300 mm 合金钢板冷轧机和 1500 mm 单机可逆带钢冷轧

机，其中 2300 mm 轧机为保证我国军工行业需求做出了重要贡献，而 1500 mm 轧机几乎没有正常使用。

国产冷轧极薄带钢设备是 1984 年在重庆钢铁厂正式投产的 700 mm 极薄带钢轧机。

2000 年 5 月，中国一重集团与鞍山钢铁集团公司，由一重集团为鞍钢设计、制造一套 1780 mm 冷连轧机组，用于生产汽车和家电用钢板。经过 18 个月的艰苦努力，这套总重达 3546 t 的冷轧机组圆满完成。2003 年 6 月，国产 1780 mm 冷连轧机组（图 6-15）在鞍钢一次试车成功，顺利轧出厚度为 0.3 mm 的高质量冷轧薄板。7 月，该轧机再创纪录，轧出厚度仅 0.2 mm 的超薄板材。

图 6-15　国产第一套冷连轧机组

2005 年，"鞍钢 1780 mm 大型宽带钢冷轧生产线工艺装备技术国内自主集成与创新"项目被中国钢铁工业协会、中国金属学会授予全国冶金科学技术奖特等奖。2007 年 1 月 17 日，这个项目又获得国家科技进步奖一等奖。该生产线建成投产表明，我国已经掌握了冷轧成套设备制造技术和工艺生产控制两大核心技术，对我国冶金重大装备国产化做出了突出贡献。

随后，一重又为鞍钢设计制造了 4 套冷轧机组，其中有 2 套值得单独一提。第一套是在 2004 年交付的用于轧制硅钢板的 1500 mm 机组；第二套是 2006 年 3 月 29 日在鞍钢一次负荷试车成功的 2130 mm 酸洗、冷连轧联合机组，达到了世界领先水平。

2006 年 2 月，宝钢与一重签约，由一重开发 1420 mm 高速超薄带钢冷轧机组，轧制的超薄钢板在镀锡后用于食品及医疗器械等行业，速度要达到每分钟轧制 1700 m 钢板，相当于每秒近 30 m。2009 年 1420 mm 高速超薄带钢冷轧机组在宝钢梅钢安装投产，投产后的效果非常好，速度、产量、质量都不错。

此外，一重还为武钢设计、制造了 1550 mm 冷连轧生产线，其稳定性和产品质量也达到或超越了国外同类轧机。从而表明，国产高速薄带钢冷轧机技术达到了世界水平。

6.4　板带钢冷轧技术应用

板带钢冷连轧生产是众多先进技术的集成，除轧机本身的设计制造技术和轧制工艺技术外，还涉及机械、液压、电气传动、检测、计算机控制与智能以及酸洗、退火、精整、物流等相关技术。随着科技的发展，这些相关技术也在发展，不断有最新技术应用到板带钢冷连轧生产中。

6.4.1　轧制

（1）厚度与板形自动控制。板带钢冷连轧机可配备智能化的测量与控制系统，测厚仪、测速仪、测宽仪、张力计、板形仪等，实现厚度和板形等重要参数动态高精度控制。焊缝通过轧机有全轧模式、半轧模式、不轧模式三种，可满足不同生产需要。

（2）轧制工艺润滑。为了实现轧制过程稳定和保证带钢表面质量良好，应采用轧制润滑与冷却。板带钢冷连轧机润滑液循环系统可以分 A、B 两个系统，前面的机架由 A 系统供液，后面的机架由 B 系统供液。每个循环系统配有磁过滤、平床过滤器及加热冷却系统，循环油箱一备一用。

（3）辅助设备。连轧机后配有事故剪和焊机，以供轧制发生断带事故时应急处置，事故处理时间大大缩短，作业率得到有效提高。事故焊机后配有轧后脱脂清洗机，主要包括脱脂段、刷洗段、最终清洗段和烘干段。脱脂段用来清洗轧机轧制后带钢表面的油脂，为后续工艺段处理做准备。

6.4.2　热处理

板带钢冷连轧的热处理主要是退火，退火炉采用分段式，设置两段预热段，既可节约能耗，也可避免炉体过长带来的擦划伤弊端。退火炉采用连续水平式退火炉，主要由预热段、加热段和冷却段组成。某板带钢冷连轧生产线的退火炉主要参数见表6-3。

表 6-3　退火炉主要参数

项　　目	参　　数
燃料压力	50~60 kPa
助燃风机风量	1 号退火炉 850 m³/min，2 号退火炉 800 m³/min
烧嘴数	272 个
退火最高温度	1300 ℃
最大线速度	17 m/min
最大 TV 值	400 系专业生产线 177 mm·m/s，500 系专业生产线 185 mm·m/s

注：最大 TV 值是板厚与该板厚时机组允许的最高工艺速度的乘积，机组最大 TV 值取决于退火炉性能，一般用最大 TV 值来衡量一个炉子的退火能力。

为防止带钢在炉内跑偏和划伤，张力不宜过小，但张力过大会造成带钢拉窄，甚至断带。由于退火炉较长，张力控制难度较大，退火炉内配有纠偏装置，从而实现炉内张力稳定控制。

6.4.3　酸洗

酸洗可以采用电解酸洗和化学酸洗相结合的方式，根据不同钢种可对酸洗介质进行选择。电解酸洗包括中性盐电解酸洗和酸电解酸洗，中性盐采用硫酸钠，酸电解采用硝酸，化学酸洗采用硝酸和氢氟酸混合酸。某板带钢冷连轧生产线的酸洗参数见表6-4。

表 6-4 酸洗参数

酸洗区域	项 目	参 数
中性盐电解 （硫酸钠）	酸洗长度	2×58 m
	浓度	150~220 g/L
	pH 值	5~7
	电解处理时间	38.1 s（速度 170 m/min）
酸电解 （硝酸）	酸洗长度	56 m
	浓度	100~150 g/L
	电解处理时间	15.4 s（速度 170 m/min）
混合酸洗 （硝酸+氢氟酸）	酸洗长度	400 系专业生产线 61 m 300 系专业生产线 85 m
	浓度	硝酸 50~200 g/L 氢氟酸 0~30 g/L
	电解处理时间	400 系专业生产线 21.2 s 300 系专业生产线 29.6 s

在中性盐电解酸洗、酸电解酸洗和混合酸洗后分别配有刷洗机，可避免各部分酸洗介质相互污染，保证了介质稳定性。在混合酸洗刷洗机之后配有最终清洗和烘干机，保证了带钢除鳞后表面清洁。

6.4.4 平整与矫直

板带钢冷连轧的精整主要包括平整和矫直，可以设置在线平整机和在线拉矫机，其主要作用是通过压力、张力的作用以达到改善带钢表面的光亮度和提高其使用性能的目的。在线同时集成平整机和拉矫机，可以满足带钢不同表面等级的精整要求，同时可大幅度减少离线平整拉矫造成的成材率损失和工序成本，且有效降低了投资。

在线平整机和拉矫机串联配置，可消除产品屈服平台，提升板形精度的个性化需求。平整可以采用两辊干式平整机，某板带钢冷连轧生产线的平整机主要参数见表 6-5。

表 6-5 某平整机的主要参数

序 号	项 目	数 据
1	平整辊直径	810~860 mm
2	最大平整压力	12000 kN
3	平整伸长率	0.3%~1.0%
4	最大弯辊力	300 kN
5	最大张力	200 kN

某板带钢冷连轧生产线的拉矫机为一拉两矫式，其主要参数见表 6-6，共 3 对辊盒，上辊盒可以活动，下辊盒固定，分为三辊辊盒和六辊辊盒。六辊辊盒包括 1 个工作辊、

2 个中间辊和 3 个支承辊。三辊辊盒包括 1 个工作辊和 2 个支承辊，其中 1 号辊盒为六辊，2 号、3 号为三辊。

表 6-6　某拉矫机的主要参数

序号	项　目		数　据
1	三辊辊盒辊径	支承辊	74 mm
		工作辊	35 mm
2	六辊辊盒辊径	工作辊	35 mm
		中间辊	52 mm
		支承辊	74 mm
3	最大张力		410 kN
4	拉矫伸长率		0.3% ~ 2.0%

6.4.5　剪切

板带钢冷连轧生产线在线纵切剪技术包括：快速剪刃更换技术、高精度焊缝跟踪技术、入口高精度纠偏控制技术、废边特殊导槽入导向设计技术、无张力废边卷取缓冲技术等，在线切边采用世界上先进的双头 360° 快速旋转模式。对连轧机出现部分区域厚度变化的特点，采用切边间隙自动调节等控制技术，有效地提高了切边利用效率。

6.4.6　活套

活套的主要作用：首先是储存足够的带钢，在全线工艺焊接、工艺换辊或工艺换刀时，带钢仍能连续运行；其次是张力缓冲，由于不同工艺设备之间依靠活套柔性连接，活套设计应当满足多工序串联集成条件下缓冲张力最优。

6.4.7　焊接

焊接是保证带钢连续运行的重要措施。焊接方式由最初的闪光焊发展为现在的激光焊接（图 6-16），焊接技术主要包括：厚规格窄热影响区高效激光焊接、基于轧制力与变形量控制模型的品种规格快速切换、快速加热分级冷却等，保证连续生产条件下焊接、品种规格快速切换、全线稳定通板。

图 6-16　带钢激光对焊机

对焊缝的要求是：焊缝的强度和塑性必须满足轧机的大变形要求，能够承受全线百次以上的正弯、背弯等反复弯曲（最大弯曲 180°）而不至于发生断裂。在连续生产线上，不同品种、不同厚度和宽度之间切换时，确保焊缝稳定轧制又不损伤轧辊辊面。

6.4.8　控制系统

对于集成度如此高的生产线，首先各个单元必须完成单个设备的基础自动化控制（如顺序控制等），并建立所属的数学模型（如物料跟踪控制模型等）。其次，关键模型要具有自适应自学习系统。然后，通过环形网络冗余技术将各个单元有机统一起来，搭建过程控制平台，完成过程跟踪与显示、模型计算与优化、过程数据采集与处理等。

生产和质量的稳定控制，该系列关键技术属于智能控制技术方面，主要是环形网络冗余技术的开发和应用，它有效地降低了故障频次，非常适用于设备多样化、大型化、控制难度高的全连续生产线。

为了将智能化由设备、运行、生产延伸至决策、管理等环节，还设计开发了基于物联网的物料规划系统、基于大数据的智能管理决策系统。在保证生产线平稳高效运行的同时，推动板带钢冷轧技术与智能科技协同发展，开拓了全新的"无人化"与"智能化"管理模式。

6.5　板带钢冷轧技术展望

当前，带钢冷轧生产技术已经发展十分成熟，应用广泛；而钢板冷轧，特别是宽钢板冷轧生产技术尚待开发。20 世纪 70 年代，太钢六轧厂采用 2300 mm 四辊轧机轧制钢板，并形成了从原料表面清理、轧制、热处理到精整（拉伸矫直）的全套生产线。值得一提的是，其中一台大型拉伸矫直机，在制造安装后才发现由于设计错误而不能使用，成为轧钢设备设计经验教训的典型案例。在当前钢铁产品多样化、个性化的形势下，开展宽钢板冷轧生产，开拓轧钢生产的新领域具有重要意义。鉴于此，宽钢板冷轧生产的实施需要解决以下问题。

6.5.1　热轧钢板的表面处理

作为冷轧钢板的原料，对热轧钢板的表面处理可以采用高压水射流喷丸除鳞方式。近年来高压水射流喷丸除鳞技术发展很快，可以彻底地清除宽厚板表面氧化鳞，除鳞后表面质量与酸洗的基本相同。太原科技大学利用自制组合式磨料浆射流除鳞设备进行 Q235 钢板抛丸除鳞效果研究，通过对干式抛丸和湿式抛丸除鳞后钢板表面的观察，并对除鳞前后钢板表面的残余应力进行测量，分析了湿式抛丸除鳞抛射距离、时间和钢丸粒径对表面残余应力的影响。

因此，针对冷轧生产对热轧厚钢板表面清理的工艺要求，研制适用的金属板材高压水射流喷砂除鳞系统是可行的。

6.5.2　宽钢板冷轧机研制

目前，国内在热轧宽厚板轧机的设计制造方面积累了较多的经验，而在宽钢板冷轧机方面的研制经验不多，只有很多年以前太钢六轧厂 2300 mm 四辊轧机的孤例。因此积极开展宽钢板冷轧机的研究开发具有重要意义，宽钢板冷轧机的研制应该考虑以下问题：

(1) 轧制力能参数和轧机刚度的确定；

(2) 辊型与板形控制方式；

(3) 通过辅助设施建立钢板轧制前、后张力的可能性；

(4) 采用温轧的可能性；

(5) 轧机与平整机共用的可能性；

(6) 钢板、有色金属板和复合板轧制的共用性。

宽钢板冷轧机的研制费用巨大，因此能够利用退役的热轧宽厚板轧机进行改造也是行之有效的途径。随着钢铁生产形势的演变，将会有状况较好的热轧宽厚板轧机退出生产。

太原科技大学研制开发了一种钢板横轧机，通过使钢板沿宽度方向轧制，以步进方式沿长度方向送进，实现整个钢板的轧制延伸和宽展，该技术可以采用较小的轧制设备实现宽厚板的冷轧成型。

此外，采用其他的塑性加工方式生产冷轧宽钢板也值得考虑。

6.5.3　大型钢板拉伸矫直机研制

随着连续拉弯矫直技术的广泛应用，在冷轧板带钢生产系统中，拉伸张力矫直机应用的不多。如果开展宽钢板冷轧，则拉伸矫直工序是必需的。

近年来，在铝加工领域，随着预拉伸铝合金板材应用领域的扩大，大型铝合金板材预拉伸设备投入使用。图 6-17 是由国机重装所属中国重型院承建的宝武铝业科技有限公司 125 MN 预拉伸机组。图 6-18 是 2011 年我国设计制造，在西南铝业（集团）有限责任公司竣工投产的亚洲第一条年产 120 MN 大规格铝及铝合金中、厚板材的预拉伸板生产线，该生产线是当时亚洲最大的预拉伸板生产线，可预拉伸最长 20 m、最宽 2.5 m、最厚 0.15 m 的铝及铝合金中、厚板材。

图 6-17　125 MN 铝合金预拉伸机组　　　　　图 6-18　120 MN 铝合金预拉伸机组

铝合金预拉伸板生产是采用 2800 mm 铝板热轧机轧制的铝合金板，通过预拉伸工序，在拉伸机上给予一定拉伸量的塑性变形后的铝合金板材，使其沿厚度在轧制方向上的残余应力重新分布，并有减小板材残余应力的发展趋势，以保证机械加工后不变形。

借鉴铝合金预拉伸技术，开发宽厚板拉伸矫直设备用于冷轧宽厚板拉伸矫直是可行的。

6.5.4 冷轧钢板的热处理

冷轧钢板的热处理是使冷轧钢板再结晶，消除冷轧加工硬化，恢复塑性以得到预期的物理及物理-化学性能的热处理工序。工艺流程上一般分为预备退火、中间退火和成品退火。退火工艺随目的不同，常采用再结晶退火、不完全退火和完全退火。为了获得表面无氧化不脱碳的钢板，将钢板在保护气氛中完成光亮退火。

宽厚板冷轧后的热处理可以根据生产需要，采用辊底式热处理炉或台车式热处理炉（图 6-19 和图 6-20）。

图 6-19　辊底式热处理炉

图 6-20　台车式热处理炉

6.6　小　　结

板带材的冷轧生产工艺是十分复杂的生产系统，涉及坯料、轧制技术、表面处理、热处理技术、表面涂镀技术等，进一步发展是生产极端尺寸的冷轧板带产品，如宽幅、极薄、极厚的冷轧金属板带材生产，双金属和多金属复合冷轧板带材生产。由于这一类产品的产量小、品种多，因此个性化冷轧板带材生产是需要进一步研究的课题。

此外，简化冷轧板带材轧制设备的结构、提高生产机组的性能、减少生产过程的物质能源消耗也是需要积极开展的工作。

7 型 材 轧 制

7.1 概　述

型材是工程建筑和机械制造领域的重要原材料（图 7-1），型材轧制技术是轧钢生产技术的重要组成部分。型钢产品可以按照以下方式分类：

（1）按断面形状分类：型材可分为简单断面型材、复杂断面型材和周期断面型材。简单断面型钢包括方钢、圆钢、扁钢、三角钢、六角钢、八角钢等，多为机加工原料；复杂断面型钢主要包括工字钢、槽钢、角钢、H 型钢、钢轨以及其他异形断面型钢，是工程结构的主要材料；周期断面型钢的特征是钢材各断面尺寸不同，如螺纹钢、阶梯轴、犁铧钢等。

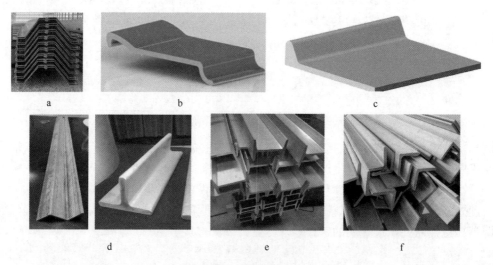

图 7-1　型材种类

a—热轧钢板桩；b—热轧轮辋钢；c—热轧球扁钢；

d—钛合金型材；e—工字铝；f—热轧不锈角钢

（2）按断面尺寸分类：型材可分为大型材、中型材、小型材。其中，大型材的产量最大，中型材的品种规格最多，应用领域最广。

型材轧制方式有往复式轧制（图 7-2）和连续式轧制（图 7-3）。

往复式轧制：多架三辊轧机横列式布置，在型辊构成的孔型中往复多道次轧制成型。

连续式轧制：采用多架二辊和四辊万能轧机，连续式布置，在平辊构成的孔型中多机架连续轧制。

图 7-2 往复式型钢轧制

图 7-3 连续式型钢轧制

7.2 往复式型钢轧制

传统的型钢轧制均采用横列式轧机进行往复式轧制，其产品见表 7-1。大型型钢是采用大于 600 mm 的大型轧机和轨梁轧机轧制，产品包括重轨、工字钢、槽钢等钢材。我国大型型钢生产始于 1953 年鞍钢大型轧钢厂（图 7-4）的恢复扩建，此后，国家陆续建设了武钢大型厂、包钢和攀钢轨梁厂，形成我国大型型钢生产的基本格局。

表 7-1　横列式轧机种类与产品规格

规 格		万能轨梁轧机 轨梁轧机	大型轧机	中型轧机	小型轧机
成品机架轧辊直径/mm		850~1350 750~850	600~800	350~650	150~330
复杂断面	H 型钢/mm	高 200~1200 宽 200~490	—	—	—
	钢轨/kg·m^{-1}	43~78	38~43	8~24	—
	工字钢（标号）	24~60	16~30	8~18	—
	槽钢（标号）	20~40	16~30	5~18	2~8
简单断面	角钢（标号）	18~23	14~20	5~14	
	扁钢/mm	90×40	宽 75~200	宽 50~150	
	方钢/mm	350×350	60×60~ 180×180	30×30~ 100×100	8×8~40×40
	圆钢/mm	Φ90~300	Φ60~200	Φ40~100	Φ8~40

图 7-4　鞍钢大型轧钢厂

中型型钢轧制是采用 350~650 mm 的中型轧钢机，典型的设备是鞍钢中型轧钢厂的 580 mm 中型轧机，是我国历史最久的中型轧机，产量高、品种多，技术经济指标居国内领先地位。1987 年产量 67.8 万吨，有 37 个品种 236 个规格，包括几十种国家急需的异形断面钢材。

7.2.1　横列式轧机构成

轧机结构：开式机架、手动压下、弹簧平衡、胶木轴承、水润滑、梅花套接轴（图 7-5）；

机列组成：主电机、飞轮、减速器、齿轮箱、连接轴、三辊轧机、二辊轧机（图 7-6）；

辅助装置：导卫装置、升降机构、翻钢机构、横移机构、热锯机、矫直机、冷床；

传动装置：多架轧机共用一套传动装置传动，交流电机驱动，有飞轮、不调速、不换向。

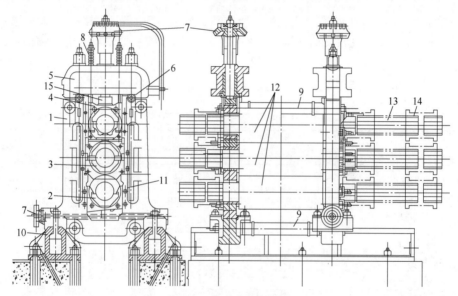

图 7-5　横列式轧机结构

1—轧机牌坊；2—下辊轴瓦；3—中辊轴瓦；4—上辊轴瓦；5—机架盖；6—连接螺栓；

7—轧辊调整机构；8—平衡弹簧；9—牌坊拉杆；10—底座；11—侧挡板；

12—轧辊；13—梅花套接轴；14—梅花套；15—安全臼

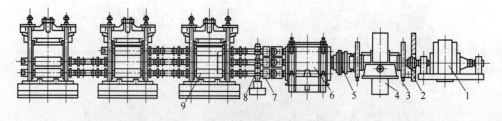

图 7-6　650 mm 型钢轧机主机列组成

1—主电机；2—主电机联轴节；3—飞轮；4—减速机；5—主联轴节；6—齿轮座；

7—连接轴；8—连接轴平衡装置；9—工作机座

7.2.2 横列式轧机特点

（1）轧制方式：往复轧制，轧件按顺序通过各机架上、下轧辊孔型轧制成型。其间轧件要上下和横移运动，并对正孔型。

（2）横列式轧机是多机架横列布置，轧辊不能从轴向移出，故采用开式机架（图7-7），换辊时将机架上盖打开、移走，再用吊车将轧辊吊出。为了便于将机架盖打开，采用斜楔联接机架盖与机架牌坊。

图 7-7　开式机架

（3）横列式型钢轧制通常需要在停车时由人工调整孔型，因此采用手动压下更为方便，同时也便于换辊时将机架盖打开调走。此外，为了调整轧制线，下辊也采用手动调整。

（4）横列式型钢轧机多采用弹簧平衡（图7-8），结构简单可靠，能够满足型钢轧制的要求，同时也便于换辊时机架上横梁的拆装。

（5）由于横列式轧机轧制的冲击大，因此采用可以承受冲击负荷的滑动轴承，多采用胶木瓦轴承（图7-9）。其优点是径向尺寸小、负荷大、结构简单、价格低廉、运行可靠，缺点是精度低、间隙大。

图 7-8　平衡弹簧　　　　　　　　　　　图 7-9　胶木瓦轴承

（6）由于横列式轧机的间距小，换辊频繁，轧制冲击大，因此采用梅花套联接轴（图7-10）能够满足要求。梅花套采用铸铁材料，轧制负荷过大时可以断裂，起到安全装置的作用。

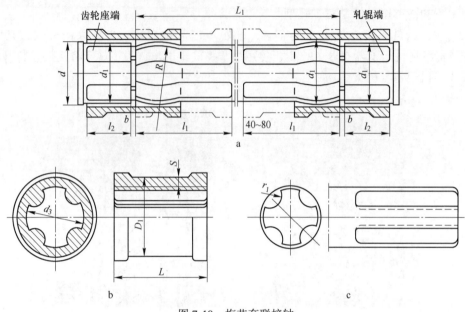

图 7-10　梅花套联接轴

a—弧形梅花头；b—梅花套筒；c—普通梅花头

7.2.3　横列式轧制辅助装置

横列式轧机采用往复轧制，轧件按照轧制工艺安排，顺序通过各个机架上、下轧制通道的孔型轧制。往复轧制过程中，轧件要完成上下和横移运动，并对正孔型，因此实现往复轧制需要的辅助装置有导卫装置、升降机构、翻钢机构、横移机构。

（1）导卫装置：往复轧制采用的导卫装置通常包括横梁、导板、卫板、夹板、导板箱等。导板是为了使轧件正确进出轧辊孔型，即导入和导出；卫板是保证轧件从轧辊孔型出来时防止缠辊或钻辊道，从而保证轧制过程稳定和产品质量。导卫装置有两种，即滑动导卫（图7-11）和滚动导卫（图7-12）。滑动导卫需要采用耐磨材料制作，通常以导板箱和夹板的组合形式使用。

图 7-11　滑动导卫

图 7-12　滚动导卫

（2）升降机构：为了使轧件能够依次在上、中和中、下轧辊形成的孔型中轧制，需要轧件能够上下移动，最初的轧件抬升是由人工完成的（图7-13）。

图 7-13　人工操作轧钢

随着轧件质量和尺寸的增加以及轧制速度的提高，人工操作不能适应生产要求，需要采用相应的机械来完成升降轧件的工作。升降机构主要有升降台、爬坡辊道（图7-14）。

图 7-14　机械操作轧钢

（3）翻钢机构：由于横列式轧机均为水平辊轧制，因此需要翻钢轧制两个侧面，以保证变形均匀。通常的翻钢方式有人工、翻钢板和翻钢辊（图7-15）或翻钢机（图7-16）。

图 7-15　翻钢辊

翻钢板主要用于较短的大断面轧件,当轧件头部进入出口导卫后,逐渐进入出口处设置的具有曲折面的钢板,在两侧钢板的护卫下,轧件顺势实现翻转,完成翻钢。

翻钢辊是通过扭转辊,利用轧件的输送力顺势将轧件翻转,多用于小断面轧件。翻钢机采用夹持辊将轧件夹持后,通过推动力将轧件翻转。

(4)横移机构:横移机构是将轧件由出口孔型的轧制线横移到另一个孔型的轧制线,通常采用钢绳式和链式横移机。

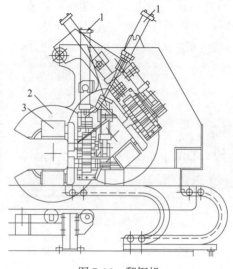

图 7-16　翻钢机
1—液压缸;2—翻转装置;3—夹持辊

7.3　连续式型钢轧制

7.3.1　型钢连轧生产

当前,连续式型钢轧制主要用于中小型钢材和 H 型钢的生产。

7.3.1.1　小型型钢连轧生产

我国最早的型钢连轧生产是 20 世纪 60 年代首钢的 300 mm 小型连轧生产线,其 300 mm 型钢热连轧机组(图 7-17)全套设备是 1956 年苏联黑色冶金设计院列宁格勒分院参照马凯耶夫和车里雅宾斯克两套轧机设计的,年产量 30 万吨。项目原计划建在鞍钢,在"二五计划"中被调整改建到北京石景山钢铁厂。其中,最后一架精轧机(第 16 号轧钢机)最大水平速度达到 18 m/s,是当时全国轧机设计速度排名第一。300 mm 热连轧机于 1961 年 5 月 1 日正式投产,是当时中国规模最大、最先进的小型钢材热连轧机。

图 7-17　首钢 300 mm 小型连轧机组

7.3.1.2 H型钢连轧生产

与普通工字钢相比，H型钢具有截面模数大、质量轻、节省金属等优点，可使建筑结构减轻30%~40%；其腿内外侧平行，腿端呈直角，拼装组合成构件，可节约焊接、铆接工作量。H型钢轧机采用水平辊和立辊组成万能机架轧制成型（图7-18），水平辊辅助机架轧制H型钢的腿端，以控制腿宽。

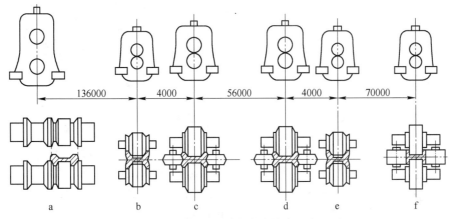

图 7-18 万能轧机生产线轧机组成

a—二辊可逆式开坯机；b—粗轧机辅助机架；c—粗轧机组万能轧机；
d—中轧机组万能轧机；e—中轧机组辅助机架；f—万能精轧机

H型钢生产的历史很久，20世纪60年代以后，随着世界钢铁工业的发展，H型钢厂数量激增，H型钢翼缘更宽，产品大型化。工业国家先后颁布各自的H型钢产品标准，形成各自的H型钢产品系列。在工艺装备方面，普遍采用开坯机、万能轧机和轧边机作为粗轧机组及万能精轧机组成的轧机机组，产品尺寸精度和外观质量均得到较大的提高。

我国的H型钢生产技术开发起始于20世纪80年代，东北重型机械学院（现燕山大学）曹洪德教授开始研究H型钢生产工艺与设备，研制四机架万能型钢连轧机，并成功轧制出具有波纹腹板的H型钢。1998年7月马鞍山钢铁公司率先从国外引进的万能轧机轧制了大规格H型钢。2003年，天津市中重科技工程有限公司设计制造的300H型钢生产线投产（图7-19），标志着中国自主研发的万能轧机正式投产。此后，由天津中重设计制造的大连正达、唐山盛达、鞍山紫竹（鞍山三轧）、鞍山宝得等型钢厂万能轧机陆续投产，标志着国产设备从100H~600H型钢的万能轧机完全可以国产化。

图 7-19 300H型钢轧制

某型钢连续式轧制生产线（图7-20），产品规格为 100 mm×（50~506）mm×20 mm H 型钢，产能 50 万吨。粗轧机组有四架二辊式机架，中轧机组有三架万能式机架和二架轧边机架，精轧机有四架万能式机架和二架轧边机架串联布置。该生产线可轧制长达 120 m 以上的轧件，不热切，长尺冷却，长尺矫直，冷锯机，换辊采用整个机座更换方式。

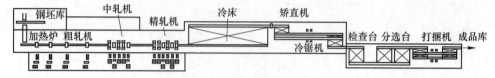

图 7-20　连续式型钢轧制生产线

7.3.2　万能轧机

万能轧机是由一对水平辊和一对立辊组成（图7-21），且轧辊轴线在同一垂直平面内的型材轧机。立辊可以是主动辊，也可以是被动辊，但需保证辊面线速度与水平辊一致。在万能轧机（称主机）后或前一般设一架二辊水平轧机，作为辅助成型机架（即轧边端机），主、辅机均为可逆式轧机，在轧制过程中形成连轧。

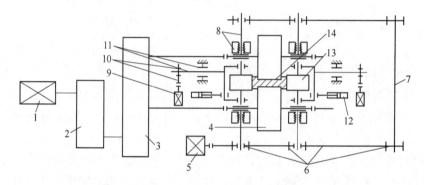

图 7-21　普通型万能轧机机构简图

1—水平辊主电机；2—减速机；3—齿轮座；4—水平轧辊；5—水平辊径向调整电机；6，10—蜗轮、蜗杆；7—轴；8—压下（压上）螺丝、螺母；9—立辊侧压调整电机；11—侧压螺丝、螺母；12—液压平衡缸；13—立轧辊；14—轧件

7.3.2.1　万能轧机特点

（1）由 4 个轧辊组成的复杂断面孔型，可以使轧件断面上的各组成部分同时受到压缩，因而轧件变形较均匀，轧件断面上各部分的速度差较小，轧件的内应力小；

（2）可用小直径的轧辊轧大规格钢材，例如可轧出腿部较宽、腰部较高的工字钢，并且可轧制腿内侧无斜度的 H 型钢；

（3）腿部和腰部的压下量可以单独调整，简化了轧机的调整工作。

7.3.2.2　万能轧机机架结构

万能轧机机架结构可分为四种，即普通闭口式、UD 预应力式、SC 连接板式和短应力线式。

（1）普通闭口式机架由闭口式牌坊、上下水平辊、轴承座以及立辊辊箱的万能机座组成。换辊时，水平辊和立辊及其轴承座只能从牌坊窗口侧进出。由于万能轧机的水平辊直径大，立辊辊轴座体积也大，而牌坊窗口宽度又必须大于上述两者，因此机架的上横梁较宽，立柱较高，设备较重，机架的刚性也较差。

（2）UD 预应力式/短应力机架由带有下水平辊及轴承座的下机架、带有上水平辊及轴承座的上机架和带有立辊的中部等三部分组成，机架的这三部分分别由 4 根液压的预应力拉杆连在一起，拉杆可向外侧摆出，所加的预应力可达最大轧制力的 2 倍以上。UD 机架轧辊由顶部吊出，机架窗口尺寸仅与辊颈、轴承座的大小有关，因此窗口宽度可以减少40%，立柱高度可以减少 20%，横梁的轧制压力下弯曲减小了 1/3，在立柱和横梁的截面尺寸相同的情况下，UD 机架刚度大约是闭口式机架的 3 倍。

（3）SC 机架的两片牌坊不在水平辊的两侧，而是布置在轧辊的前后，用连接板将牌坊与上、下横梁连成一体。轧制时，机架牌坊在轧制力的作用下，成为处于平面受力状态的钢板，使整个机架的强度和刚度得到提高，机架的顶部和侧面都是开口的，换辊方便。这种机架采用偏心结构调节水平辊和立辊开口度，调节范围较小，适用于连轧机组。

（4）短应力线式轧机（图 7-22）没有普通的牌坊，承受轧制负荷的部件是一个高刚度的封闭式框架，即两个上横梁和两个下横梁用拉杆连接在一起的结构。4 根压下螺丝与拉杆连成一体，可以对上、下横梁进行对称于轧制线的调整。与闭口式机架相比，其刚性好，设备质量仅为普通闭口式机架的 2/3。目前国内外中小型材生产线多数采用这种机型。

图 7-22 短应力线式万能轧机

短应力线式万能轧机结构主要由水平辊压下、水平辊辊系、立辊辊系、支架装配、立辊侧压装置、横移小车及地脚板等组成。

UD 预应力机架和 SC 连接板式机架，用于生产 H400～500 mm 以下的中、小规程产品，大规格 H 型钢常用闭口式万能机架及紧凑式机架轧机。马钢万能型钢厂采用开轭闭口式万能机架轧机，生产 H200～600 mm 的 H 型钢。其主要特点是：换辊时，轭框架打开，立辊从框架开口处移出；采用开轭式结构，可以加大框架的厚度，提高轧机的刚性，改善闭口式机架刚性差的缺陷。

7.3.2.3　万能轧机压下系统

图7-23是万能轧机的液压AGC系统，水平压下用来调整水平辊辊缝，采用液压马达传动，蜗轮蜗杆减速机减速，压下位置的检测由压下箱体上的绝对值编码器反馈，并配有刻度盘及手动装置。

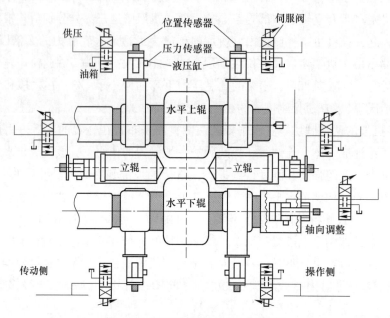

图7-23　万能轧机的液压AGC系统

7.3.2.4　万能轧机轧辊

水平辊的径向力由4列圆柱滚子轴承承受，可实现轧辊快速更换，水平辊的轴向力由操作侧的双列推力圆锥滚子轴承承受。水平轧辊为复合结构，由辊轴与辊环组成，辊轴可重复使用。为保证上下水平辊辊环沿轧辊轴线方向的相对位置，操作侧设有水平辊，手动轴向调整装置。

万能轧机的立辊采用双列圆锥滚子轴承承受轧件腿部的变形抗力，立辊安装在立辊箱体中，立辊箱体可在万能轧机支架组成的滑道内前后滑动。万能轧机左右立辊的位置可单独调整，由立辊侧压装置上的液压马达通过蜗轮蜗杆机构传动立辊侧压螺丝并带动立辊箱体来实现。立辊开口度由侧压螺丝尾部的磁致位移传感器检测，并配有刻度盘及手动调整装置。

万能轧机的支架装配是用来支承辊系部件、立辊及其侧压装置的。它是由4个单独的支架通过前后的横梁及立辊侧压横梁连接起来的，支架装配通过液压螺丝固定在横移小车上，横移小车在传动侧。万能轧机上所有的介质管路均通过快速组合板集中在横移小车的传动侧，换辊时由传动侧的换辊液压缸将整个轧机推出轧线或拉入轧线，所有介质管路可自动断开或接通，不需要人工拆卸管路，可缩短换辊时间，降低劳动强度。

万能轧机由直流电机通过硬齿面联合减速机、万向联轴器传动水平辊，立辊是被动的。

7.4 型钢轧制技术开发

无论是横列式轧制还是连续轧制，型材轧制技术已经十分成熟，将其应用到特殊钢和有色金属的型材生产中将会产生重要的经济价值。

（1）铝合金型材轧制。随着建筑用大型铝合金型材的应用，挤压方法难以生产，采用轧制方法可以生产大规格的 H 型铝材。

（2）不锈钢型材轧制。目前不锈钢型材多用于高腐蚀环境，将其应用在大气环境下的建筑中，也将具有重要的经济意义。

（3）钛合金型材轧制。普通挤压方法难以生产薄壁钛合金型材，且模具消耗严重；采用挤压-轧制方式生产，可以经济地获得薄壁钛合金型材。

（4）型钢连轧小型化。当前的型钢连轧机组规格大、产能高，开发紧凑型、小型化的型钢连轧机组，生产小规格热轧型材具有良好前景。

（5）不对称截面型钢连轧。不对称截面型材（图 7-24）在机械制造中具有广泛的用途，其特点是品种多、批量小、断面形状复杂。目前，不对称截面型材的生产主要是采用横列式轧机轧制，或采用拉拔方式生产。太原科技大学与山东上名机械制造公司合作，研制开发小型不对称截面型材连轧技术（图 7-25）获得了成功。

图 7-24　不对称截面型材

图 7-25　不对称截面型材连轧

7.5 小 结

型材轧制产品种类多，应用范围广，轧制技术经过长期的发展已经十分成熟。H 型钢连轧生产已经占据型钢生产的主要地位，横列式轧制生产在异形钢材生产中仍然应用。随着型材轧制生产向高端金属材料、难变形金属材料领域扩展，开发新材料型材轧制技术具有十分重要的意义。根据具体情况，综合利用已有的轧制技术和加工制造技术，开发新型、高效的轧制技术装备，同时采用现代控制技术，形成新的型材轧制生产系统，将对新材料型材的研制开发产生积极的推动作用。

8 线棒材轧制

8.1 概　述

线棒材是断面尺寸最小的钢材产品，通常作为结构材料使用，如缆绳、网围栏、紧固件及五金制品等。此外，作为结构材料使用的钛合金、铝合金等线材产品的生产也逐渐增多（图 8-1）。

图 8-1　结构材料的金属盘条

a—高速线材；b—不锈钢盘条；c—钛合金盘条；d—铝合金盘条

8.1.1　线棒材轧制特点

线棒材轧制从坯料到成品，总延伸系数大，轧件在每架轧机上往往只轧一道次，故线材轧机是热轧钢材生产中机架数量最多、分工最细的轧机。连续式线材轧机一般由 21~28 架轧机组成，分为粗轧机组、中轧机组、预精轧机组和精轧机组，中轧机组有时还分为一中轧、二中轧两组。

由于线棒材的长度大，因此多以成卷形态供货。

8.1.2　轧机布置形式

线棒材轧制的轧制道次多，生产线长，设备数量多，轧机规格形式多，轧机的布置形式有横列式、连续式和半连续式。线材轧机的结构和布置方式一直朝着高速、连续、无扭、组合结构、机械化、自动化的方向发展。现在连续式轧制成为主流，横列式和半连续式轧制技术仍有应用价值。

8.1.3　线材生产技术

现代线棒材轧制生产可采用的相关技术有：

（1）直接轧制及热送热装。连铸坯温度在 1100 ℃以下，不经加热炉，在输送过程中通过补热和均热，使钢坯达到可轧温度，然后送入轧机轧制。

（2）高精度轧制。采用高刚度轧机及三辊减定径机组轧出成品，可实现自由尺寸轧制。

（3）高速棒材轧制与大盘卷卷取（图8-2）。高速棒材生产工艺被广泛使用，轧制速度达到40~42 m/s，相比普通棒材生产具有成品单线高速轧制、产品精度及外观质量好等优点，相应的高速棒材轧制可以配置大盘卷卷取。

图8-2　大盘卷卷取

（4）切分轧制（图8-3）。切分轧制是在轧制过程中运用特殊轧辊孔型和导卫装置中的切分轮或其他切分装置，将一根轧件沿纵向同时剖分为两根（或更多根）并联轧件，进而轧出两根（或更多根）成品轧材的轧制工艺。

图8-3　切分轧制

（5）无孔型轧制。用无轧槽平辊代替粗轧机组和中轧机组中全部有槽轧辊进行无孔型轧制，仅精轧机组仍采用常规的孔型轧制法轧制。

此外，线棒材轧制生产的相关技术还有钢坯在线表面检测、控轧控冷、低温轧制（≤750 ℃）、无头轧制和线材精整等。

8.2　半连续式轧制

半连续式轧制（图8-4）是线材传统轧制技术的重要形式，主要特点是：粗轧段采用复二重轧机连续轧制，中轧和精轧段采用横列式轧机活套轧制。

8.2.1　复二重轧机

复二重轧机（图8-5）是一种具有若干对，且每对的两台二辊机架可以实行连轧的横列式轧机。标准的复二重轧机是粗轧机组350 mm轧机两架一组，共4组，每台电机拖动2架轧机；中轧机组320 mm轧机两架一组，共3组，一台电机拖动6架轧机；精轧机组

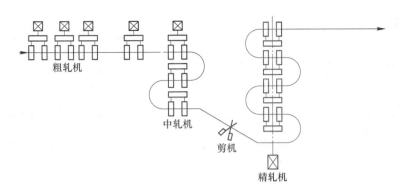

图 8-4　线材半连续式轧制

一台电机带两架 280 mm 轧机，构成一台复二重轧机，共有 4 个，再加一架加单独传动的 280 mm 轧机，一台电机拖动 8 架轧机和一架转向机架。复二重轧机解决了单电机传动实现连轧的问题，为我国的轧钢生产做出了重要贡献。随着线材连轧生产的普及，复二重轧机退出了轧钢生产领域。

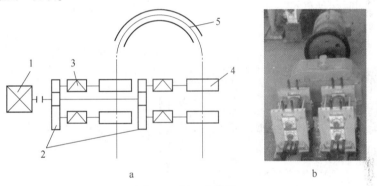

图 8-5　复二重轧机
a—复二重轧机布置；b—复二重轧机组成
1—主电机；2—联合减速机；3—人字齿轮机座；4—轧辊；5—围盘

　　轧制时，当中轧机组采用微拉钢轧制、精轧机组采用微堆钢轧制时，线材头、尾尺寸不符合要求的长度可控制在 1.2~1.5 m 之间。采用围盘操作，轧制中轧件有扭转翻钢，故轧制速度一般在 15~20 m/s 之间，盘重不超过 160 kg（ϕ6.5 mm 线材）。

8.2.2　活套轧制

　　活套轧制（图 8-6）是横列式轧机轧制时，轧件始终以一端为头部进入各机架轧制，轧件同时通过几个机架。由于各机架轧辊转速相同，前架秒流量大于后架秒流量，故在轧制中轧件形成活套。轧件同时通过几个或几列机座，各道次交叉时间长，轧制一根轧件所需的时间少，终轧温度高。对于线棒材轧制，活套轧制优于穿梭轧制（往复轧制）和跟踪轧制（顺序轧制）。

　　实现活套轧制可采用围盘或人工用夹钳抢头的操作方式。围盘是横列式轧机上引导轧件回转180°，正确地进入下一个孔型的半圆形导向装置，可代替强体力劳动、提高轧制速度、缩短间隙时间、提高作业率、减小温降、降低能耗和辊耗、降低首尾温差、提高尺

图 8-6 活套轧制

寸精度。围盘可传递边长 50 mm×50 mm 的方轧件和相应的椭圆和圆轧件，轧制小角钢也有采用围盘的。人工操作仅用于小断面轧件轧制，否则人工弯曲困难。

8.2.3 围盘结构

围盘（图 8-7）的种类包括平围盘和立围盘，平围盘和立围盘都有正围盘、反围盘两种形式。根据同时传递轧件的根数，又可分为单槽围盘和多槽围盘。此外，还有交叉传递轧件的交叉围盘。

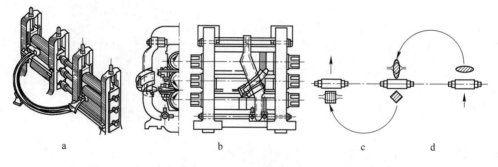

图 8-7 围盘结构形式
a—平围盘；b—立围盘；c—正围盘；d—反围盘

平围盘用在两个机架间传递断面尺寸小于 40 mm×40 mm 的轧件，多用在横列式线材轧机的中轧机和精轧机上。立围盘的作用是在同一机架上，将上轧制线的轧件导向下轧制线，立围盘用在同一机架的上下轧制线各孔型之间传递断面较大的轧件。

正围盘在轧件传递过程中，将轧件自然翻转 45°，使之由不稳定状态变为稳定状态进入孔型轧制。反围盘在轧件传递过程中，将轧件翻转 90°，使之由稳定状态变为不稳定状态进入孔型轧制，即将平放的椭圆形、菱形、矩形轧件翻转 90°使轧件立着进入方孔或立轧孔。在围盘的跑槽内轧件不能自然地完成上述翻转动作，必须借助于扭转导管。值得一提的是，反围盘是鞍钢小型厂工人张明山于 1952 年研制实施成功的，开创了我国轧制生产技术革新的先河。

围盘由入口导卫装置、盘体、出口导卫装置和底座 4 个部分组成。

8.2.3.1 入口导卫装置

入口导卫装置是前一孔型的出口导卫装置，在正围盘设计上对该装置与一般导卫板的设计原则相同。反围盘上的入口导卫装置则较为复杂，由一个固定的出口导管与一个可使轧件扭转角度的扭转导管组成。反围盘入口导卫装置的扭转角度为：

$$\phi \approx 90° \left(\frac{l}{L} \right) \tag{8-1}$$

式中　　L——轧件由第一架轧机至第二架轧机所经路线的长度；
　　　　l——第一架轧机至扭转管的距离。

由于轧件与扭转导管内孔之间需留有较大的空隙，故扭转导管的实际扭转角度（15°~30°）远比理论计算所得的扭转角度（10°）要大。

除了靠扭转导管的作用外，还要正确选择轧件的扭转方向，以便借助轧件运动时的离心力，因势利导使轧件在围盘的导槽内继续扭转前进。

8.2.3.2 盘体

围盘的主要组成部分，可由整体铸造、钢板焊接或用钢管弯曲后开口制成。盘体由3部分组成：入口端直线区段、后部的出口端直线区段和中间由1~3个不同半径圆弧构成的曲线区段。曲线区段靠近入口端处的曲率较小，以减缓轧件对盘体的冲击力；靠近出口区段部分曲率较大，以使轧件急速转向，增加轧件进入下一孔型的冲力。由于轧件沿导槽外侧壁运动时有较大的离心力，为了防止轧件过早地跳出导槽，导槽的外侧壁与盘体底板并不总是垂直的，曲线部位的外侧壁向内有一倾角，有的部位侧壁上还另设一个向内倾斜角度更大的折缘，从而控制轧件在适当的时机脱槽形成活套。

正围盘主要用于传递方形件，其盘体构造简单，工作可靠。盘体导槽一般采用一个曲率半径（图8-8），其主要尺寸如下：

L 为两个机架的中心距；

l_1 为围盘入口端的直线段，它是为了使轧件易于跳槽所设的，当轧件断面大、轧制速度较低和机架间距较小时，l_1 可取小些，通常 $l_1 = (1.5 \sim 2.0)D_0$；D_0 为轧辊名义直径；

l_2 为围盘出口端直线段，为使围盘与其出口导卫装置相配合，可取 $l_2 = (0.8 \sim 1.2)D_0$，或 $200 \sim 400$ mm，其长短主要根据出口喇叭嘴子的长短确定；R 为盘体导槽曲线区段的圆弧半径，$R = \dfrac{L}{2}$。

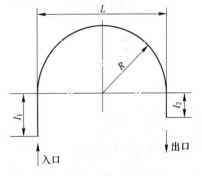

图8-8　正围盘的盘体尺寸

8.2.3.3 出口导卫装置

出口导卫装置也就是下一孔型的入口导卫装置。与不使用围盘时的导卫装置没有多大区别，只是夹板的尺寸留得稍宽松些，以便于轧件通过时顺利地进入孔型。在围盘出口还需多设一个大出口喇叭嘴子，以引导轧件从正确方向进入夹板。喇叭嘴子长度 $L_1 = (L_1 - L_2)$，其中 L_1 为围盘导槽出口端到轧制面的距离，L_2 为夹板尾端到轧制面的距离。

8.2.3.4 底座

底座用于固定盘体。除要求它有足够的稳定性之外，还要求它在轧辊中心距变化和换孔时，为垂直和水平方向调整围盘位置提供可能。

使用围盘时所用的导板、夹板和导板箱的形式及其设计方法与不用围盘时相同，但要求与轧件接触时工作表面的加工精度较高、粗糙度更低，导板或夹板的入口开度要大些，以保证轧件能顺利无阻地进入孔型。

8.3　连续式轧制

现在广泛使用的线棒材连续轧制技术有高速线材生产线（图 8-9）和棒材连轧生产线（图 8-10）。

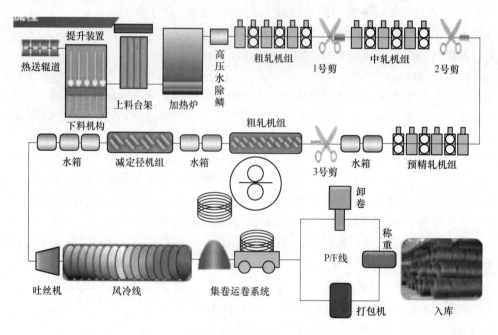

图 8-9　高速线材生产工艺流程

线棒材连续轧制的工艺特点：连续、高速、无扭和控冷、微张力和无张力轧制、大盘重、高精度。

8.3.1　高速线材轧制

高速线材轧制的工艺过程：上料→钢坯质量检查→称重→加热→除鳞→粗轧→切头尾→中轧→切头尾→预精轧→穿水冷却→切头尾→精轧→穿水冷却→减定径→穿水冷却→吐丝成圈→散卷冷却→集卷→P/F 线→压紧打捆→称重挂牌→卸卷→入库。

8.3.2　棒材连续轧制

目前使用的棒材连轧生产线有普通棒材连轧线和高速棒材连轧线。随着轧钢设备新技术的发展，可以实现棒材的高速轧制，极大地提高了棒材生产线效率，减少了棒材轧制废品的产生，提高了产品质量，减轻了工人劳动强度，同时减少了能源消耗，实现了集中化操作、节约化生产，推动了行业的技术进步。

一般地，高速棒材主轧线共有 22 架轧机，为连续布置，分为粗轧机组、中轧机组、精轧机组。高速棒材轧制工艺过程如图 8-10 所示。

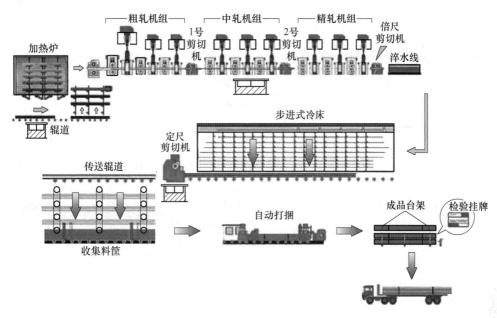

图 8-10 高速棒材轧制工艺过程

8.4 线棒材连轧设备

线棒材连轧生产设备主要包括加热炉、轧机、减定径机、切头尾飞剪、穿水冷却、吐丝机、散卷冷却、冷床、收线装置、集卷装置、P/F 线、打捆机、打包机等。

高速线材生产设备如图 8-11 所示。

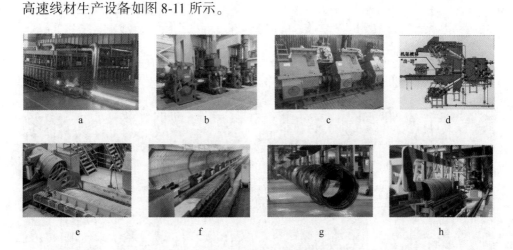

图 8-11 高速线材生产主要设备
a—加热炉；b—平立交替轧机；c—45°无扭轧机；d—三辊减定径机；
e—吐丝机；f—散卷冷却；g—输送装置；h—集卷装置

普通棒材连轧线和高速棒材连轧线的设备组成如图 8-12 和图 8-13 所示。

随着国内高速倍尺飞剪、夹送制动辊、高速上钢系统等技术的研发日渐成熟，高速棒

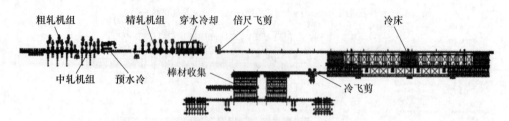

图 8-12 普通热轧棒材生产设备组成

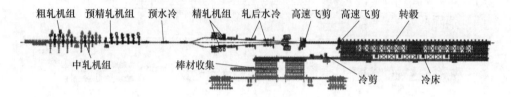

图 8-13 双高速棒材生产设备组成

材生产线成品速度已经可以达到 40~42 m/s，高速棒材生产线已经成为主流。

实现高速棒材生产的主要辅助设备（图 8-14）有：

飞剪机：用于对轧件进行切头、切尾或在事故状态下进行碎断，对成品钢材在热态下进行倍尺剪切和优化剪切。

冷床：对轧件进行冷却矫直、齐头，保证轧件成品的平直度。

冷剪：进行定尺剪切，便于下道工序的加工和运输。

打捆机：对剪切后的成品钢材按要求进行打捆。

图 8-14 双高速棒材精整设备
a—高速飞剪；b—高速上钢系统；c—大吨位冷剪机；d—自动打捆机

实现高速棒材轧制的关键设备之一是布置在精轧机组后的高速飞剪，其为回转式结构，剪刃安装在回转刀架上，由一台直流电机通过齿轮传动装置传动。电机端轴装有编码器，用于电机加速、减速及剪刃位置控制。飞剪采用连续运转工作制，每次剪切电机控制剪刃进行加速、减速，以调整剪切位置，控制倍尺精度。高速飞剪的上下剪刃重合量和侧向间隙可进行调整。为了防止轧件剪切弯曲，设计时剪刃的剪切速度（水平分速度）必须大于或等于轧件速度，剪机前后设置有轧件导槽。

实现高速棒材轧制的另一关键设备是高速棒材冷床上钢系统，采用布置在冷床输入侧的转毂装置，保证轧件快速上冷床。转毂装置主要由支架、旋转机构、减速机和电机等组成。转毂装置包括多个首尾衔接的转毂，转毂有空心轴和外侧的连接端，空心轴中有水冷通道，带孔圆柱销连接在相邻两个转毂之间，铠装金属软管密封连接在相邻转毂的空心轴之间并且连通相邻转毂的水冷通道。圆柱销尾部通过弯折开口销锁死，轴向预留有受热膨胀的余量。

8.5　线棒材连轧机

线棒材连轧使用的轧机有平立交替轧机、短应力线高刚度轧机、45°无扭轧机，三辊高精度减定径机。

8.5.1　平立交替轧机

平立交替轧机主要用于棒线材轧制。最初的棒线材连轧生产均采用平辊轧机，机架之间通过扭转导卫实现两面轧制。随着轧钢设备制造技术的发展，采用平立交替轧机，实现无扭轧制是现在棒线材生产的主流。

目前，平立交替轧机的机架形式以短应力线轧机为主，提高了轧机强度，减少了轧机的弹性变形。近年来，国内外轧钢工作者对短应力线轧机的研究开发十分活跃，各种形式的短应力线轧机不断被开发出来。

短应力线轧机适用于作中轧机和精轧机；用于粗轧机时，由于轧件断面大，轧件的推力或张力容易破坏机架与底座间连接。

短应力线轧机（图8-15和图8-16）大致可分为机架式和框架式两种，其他只是在平衡方式、轴向调整机构、压下机构、组装方式上等稍有差别，基本结构相同。

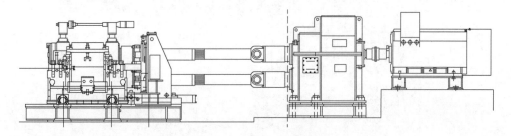

图8-15　平辊短应力线轧机

短应力线二辊轧机的机座如图8-17所示。

短应力线轧机可分为压下机构、轴承箱体（轧辊装配）、拉杆、底座四个部分（图8-18）。

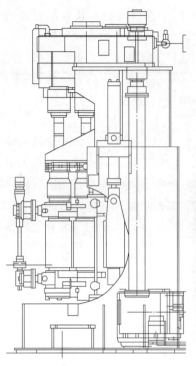

图 8-16　立辊短应力线轧机

图 8-17　短应力线二辊轧机机座

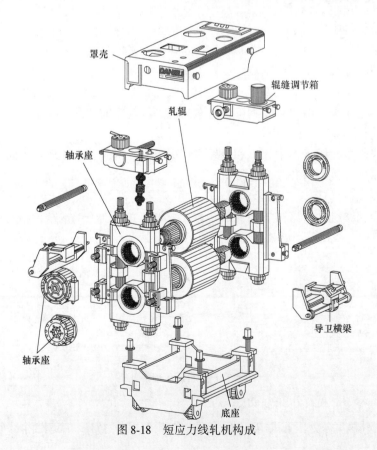

图 8-18　短应力线轧机构成

（1）压下机构。压下机构主要是通过蜗轮、蜗杆、齿轮带动拉杆转动，实现轧辊辊缝的上下同步调整，既可以对操作侧、传动侧同时调整，也可以断开连接轴进行单侧调整。整个压下机构在机械、液压、电器的共同作用下，可以远程对辊缝进行精确调整。

（2）轴承箱体（轧辊装置）。轴承箱体承受轧辊经轴承传递过来的径向力、轴向力，并传递给拉杆形成应力回线。轧机的轴承箱体及拉杆是轧机的主要工作部件。轧机传动侧轴承箱体为游离端，只承受径向力；操作侧轴承箱体除安装四列轴承承受径向力外，还安装有止推轴承承受轴向力；操作侧的上轴承箱体装有蜗轮、蜗杆机构可以进行轴向调整，调整量大多为±3 mm；下辊不可以轴向调整。

（3）拉杆及轴承箱体组装。拉杆及铜螺母是轧机受力的主要工作部分，轧机通过安装在拉杆上的铜螺母转动带动上下箱体实现对称移动，从而实现轧制辊缝的对称调整。这种调整方式最大优点就是轧制线稳定不变，避免因轧制线和孔型中心线不对中导致的轧制质量事故，将轧机调整过程简单化。

（4）底座。轧机拉杆通过中间的机架将整个拉杆及箱体固定在底座上，主要工作是通过固定在基础上的 4 个锁紧缸将轧机底座固定在轧线上。轧机底座不受轧制力，仅仅承受倾翻力。通过快速连接板上的水、油、气接口，将轧制生产中所需要的油、水、气等工作介质提供给轧机各部。

8.5.2　45°无扭轧机

45°无扭轧机是一种多机架安装在一个机座上，用于棒线材精轧段的轧机。前后机架的轧辊轴线分别与水平面成±45°，从而实现轧件的无扭转轧制。

1966 年第一套高速无扭轧机在加拿大钢铁公司投产，1976 年以后，出现德马克型、达涅利型、阿希洛型和摩根型 45°无扭轧机。

45°无扭轧机有侧交 45°型、侧交 15°/75°型、顶交 45°型、平立交替型等安装形式（图 8-19），

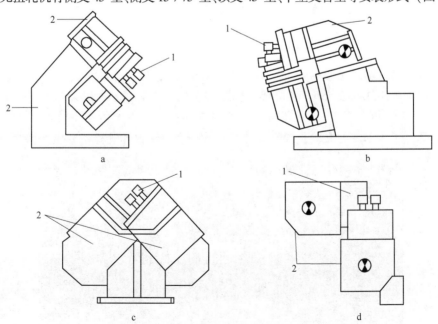

图 8-19　高速线材精轧机安装方式

a—侧交 45°型；b—侧交 15°/75°型；c—顶交 45°型；d—平立交替型

1—辊环；2—辊箱

目前多采用摩根型45°顶交无扭轧机（图8-20）。该机型设备重心低，传动轴接近底面基础，机组质量较轻，因而具有刚性增大、振动减小、运行稳定、噪声低、视野开阔、换辊检修方便等优点。15°/75°侧交无扭轧机的轧辊配置如图8-21所示。

图8-20　45°顶交无扭轧机

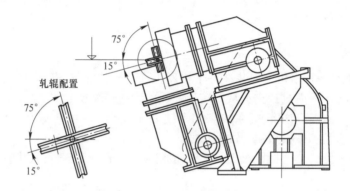

图8-21　15°/75°侧交无扭轧机

　　此外，还有牌坊式机架的45°无扭轧机（图8-22），机架为闭口框架，采用双支承滚动轴承：传动轴与地面成45°，各机架轧辊互成正交，通常由8个机架组成，传动轧制速度达50 m/s。其成组吊装，用液压缸移动轧辊更换孔型。由于传动系统中减少了接轴与联轴器，降低了传动件的振动，提高了产品尺寸精度，轧辊弹跳稳定，生产率高。

图8-22　牌坊式45°无扭轧机

自 20 世纪 70 年代开始，我国即开展了 45°无扭精轧机组的研制工作，国内多家钢厂使用国产高速线材轧机。北京钢铁设计研究总院研制的顶交 45°新型精轧机，其基本性能：轧速 90 m/s（设计为 108.5 m/s），产品规格 $\phi 5.5 \sim 20$ mm，精轧机架规格 $\phi 200$ mm× $5 + \phi 165$ mm×5，机组总延伸系数 9.5，年生产能力 30 万吨。

8.5.3 三辊 Y 型轧机

三辊 Y 型轧机是采用三个轧辊，相互呈 120°布置的轧制设备，其结构紧凑、体积小、质量轻、轧件变形状态好，具有较广泛的用途，主要用于轧制轴对称的轧件；可以用于钢铁生产领域无缝钢管的轧制与减定径，以及棒线材的轧制与减定径，实现棒线材的精密轧制。在有色金属生产领域，可以用于成型坯料的轧制生产和棒线材产品的轧制生产。图 8-23 是太原科技大学研制开发的钛合金棒线材连轧生产线。

图 8-23 三辊 Y 型轧机

三辊 Y 型轧机采用多机架纵列、正反 Y 型布置，以连续轧制方式使用。用于棒线材轧制的三辊 Y 型轧机具有不同的形式，主要是轧辊调整方式和传动方式的不同。

三辊 Y 型轧机轧辊箱结构有轧辊调整和不调整的两种形式。轧辊径向调整采用偏心套来实现，可以在线调整和离线调整。同一个孔型系统，通过辊缝调整，可以轧制变化范围内各个规格的产品。

三辊 Y 型轧机的三个轧辊传动方式有外传动和内传动两种方式（图 8-24 和图 8-25）。内传动方式可以采用单机架传动和集体传动。图 8-26 所示的三辊 Y 型轧机为单机架传动，

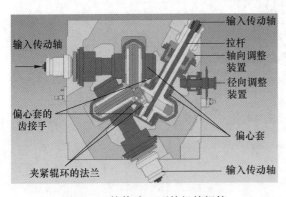

图 8-24 外传动 Y 型轧机轧辊箱

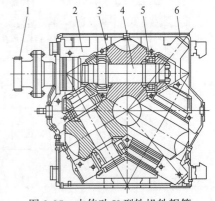

图 8-25 内传动 Y 型轧机轧辊箱
1—鼓形齿轴套；2—机箱壳体；3—轧辊；
4—传动轴；5—轴承；6—润滑配管

每个机架有一套传动系统。集体传动是所有机架共用一台电动机，通过齿轮箱分配到各个轧辊轴的传动。图 8-27 和图 8-28 分别为内传动和外传动的集体传动三辊 Y 型轧机。

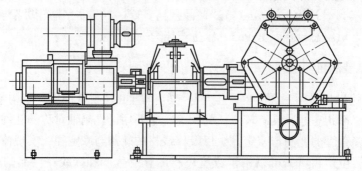

图 8-26　单机架传动的三辊 Y 型轧机

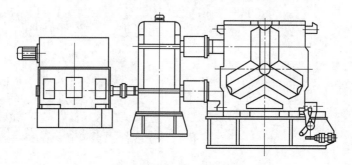

图 8-27　集体传动的内传动三辊 Y 型轧机

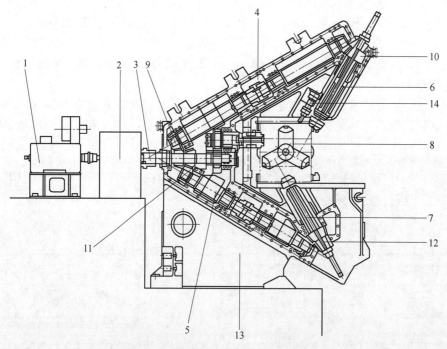

图 8-28　集体传动的外传动三辊 Y 型轧机

1—主电机；2—齿轮箱；3—联轴器；4—传动箱体；5—轴承座；6—伸缩套；7，14—拉杆；
8—Y 型轧机；9~12—锥齿轮；13—机组

在高速线材生产中，三辊 Y 型轧机主要用于线材减定径。近年来我国的中冶赛迪、哈尔滨广旺、四川易尚天交等企业成功自主研发高速线材减定径机组（SRSCD 减定径机组、ESTK 减定径机组），在国内高速线材生产企业成功投入使用，打破了国外对线材减定径机核心技术的长期垄断，主要技术指标达到国际先进水平（图 8-29）。

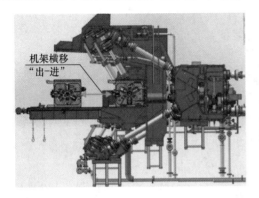

图 8-29　国产高速线材减定径机

8.6　线棒材轧制技术开发

多年来，太原科技大学在线棒材轧制领域开展新材料和新技术装备的研发工作，取得显著成绩，主要有：

（1）难变形金属线棒材轧制技术。为了满足小批量、多规格难变形金属棒线材生产需求，太原科技大学研制开发紧凑型线棒材连轧机组（图 8-30）；该机组具有流程短、控制轧制、全连续、生产工艺灵活、投资少等特点，适于多规格、小批量的难变形金属线棒材生产。

（2）不锈钢复合棒材轧制技术。不锈钢/碳钢复合钢筋的芯部为碳素钢、覆层为不锈钢的双金属钢筋，具有高强度、耐腐蚀、易加工等特点。太原科技大学开发不锈钢/碳钢复合钢筋生产技术，采用新工艺和新装备进行制坯和轧制，可以经济地获得复合强度高、力学性能好的双金属复合钢筋。

（3）复二重三辊 Y 型轧机。参照复二重轧机的结构特点，太原科技大学研制开发了复二重三辊 Y 型轧机（图 8-31），其能够有效地简化导卫装置的结构，减少传动装置的数

图 8-30　难变形金属线棒材轧制　　　　图 8-31　复二重三辊 Y 型轧机

量，缩短机组长度，可以用于线棒材轧制和其他轴对称产品的连续轧制，也可以按横列式布置进行轧制生产。

（4）低速恒温轧制技术。现代线材生产技术为实现小线径、大盘重和线材高质量，提高轧制速度、增加轧机数量、减小辊径、提高转速，精轧辊转速达 9000 r/min，高线轧制速度在 100 m/s 以上，由此产生投资、能耗、产能、冷却等诸多问题。笔者认为，降低轧制速度、保证轧制温度是今后线材轧制工艺装备发展的方向。

（5）线棒材可逆连轧。将轧制孔型位置在线可调的水平二辊轧机和垂直二辊轧机组成的连轧生产线，通过机座移动改变孔型位置，实现少机架、多道次的线棒材多机架可逆连续轧制。连轧生产线可以根据需要灵活配置轧机数量，构成线棒材可逆连轧机组（图8-32）。这种配置可以显著减少机架数量，缩短生产线长度，降低轧制速度，减少能量消耗。通过多道次可逆轧制，生产不同断面形状和不同规格的线棒材产品。

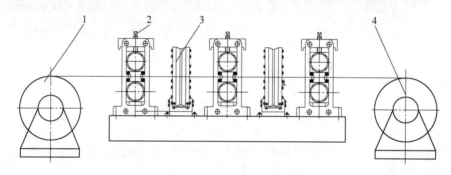

图 8-32　二辊/三辊线棒材可逆连轧机
1—入口卷取机；2—水平二辊轧机；3—垂直二辊轧机；4—出口卷取机

8.7　小　结

线棒材轧制技术的发展是以增加作业线产能为目标，以轧制速度提高为标志的。轧制速度的提高有利于轧件温降的减小，可以充分利用轧件的高温塑性，改善轧件的内部质量。然而，提高轧制速度不仅要求有相应的机械化、自动化和较高的工艺技术做保证，而且需要更高的能量消耗和大量的冷却水消耗，因此短流程、低速轧制线棒材的简约生产工艺过程应该重新得到重视。

此外，随着线棒材轧制生产向高端金属材料、有色金属材料和难变形金属材料领域扩展，现有的高速、高产的生产模式和设备形式亦难以适应；需要根据具体情况，综合利用已有的轧制技术和设备制造技术，开发新型高效的、适应新生产模式的轧制技术装备。

9 无缝管材热轧

9.1 概　　述

　　无缝钢管是一种具有中空截面、圆周上结构形态一致的圆形管材，也可以是方形、矩形或异形管材。无缝钢管是用钢锭或实心管坯经穿孔制成毛管，然后经热轧、冷轧或冷拔制成。由于无缝钢管具有中空截面，因此大量用作输送流体的管道和存储容器。此外，钢管与圆钢等实心钢材相比，在抗弯抗扭强度相同时，质量较轻，是一种经济截面钢材，广泛用于制造结构件和机械零件，如石油钻杆、建筑结构的梁柱和网架、机械车辆的结构框架等。

　　无缝钢管可以采用挤压方式生产，称为挤压无缝钢管（图 9-1），更多的是采用轧制方法生产，称为热轧无缝钢管（图 9-2）。

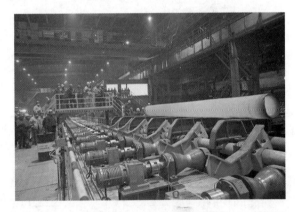

图 9-1　挤压无缝钢管　　　　　　　　图 9-2　热轧无缝钢管

　　热轧无缝钢管生产是将实心的管坯，通过热轧方式成型为中空的无缝圆管的生产过程，主要生产工序包括：管坯准备及检查→管坯加热→穿孔→轧管→钢管再加热→定（减）径→热处理→成品管矫直→精整→检验→入库。由此可以看出，热轧无缝钢管生产的主要成型工序是穿孔、轧管和定（减）径或者扩径。

9.1.1　穿孔

　　穿孔是将实心的管坯制作成空心毛管，是生产热轧无缝钢管的重要环节，直接关系到成品钢管质量。目前，穿孔的方式仍然以斜轧穿孔为主，对于特殊材料则采用压力穿孔，可以根据坯料状况和产品技术要求，选择合理的穿孔方式。穿孔过程的质量要求是，毛管的内外表面质量良好，壁厚均匀。

9.1.2　轧管

轧管是将穿孔后的毛管减壁延伸，达到成品管要求的热尺寸和均匀性。随着轧管技术的发展，毛管延伸的方式有纵轧（图9-3）、斜轧（图9-4）、周期轧制（图9-5）、连续轧制以及非轧制方式（图9-6）多种，可以根据产品产量、品种规格合理选择轧管方式。

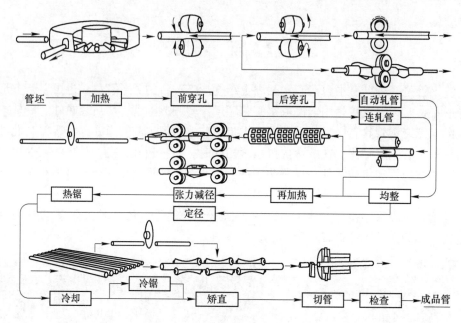

图 9-3　无缝钢管纵轧生产工艺

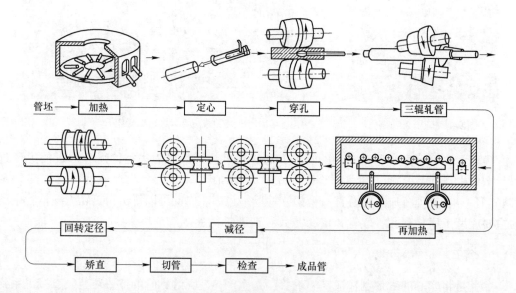

图 9-4　无缝钢管斜轧生产工艺

热轧无缝钢管生产线是以轧管方式命名的，并以其生产产品的最大规格表示生产机组的规格。

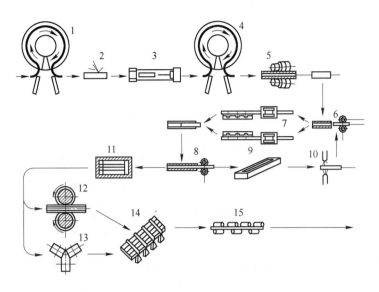

图 9-5　周期式轧管机组生产工艺

1—钢锭加热；2—高压水除鳞；3—钢锭冲孔；4—环形坯加热；5—穿孔；6—穿芯棒；7—周期式轧管；
8—脱棒；9—芯棒冷却；10—芯棒润滑；11—再加热；12—定径；13—减径；14—冷却；15—矫直

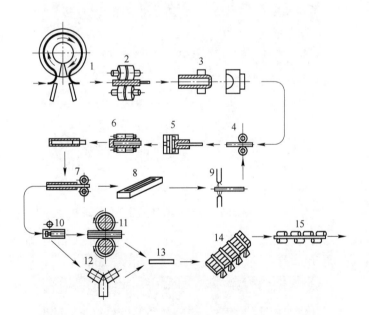

图 9-6　CPE 顶管机组生产工艺

1—坯料加热；2—斜轧穿孔；3—缩口；4—插入芯棒；5—顶管；6—松棒；7—脱棒；8—芯棒冷却；9—芯棒润滑；
10—切杯底；11—定径；12—减径；13—切定尺；14—冷却；15—矫直

9.1.3　定（减）径

　　定径是将轧制后荒管的外径尺寸和圆度进行规整，使其达到要求的精度。减径是减小荒管的直径，同时使荒管的外径尺寸和圆度达到要求的精度。

9.1.4　扩径

扩径是通过斜轧、顶推或拉拔的方式，使荒管的外径尺寸扩大。扩径是生产大直径无缝管的重要方式。

9.2　管坯加热

管坯加热的目的是提高钢的塑性，降低变形抗力，以实现轧制成型，同时使管材具有良好的金相组织。对管坯加热的基本要求是：（1）温度准确，保证管坯的可穿性；（2）加热均匀；（3）烧损少；（4）无加热缺陷，保证管坯不产生加热裂纹、黏结、严重氧化、过热或过烧。一般碳素钢管坯加热温度为 1200 ℃，管坯芯表温差小于 20 ℃、头尾温差小于 35 ℃。

最初的管坯加热炉是斜底炉（图 9-7），侧进侧出。管坯从入炉侧推入加热炉，靠自重沿斜炉底向出口滚动。由于炉底氧化铁皮的堆积，可能导致管坯滚动困难，需要在炉体侧面用人工翻动，促使管坯向下滚动。斜底炉造价低，维护方便，并且有利于车间设备布置；但是，加热效率低，加热质量差，人工劳动强度大。

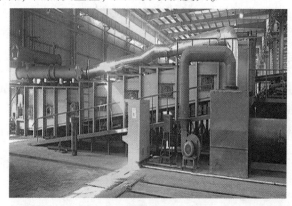

图 9-7　斜底式管坯加热炉

目前，现代化大型无缝钢管厂多采用管坯环形加热炉（图 9-8）。环形加热炉的炉体呈环形，坯料入口与出口位于环形炉的外环墙，相距 300°左右。环形加热炉的炉底

图 9-8　管坯环形加热炉

（图 9-9）是可旋转的，管坯从入口进入，旋转近一周后由出口取出。坯料的进出均由机械手操作，炉前和炉后均实现了无人工操作。

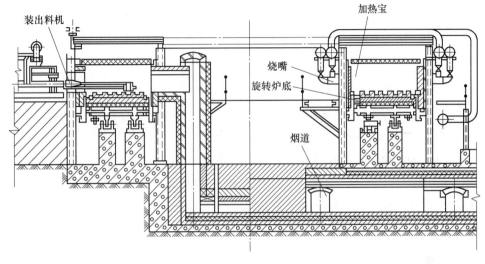

图 9-9　环形加热炉结构

近年来，一些小型无缝管生产线采用步进式管坯加热炉。步进炉配备了全套电脑控制系统，自动稳定控制炉内温度。步进式管坯加热炉自动化、智能化的生产方式，大大减少了人工的参与。步进式加热炉的另一个优点是利于车间设备布置，加热炉可以尽量靠近穿孔机，从而减少了热量损失。

此外，在张力减径之前进行的荒管再加热也是采用步进式加热炉（图 9-10）。再加热炉的主要功能是将荒管再次加热到规定的温度，为下一道工序做好准备，要求再加热炉具有加热快，加热温度均匀、加热钢管基本无烧损等特点。

图 9-10　步进式加热炉

9.3　管坯穿孔技术

管坯热轧穿孔是无缝管轧制生产过程中的第一道工序，穿孔将实心的管坯变为空心的毛管，即轧件断面形状为圆环形。由于穿出的管子壁厚较厚、长度较短、内外表面质量较差，需要进一步加工，所以习惯称为毛管。穿孔质量对成品管的质量有着决定性作用，对穿孔工艺的要求是：首先要保证穿出的毛管壁厚均匀，椭圆度小，几何尺寸精度高；其次是毛管的内外表面要较光滑，裂纹要在允许范围以内；第三是要有相应的穿孔速度和轧制周期，以适应整个机组的生产节奏，既要保证穿孔过程中轧件首尾的轧制温度，又要使毛管的终轧温度能满足后续轧制的要求。

9.3.1 穿孔过程分类

无缝管穿孔的过程有不同的方式，根据轧辊形状、轧辊与坯料的关系和轧辊的数量，穿孔过程可以分为以下不同的形式。

9.3.1.1 按轧辊与坯料的关系分类

按轧辊与坯料的关系划分有：斜轧穿孔和纵轧穿孔（图9-11）。

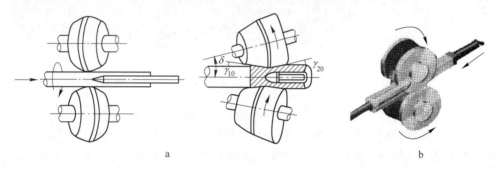

图 9-11　穿孔方式
a—斜轧穿孔；b—纵轧（推轧）穿孔

1885年二辊斜轧穿孔机的出现使无缝钢管生产进入轧制时代。

斜轧穿孔时轧辊在同一方向旋转，轧辊轴线相对于轧制线倾斜。圆管坯进入轧辊后，被金属与轧辊之间的摩擦力带动，做反轧辊旋转方向的旋转；同时，由于轧辊轴线与管坯轴线（轧制轴线）有一倾角（送进角），使管坯在旋转的同时沿轴向移动，即呈螺旋运动。管坯的变形区在轧辊与顶头、芯棒所包围的空间内，金属产生连续的轧制变形。

推轧穿孔是采用一对带圆孔型的轧辊，两个轧辊的旋转方向相反，旋转着的轧辊为了便于实现轧制，在坯料的尾端加上一个后推力（液压缸），因此叫做推轧穿孔。这种穿孔方式可以使用方坯，穿出的毛管较短、变形量小，不会产生内折缺陷，毛管内外表面不易产生裂纹，对坯料质量要求较低。

9.3.1.2 按斜轧穿孔轧辊的形状分类

按斜轧穿孔轧辊的形状划分有：桶形辊穿孔、锥形辊穿孔、盘式穿孔（图9-12）。

在当今无缝钢管生产中，锥形辊斜轧穿孔工艺被广泛应用，具有延伸系数大、生产效率高、工具消耗少等诸多优点。

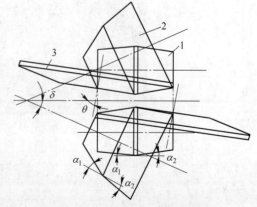

图 9-12　斜轧穿孔轧辊的形式
1—桶形辊；2—锥形辊；3—盘形辊

9.3.1.3 按穿孔机轧辊的数量分类

按穿孔机轧辊的数量划分有：二辊穿孔和三辊穿孔。

在三辊斜轧穿孔（图 9-13）时，实心管坯金属中心区的变形和应力状态与两辊斜轧穿孔有着本质的区别，由三个主动轧辊和一个顶头构成"封闭的"环形孔型。在三辊穿实心管坯时，由于管坯始终受到三个方向的压缩，加上椭圆度小，一般在管坯中心不会产生破裂（即形成孔腔），或者说形成孔腔的倾向小，从而保证了毛管内表面质量，这种变形方式更适合穿孔高合金钢种。

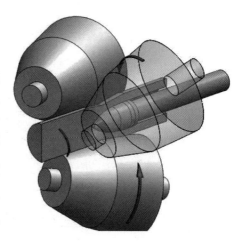

图 9-13　三辊斜轧穿孔

与两辊斜轧穿孔相比，三辊斜轧穿孔的优点是：

（1）三辊穿孔的管坯横截面变形特点是弧三角形，横截面椭圆度小，顶头易对准中心，故三辊穿孔毛管的壁厚尺寸精度高；

（2）在同样压下率的情况下，金属与轧辊的接触面积大得多，轴向拽入力大，利于咬入；

（3）三辊穿孔形成三线螺旋送进，同样的送进角和轧辊转速的情况下，穿孔时间短；

（4）由于没有导板的摩擦，减少了轴向滑移；

（5）降低单位能耗；

（6）由于无导板划伤和中心撕裂的问题，改善了毛管内外表面的质量。

1965 年第一台三辊穿孔机投入工业生产，三辊穿孔最大特点是变形区金属处于三向压应力状态，适于生产塑性较差的坯，穿出的毛管尺寸精度较高，可穿孔材料的种类比两辊穿孔机的多。

9.3.2　斜轧穿孔过程

斜轧穿孔整个过程：管坯前端金属接触轧辊，开始一次咬入，管坯前端金属逐渐充满变形区，并与顶头接触，开始二次咬入，为穿孔过程的咬入阶段；二次咬入完成后，穿孔过程进入稳定轧制阶段，是穿孔过程的主要阶段（图 9-14）；从管坯尾端金属逐渐离开变形区到金属全部离开轧辊为止，为穿孔过程的抛出阶段。

咬入阶段和抛出阶段属于不稳定轧制过程，通常毛管前端直径大、尾端直径小，而中间部分是一致的。头尾尺寸偏差大是不稳定轧制过程特征之一，造成头部直径大的原因是：前端金属在逐渐充满变形区中，金属与轧辊接触面上的摩擦力是逐渐增加的，到完全变形区才达到最大值，特别是当管坯前端与顶头相遇时，由于受到顶头的轴向阻力，金属向轴向延伸受到阻力，使得轴向延伸变形减小，而横向变形增加，加上没有外端限制，从而导致前端直径大；尾端直径小，是因为管坯尾端被顶头开始穿透时，顶头阻力明显下降，易于延伸变形，同时横向辗轧小，所以外径小。生产中出现的前卡、后卡也是不稳定轧制的特征。

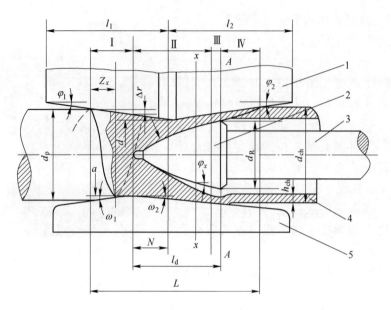

图 9-14　二辊斜轧穿孔变形区

1—轧辊；2—顶头；3—顶杆；4—轧件；5—导板

二辊斜轧穿孔的变形区是由轧辊、顶头、导板（导盘）等工具构成的。图 9-15 是设置导板的二辊斜轧穿孔过程。

考虑到导板的阻力和磨损，进而采用主动导盘代替导板。斜轧穿孔机使用导盘和导板时的工艺参数见表9-1。

图 9-15　带导盘的二辊斜轧穿孔过程

表 9-1　斜轧穿孔机使用导盘和导板时的工艺参数

导围工具	轧辊直径/mm	辊距/mm	轧辊入口锥角 $\beta/(°)$	轧辊出口锥角 $\beta/(°)$	导距/mm	导板入口锥角 $\beta/(°)$	导板入口锥角 $\beta/(°)$
导板式	440	66	2.5	3.5	74	3	4
导盘式	440	66	2.5	3.5	74	—	—

导围工具	导盘直径/mm	孔型椭圆度系数	导板（导盘）位置/mm	顶头规格（直径×长度）/mm×mm	顶头前伸量/mm	喂入角/(°)	辗轧角/(°)
导板式		1.121	30	59.5×160	60	10.5	15
导盘式	900	1.121	0	59.5×160	60	10.5	15

9.3.3　斜轧穿孔机组成

斜轧穿孔机有二辊穿孔机和三辊穿孔机两种形式（图 9-16 和图 9-17），图 9-18 是二辊斜轧穿孔机的设备组成。

图 9-16 二辊穿孔机　　　　　　　　图 9-17 三辊穿孔机

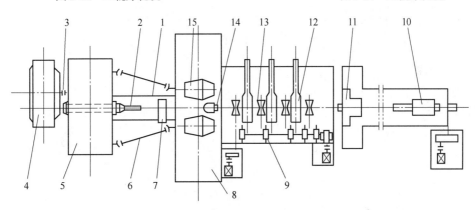

图 9-18 二辊斜轧穿孔机的设备组成

1—受料槽；2—推钢机；3—联轴器；4—主电机；5—联合减速箱；6—万向联接轴；7—扣瓦装置；8—工作机座；
9—翻钢钩；10—顶杆小车；11—止挡架；12—定心装置；13—升降辊；14—顶头；15—轧辊

9.4 毛管延伸技术

　　将穿孔工序得到的毛管变为薄壁（接近成品壁厚）的荒管可以视其为定壁过程，即根据后续的工序减径量和经验公式确定本工序荒管的壁厚值，通过轧制过程实现。目前，在无缝钢管的生产过程中基本上都采用热轧工艺完成，以前普遍存在"以冷代热"的生产方式基本消失了。但是，在有色金属无缝管的生产过程中，冷轧变形延伸工艺还是重要的生产方式。

　　对轧管工艺的要求是：厚壁毛管变成薄壁荒管（减壁延伸）时，首先要保证荒管具有较高的壁厚均匀度，其次保证荒管具有良好的内外表面质量。

　　热轧工艺过程使用的设备被称为轧管机。与穿孔设备类似，轧管机也可以按照纵轧和斜轧方式分类。

9.4.1 纵轧方式

　　采用纵轧方式对荒管进行轧制，其设备有自动轧管机、连轧管机和周期式（皮尔格）轧管机（图 9-19）。

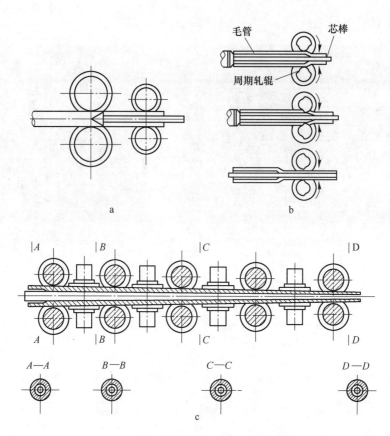

图 9-19　钢管纵向轧制的工作原理
a—自动轧管机；b—周期式轧管机；c—连轧管机

9.4.1.1　自动轧管机

自动轧管机是单机架轧制，以轧辊和顶头为工具，把厚壁毛管轧成薄壁荒管。通过回送机构和上轧辊快速提升机构，使轧后的轧件快速返回轧机入口侧（图 9-20），进行下一次轧制。一般经过 2~3 道次，轧制到成品壁厚，变形主要由第一道完成，第二道起均壁作用。轧第二道之前需将管子翻转 90°，总伸长率为 1.8~2.2。轧

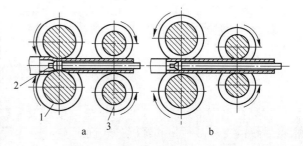

图 9-20　自动轧管机的工作原理
a—管子轧制；b—管子回送
1—轧辊；2—顶头；3—回送辊

辊开有多个孔型，以便于轧制不同规格的管材。出口台架设置轧件回转机构，保证轧件能够在两个方向上轧制。

20 世纪 70 年代以来，用单孔槽轧辊、双机架串列轧机、双槽跟踪轧制和球形顶头等技术，提高了生产效率，实现了轧管生产机械化。目前，自动轧管机仍然是轧制大口径无缝钢管的重要方式。图 9-21~图 9-23 是自动轧管的基本构成，自动轧管机组的常用系列有 100 mm、140 mm、250 mm 和 400 mm 四种。由于连续轧管技术的发展，已不再建造 140 mm 以下的机组。

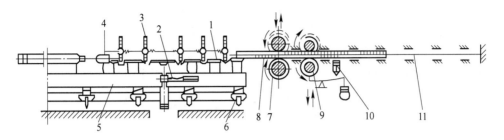

图 9-21　自动轧管机组成

1—受料槽；2—受料槽升降回转装置；3—毛管拨出机构；4—气动推料机；5—前台移动装置；6—受料槽高度
调整装置；7—工作辊；8—顶头；9—回送辊；10—回送辊抬升气缸；11—顶杆

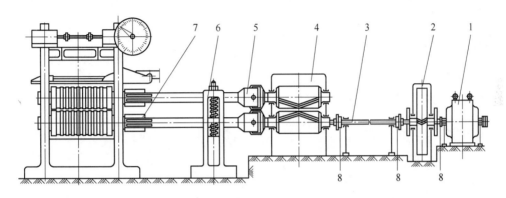

图 9-22　自动轧管机主传动

1—主电机；2—减速器；3—传动轴；4—齿轮箱；5—万向接轴；6—接轴托架；7—梅花轴套；8—联轴节

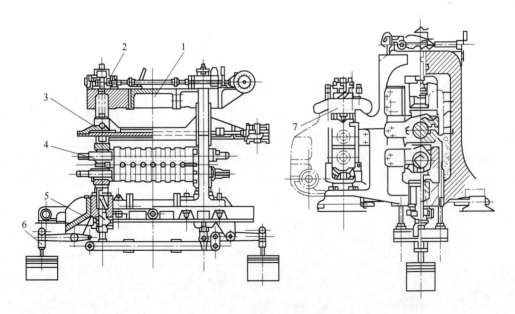

图 9-23　自动轧管工作机座

1—机架；2—压下装置；3—斜楔升降装置；4—轧辊轴承；5—下辊调整；6—上辊平衡装置；7—回送辊装置

　　自我国第一套自动轧管机组投产以来，国内各钢管生产企业的工人、技术人员对轧管设备和工艺进行了多项革新，主要有：

　　（1）发展单槽（孔型）轧管机（特别是大型轧管机），优点是简化了轧机结构，减小了轧辊直径，有利于毛管延伸，轧辊轴承受力均匀，延长了使用寿命，轧机刚度好，进一步提高了管材尺寸精度，采用液压换辊小车换辊，节省了换辊时间（一般不超过10 min）。

　　（2）采用两个电机直接驱动两个轧辊，可以省去人字齿轮座和减速机；同时，实现了在轧制过程中调速，即低速咬入和快速轧制，提高了生产率。

　　（3）实现双槽轧管，鞍钢无缝钢管厂于1960年试验成功双槽轧管，即第一道和第二道分别在两个孔型轧制，两根同时回送。同单根轧管相比，对槽轧管的产量提高27%，成本降低4%。

　　（4）自动换顶头，山东青岛钢厂发明的球形顶头自动更换装置（图9-24），这种装置操作简便、迅速，有利于缩短轧制节奏，显著降低了劳动强度和提高了机械化程度。使用球形顶头还有其他优点，如顶头受力面增多，延长了顶头使用寿命；轧制压力小减少了能量消耗，顶头加工制造也很方便；它存在的问题是，当减壁量大时不好咬入。

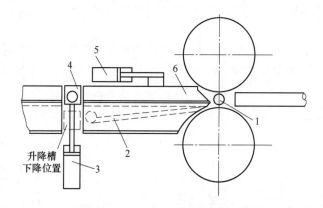

图9-24　球形顶头自动更换装置
1—球形顶头；2—球形顶头滚动槽；3—气缸；4—升降槽；5—气缸；6—活动料槽

　　（5）为了减小纵向壁厚不均，采用自动调节辊缝系统。

　　（6）双机架串列布置的自动轧管机（图9-25），采用单槽轧制和取消回送装置，简化了轧机结构，第二架轧机作为精轧机架，可改善钢管质量，同时轧制节奏时间也有所减少。

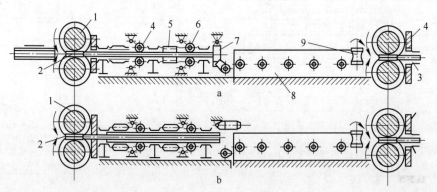

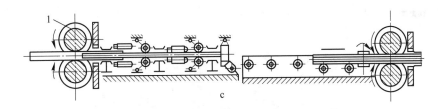

图 9-25 双机架串列式自动轧管机

a—轧制前；b—轧完第一机架；c—在两个机架上轧制

1—轧辊；2—顶头；3—顶杆；4—顶杆夹持器；5—定心辊；6—辊子；7—止推装置；8—辊道；9—旋转送进立辊

9.4.1.2 连续轧管机

连续轧管机是一种高效率轧机，由多架（多机架 7~9 架，少机架 3~4 架）二辊或三辊纵轧机架组成。其轧制过程是：将毛管套在长芯棒上，经过多机架顺次布置且相邻机架辊缝互错（图 9-26 二辊机架 90°，图 9-27 三辊机架 180°）的连轧机轧成钢管。

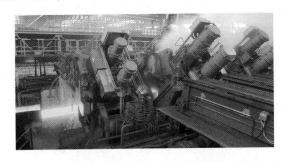

图 9-26 二辊连轧管机组

图 9-27 三辊连轧管机组

根据芯棒的运动方式连续轧管机有两种类型：一种是轧管时芯棒随管子自由运动，即浮动芯棒连轧管；另一种是轧管时芯棒运动速度受到限制并可控制，即限动芯棒连轧管（图 9-28）。

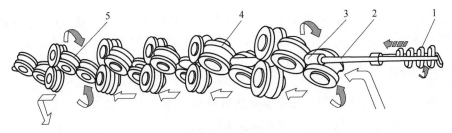

图 9-28 限动芯棒连轧管轧制过程

1—限动装置齿条；2—芯棒；3—毛管；4—连续轧辊机；5—三机架脱管定径机

9.4.1.3 周期式轧管机

周期式轧管机（图 9-29）又称为皮尔格轧机，也是单机架轧机，是采用具有变断面圆孔型，毛管一段一段送进，实行周期式轧制（图 9-30）的热轧管机。周期轧管机是基于把钢管轧制中各道次变形分阶段集中在同一轧槽中的设想而设计的。周期式分段轧制工艺，轧辊的旋转方向与毛管前进方向恰好相反，即反向轧制工艺。上下轧辊上对称地刻有变断面的轧槽（即可变孔型），当轧辊旋转一周时管坯就通过轧槽实现锻轧、精轧、定径等工序而成管。

图9-29　周期式轧管机

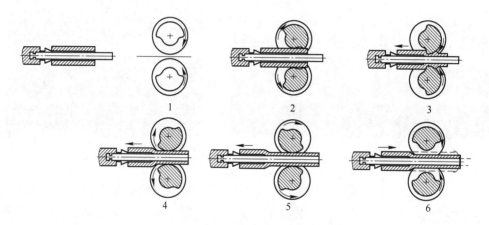

图9-30　周期式轧制过程

周期式轧管机以往多使用钢锭经压力穿孔穿成的毛管进行轧制，现在周期式轧管机组已采用连铸圆坯经二辊斜轧穿孔生产毛管供周期式轧管机轧管。

9.4.2　斜轧方式

斜轧方式对荒管进行轧制主要有锥形辊轧管机（图9-31）和三辊轧管机（图9-32）两种类型，可以用于生产尺寸精度高的厚壁无缝钢管。

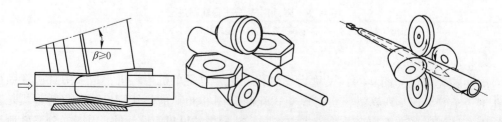

图9-31　锥形辊轧管机工作原理

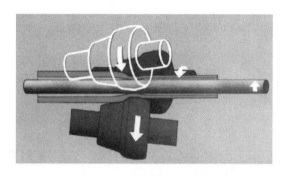

图 9-32　三辊轧管机工作原理

Accu-Roll 轧管机（图 9-33）是将狄塞尔轧管机的鼓形轧辊改成锥形轧辊，增大轧辊辗轧角，加大辊身长度，采用主动大导盘和限动芯棒，从而提高了钢管壁厚精度。由于轧制精度高、设备投资少，生产工艺灵活，目前 Accu-Roll 轧管机已经是我国无缝钢管生产的主力机型。

三辊轧管机（图 9-34）的轧辊在机架中成 120°布置，采用限动芯棒、送进角调整，主要用于生产尺寸精度高的厚壁管。

图 9-33　Accu-Roll 轧管机

这种方法生产的管材，壁厚精度达到 ±5%，比用其他方法生产的管材精度高一倍左右。20 世纪 60 年代的三辊斜轧机（称 Transval 轧机）是通过轧到尾部时迅速转动入口回转机架来改变辗轧角，从而防止尾部产生三角形。现在则采用轧辊快开装置实现该功能，使生产品种的外径与壁厚之比从 12 扩大到 35，不仅可生产薄壁管还提高了生产能力。

图 9-34　三辊轧管机

三辊轧管机的结构如图 9-35 所示。

三辊式轧管机主要包括：

（1）主机架，机架为开式结构，采用液压缸打开和锁紧，提高换辊速度；

（2）转鼓装置，用于调整送进角，采用液压驱动和锁紧；

（3）轧辊装置，包括轧辊、轴承及轴承座；

（4）压下与平衡装置，用于调整轧辊孔喉和辗轧角，平衡轧辊装配和压下系统；

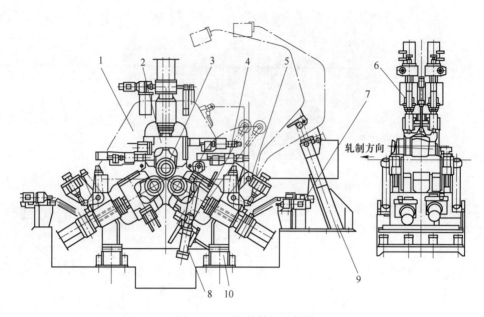

图 9-35　三辊轧管机的结构

1—主机架装配；2—转鼓装配；3—轧辊装配；4—转鼓调整；5—锁紧装置；
6—压下平衡；7—压下传动；8—机架开闭装置；9—机架送接装置；10—支座

（5）机架开闭和送接装置，用于检修和换辊的快速打开和闭合；

（6）主传动系统，用于轧辊驱动。

为了轧制大规格无缝钢管，采用具有导卫装置的三辊斜轧管机（图 9-36），即轧制变形区由轧辊、芯棒以及设置在相邻两轧辊间辊缝中的导卫装置构成。导卫装置可以有效提高三辊斜轧管机中轧管孔型的封闭性，避免变形金属被挤入辊缝，防止轧卡和轧管时的破头和尾三角等生产事故和质量缺陷，从而可以采用三辊斜轧管机方便地生产大口径钢管。

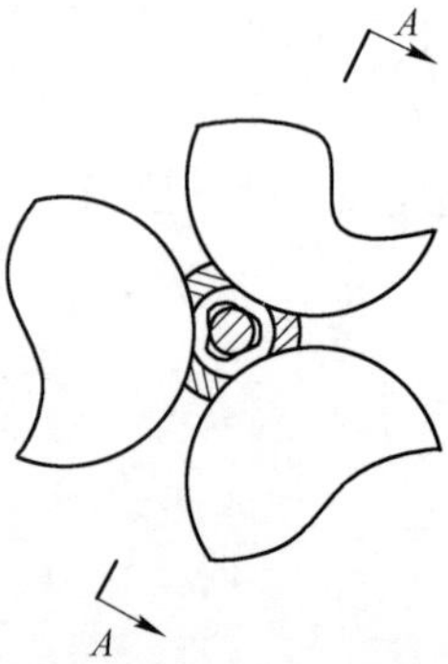

9.4.3　顶推方式

20 世纪 80 年代初 Meer 开发了管端缩口技术，将传统的压力穿孔改为斜轧穿孔，并把这种改进型顶管机组称为 CPE（Cross-Roll Piercing and Elongation）。由于 CPE 机组属于长芯棒的多机架连续变形机组，因此其产品质量好、投资低、生产成本低。

图 9-36　三辊斜轧管机的
轧辊、导板与芯棒

图 9-37 是顶管机组的工作过程，将穿孔后的毛管经过收口后插入芯棒，由推杆推送过一组辊模，减壁延伸后经脱棒成为无缝钢管。

图 9-38 和图 9-39 是湖北大冶钢厂的 219CPE 机组，该机组是目前世界最大的 CPE 顶管机组，具有纵轧、大延伸、快速度、高精度等优点，适合于生产薄壁无缝钢管；产品规格范围：外径 60~219 mm、壁厚 4~16 mm、长度 6~13.5 m，主要品种为石油用管、高压锅炉管、液压支柱管、机械加工用管等。除执行国标外，该机可按相应的美标、欧标等组织生产。

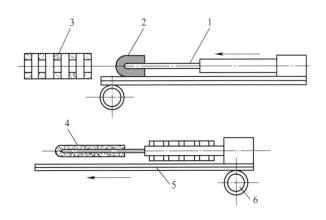

图 9-37　顶管机组的工作原理
1—顶杆；2—杯状毛管；3—模具；4—钢管；5—齿条；6—啮轮

图 9-38　219CPE 顶管机组

图 9-39　219CPE 顶管机组环模架

9.5　荒管减定径技术

9.5.1　减定径目的

热轧无缝钢管的最后一个塑性变形工艺过程是减、定径工艺，主要目的是对荒管的直径作最后的确定，保证其规格尺寸和尺寸精度。

减、定径是在减（定）径机消除前道工序轧制过程中造成的荒管外径不一（同一支或同一批），以提高热轧成品管的外径精度和真圆度。对减定径工艺的要求是：第一，在一定的总减径率和较小的单机架减径率条件下达到定径目的；第二，可实现使用一种规格管坯生产多种规格成品管的任务；第三，还可进一步改善钢管的外表面质量。

经过减、定径后的钢管，直径偏差较小，椭圆度较小，直度较好，表面光洁。定径机工作机架数目较少，一般为 3~12 架，总减径率为 3%~7%。减径机架数一般较多，一般在 15 架以上。增加减径机架数可扩大产品规格，给生产带来方便。减径机可分为：

（1）微张力减径机，作用是减缩管径；

（2）张力减径机，作用是减径又减壁，使机组产品规格进一步扩大，并可适当加大来料的质量，提高减径率，轧制更长的成品。

减径机组的总减径率和单机径缩率是减径变形过程的重要参数，减径机的减径率和延伸值决定于减径管的形状和尺寸精度。不适当地加大单机径缩率，或单机径缩率不变，增加机架数、提高总减径率都会恶化成品管横剖面的壁厚均匀性，加大首尾壁厚段的增厚程度，在二辊轧机上出现"外圆内方"，在三辊轧机上出现"外圆内六角"。

目前，微张力减径机的最大总减径率限制在 40%～45%，厚壁管限制在 25%～30%。张力减径机总减径率限制在 75%～80%，减壁率在 35%～40%，延伸系数达到 6～8。微张力减径机的单机径缩率取值在 3%～5%，考虑到成品管尺寸精度常限制在 3.0%～3.5%，张力减径机单机径缩率可高达 10%～12%，为控制管壁均匀性一般多限制在 6%～9%，管径大取下限。

9.5.2　减定径机结构

减定径机按主机架轧辊数分为三辊式（图 9-40）和二辊式两种（图 9-41）。三辊式应用较广，因三辊轧制变形分布较均匀，管材横剖面壁厚均匀性好，同样的名义辊径，三辊机架间距可缩短 12%～14%；二辊式的主要用于壁厚大于 10 mm 的厚壁管。

图 9-40　三辊张力减径机　　　　　　　　图 9-41　二辊定径机架

三辊张力减径机的轧辊可分为内传动和外传动（图 9-42 和图 9-43），轧辊可以微调，以保证孔型准确。图 9-44 和图 9-45 分别是内传动和外传动的机座形式，两种传动方式均可以采用 C 形机座。

图 9-42　轧辊可调的内传动　　　　　　图 9-43　轧辊可调的外传动
　　　　张力减径机结构　　　　　　　　　张力减径机结构

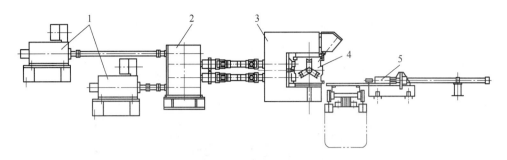

图 9-44 采用内传动的张力减径机

1—主电机；2—联合减速机；3—C 形机座；4—内传动机架；5—机架更换装置

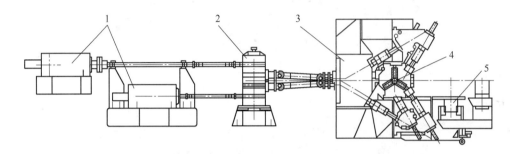

图 9-45 采用外传动的张力减径机

1—主电机；2—联合减速机；3—C 形机座；4—外传动机架；5—机架更换装置

9.5.3 张力减径机传动

张力减径机的主传动形式有集体传动、单独传动和集中差速传动三种传动形式，见表 9-2。

表 9-2 张力减径机的传动形式

主要特点	单独传动	集中差动传动	串联集中差动传动	混合传动	固定速比集体传动
张力分布	优	差	较好	好	最差
精轧机架可调性	优	差	较好	好	最差
切头控制	优	差	较好	好	最差
轧制灵活性	优	差	较好	好	最差
产品范围	最大	较大	大	大	单一
可操作性	较好	优	好	好	优
传动刚性	差	优	好	好	优
电控复杂性	复杂	简单	较复杂	较复杂	最简单
知识产权	公开	公开	国外	国外	公开
设备投资	最高	低	高	高	最低

9.5.3.1 单独电机传动张力减径机

单独电机传动张力减径机（图9-46和图9-47），每一个轧辊机架均由一台变速范围很大的直流电机驱动，通过电机调速改变各机架的轧辊转速。

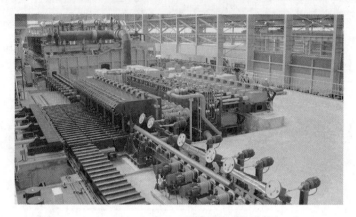

图9-46 单独电机传动张力减径机

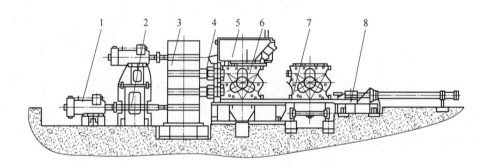

图9-47 340 mm 单独传动微张力减径机构成
1—主电机；2—安全联轴器；3—主减速器；4—减径机联轴器；
5—主机座；6—轧辊机架；7—换辊小车；8—推拉装置

340 mm 十机架单独传动微张力减径机的技术参数为：

入口荒管尺寸：直径163~350 mm，壁厚4.5~25 mm；

出口成品管尺寸：直径128.3~343 mm，壁厚4.58~25.66 mm；

轧制速度：入口0.5~1 m/s，出口最大1.7 m/s；

单机架最大轧制力：600 kN；

单机架最大轧制力矩：65 kN·m。

9.5.3.2 集中差速传动张力减径机

集中差速传动系统由行星齿轮装置将两个传动速度机械地叠加在一起，以得到每个轧辊机架的速度。两个传动系统的速度是通过具有固定传动比的独立的两套齿轮系统传递给每一个轧辊机架，两个传动系统分别由其自己的电机驱动。

图9-48是北满特钢的集中差速传动张力减径机的传动机构简图。机组共有20个机架，1~6架为一套传动系统，基本速度电机和叠加速度电机均为100 kW；7~20架为一套传动系统，基本速度电机和叠加速度电机均为450 kW。

入口荒管尺寸：直径 95 mm、131 mm，壁厚 3.5~19.8 mm。

出口成品管尺寸：直径 30~127 mm，壁厚 3~20 mm。

轧制速度为：入口 1 m/s，出口最大 5 m/s。

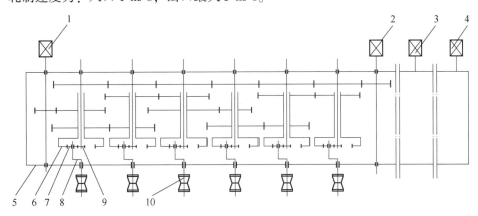

图 9-48　集中差速传动机构简图

1—叠加电机（1~6 架）；2—基本电机（1~6 架）；3—基本电机（7~20 架）；4—叠加电机（7~20 架）；
5—减速箱；6—差动轮系内齿圈；7—行星轮；8—摇杆；9—差动轮系齿轮；10—机架轧辊

每个轧辊机架都装有差动装置，不论是用来传递基本速度的齿轮系或是传递叠加速度的齿轮系，都不直接与输出轴相连接，而只是通过行星伞齿轮与输出轴相连，因此只要改变一个速度，机架间的速度就会改变，其传动比也变。为了在钢管与轧辊之间产生最大纵向张力，可以采用具有两台叠加速度传动电机的集中变速传动装置。

电机的集中变速传动采用壁厚自动控制系统，能连续不断地测量毛管的参数及其在张减机中的延伸，经微机处理后对张减机进行纵向张力自动调节，以达到预先选定成品管的尺寸要求。图 9-49 是 SRM330-24 机架张力减径机组构成。

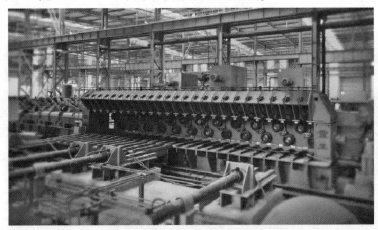

图 9-49　SRM330-24 机架张力减径机

无缝钢管三个阶段的热变形方式，可以作为开发特殊合金、轻合金无缝管的生产方式的基础，针对轻合金材料的热变形特点和产品、产量的要求，制订合理的生产工艺，采用合适的生产设备，从而建立新的轻合金材料无缝管轧制生产体系。

9.6　热轧无缝钢管技术演进

无缝钢管生产有百年以上的历史。德国人曼尼斯曼兄弟于 1885 年首先发明二辊斜轧穿孔机，1891 年又发明周期轧管机，1903 年瑞士人施蒂费尔（R. C. Stiefel）发明自动轧管机，以后又出现了连续式轧管机和顶管机等各种延伸机，开始形成近代无缝钢管工业。20 世纪 30 年代由于采用了三辊轧管机、挤压机、周期式冷轧管机，因此改善了钢管的品种质量。60 年代由于连轧管机的改进，三辊穿孔机的出现，特别是应用张力减径机和连铸坯的成功，提高了生产效率，增强了无缝管与焊管竞争的能力。70 年代无缝管与焊管正并驾齐驱，世界钢管产量以每年 5% 以上的速度递增。

1949 年新中国成立初期，我国还不能生产无缝钢管。当时只有上海生产少量钢管改制产品，但由于缺乏热穿孔机械，不能用圆钢生产无缝钢管，又无法从国外进口毛管，只能采用进口或用过的旧无缝钢管改制为其他规格的无缝钢管。虽然在新中国成立前，日本侵略者曾在东北的鞍山于 1935 年建了一套生产直径为 70~150 mm 的热轧无缝钢管机组，但是在 1945 年日本投降后，其设备全部都被苏联拆运到了苏联（现乌克兰）的乌拉尔第一钢管厂。所以在新中国成立时，我国是不能生产无缝钢管的。

为改变依赖无缝钢管进口的现状，1952 年 8 月，新中国第一项重点工业建设项目——鞍钢的"三大工程"上马，无缝钢管工程是其中之一。1953 年 12 月 26 日，在鞍山诞生了新中国第一根无缝钢管，结束了我国不能生产无缝钢管的历史。

鞍钢无缝钢管厂（图 9-50）原设计生产的热轧无缝管为直径 57~140 mm、壁厚 4~20 mm、长 4~12 m，设计产量 6.19 万吨/年。投产后的第二年（1954 年）就先后试轧出锅炉管、地质管、油管和不锈钢管。投产后三年（1956 年）生产了 6.6 万吨，超设计 7% 达产。接着，在二辊斜轧穿孔机上穿轧不锈钢管成功，为我国以后的不锈钢管生产起了先导作用。

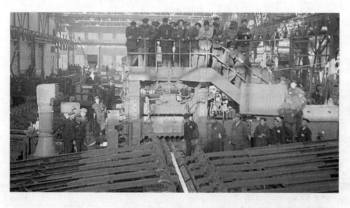 

图 9-50　鞍钢 140 无缝钢管机组

1958 年国家决定，利用匈牙利的三套（ϕ133 mm 顶管机组和 ϕ216、ϕ318 mm 周期轧管机组）主轧管设备，由我国自主设计、制造和建设一个从炼钢、管坯轧制到无缝钢管成品（包括地质、油井管等）生产的，设施配套齐全的独立专业化大型无缝钢管厂——成都无缝钢管厂。

1971 年包钢无缝钢管厂引进苏联的 φ400 mm 自动轧管机组投产。

1985 年，上海宝钢 140 mm 全浮动芯棒连轧管机投产。1986 年，烟台鲁宝钢管厂由美国 A/S 公司引进 114 mm Accu-Roll 轧管机，轧辊为锥形辊，有碾轧角，采用限动芯棒轧制。同年，成都无缝钢管厂由意大利 ITAM 公司提供一套 177 mm AccuRoll 轧管机。1992 年，天津钢管公司限动芯棒 PQF 连轧管机投入使用。

我国无缝钢管生产工艺设备的自主研制工作，从单机制造开始到车间成套设备总成，再到智能化生产系统，经历了几十年的时间。

1958 年 3 月 8 日在我国上海永鑫五金制作厂（1958 年 7 月改为上海永鑫无缝钢管厂，后来改为上海异型钢管厂）的技术人员和工人师傅们一起，在总结生产无缝铜管经验的基础上，研制出了我国第一台 φ76 mm 穿孔机，结束了上海冷拔无缝钢管长期不能自供坯料毛管的历史，从而成为我国能生产热轧毛管（冷拔管料管）的第二家无缝钢管厂，后来发展成为我国品种最全、规格最多的异型钢管厂。

随着这种穿孔机在设备和工艺上的发展和完善，特别是在毛管的壁厚减薄、壁厚不均减小、内外表面质量的提高和穿孔后在线打头的实现等，形成了用穿孔机穿制毛管后立即打头，然后直接进行冷拔，生产冷拔无缝钢管，即穿孔-冷拔无缝钢管生产线。

1976 年我国太原重型机器厂自行研制的 108 mm 三辊轧管机组在湖南衡阳钢管厂投入生产（图 9-51），包括三辊穿孔机组和三辊轧管机组。1982 年和 1985 年先后对两台主机进行技术改造，整机性能更加完善，运行良好，是当时无缝钢管热轧设备的代表产品。

图 9-51　衡阳钢管 108 mm 三辊轧管机组

1989 年，鞍钢无缝钢管厂自行设计制造 100 mm 锥形辊轧管机。其后，国内陆续制造投产多套不同形式的无缝钢管生产线，多数是 Accu-Roll 轧管机生产线。

近年来，国内主要钢管设备制造企业陆续研制了具有较高装备水平的无缝钢管生产设备。2021 年 11 月太原重工自主设计制造的 258 mm 连轧管机组在承德建龙特殊钢有限公司投产，这是国内首套无缝钢管智能制造生产线，是国内轧钢设备制造企业在大口径无缝钢管连轧领域的重大突破。258 mm 侧出式连轧管机生产线采用"集控中心"的智能技术设计方案，实现智能化设备与信息系统互联互通，设备的每个单元都能快速准确地完成信号采集、结果反馈、控制执行等流程。机组使用无缝钢管全流程逐支跟踪系统，应用穿孔机、连轧机、定径机工艺模型，主机关键润滑点使用智能润滑系统，实现润滑点定时、定量远程监控。

2021 年由中冶赛迪装备有限公司承制的某钢管厂 720 mm 机组升级改造 EP 项目，三辊斜轧管机（图 9-52）投入使用。作为国内最大口径三辊斜轧管机，该设备结构复杂且体积巨大，高约 10 m，总重约 485 t，主要用于生产 $\phi 273 \sim 508$ mm 无缝钢管产品，投产后可达到 30 万吨/年生产能力。

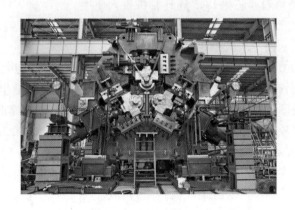

图 9-52　中冶赛迪三辊斜轧管机

该轧管机的主要功能是将穿孔机轧出的毛管进一步轧制、变形，完成从毛管到荒管的转变，适合生产中厚壁无缝钢管，也可以生产薄壁无缝钢管，且壁厚精度高可达 ±5%，是目前世界上先进的三辊轧管机。

9.7　无缝钢管轧制技术开发

现代无缝钢管轧制生产技术已经十分成熟，能够在产量、品种、规格方面满足市场需要。随着钢管社会保有量的增加和碳达峰对钢铁生产过程的制约，无缝钢管的市场需求和生产方式将会产生重大变化。因此，针对新形势对无缝钢管生产方式的影响，充分利用传统无缝钢管轧制生产技术，积极开发无缝钢管生产新技术是十分必要的。

太原科技大学长期从事无缝钢管轧制技术的研究工作，取得了一定的成绩，为进一步开发无缝钢管生产工艺技术装备奠定了基础。其研究主要有以下几个方向。

9.7.1　穿孔-轧制一体化

穿孔-轧制一体化是指将管坯穿孔与荒管轧制连起来在一个道次来完成，实现这样的一体化成型可以有以下两种形式。

9.7.1.1　联合穿轧

无缝钢管联合穿轧技术的开发始于 20 世纪 70 年代。鉴于当时小直径无缝钢管"以冷代热"的情况十分普遍，为了解决"以冷代热"问题，直接生产热轧无缝钢管，太原重型机械学院（现太原科技大学）研制开发了管材直径为 50 mm 的无缝钢管三辊联合穿轧机（图 9-53），1987 年安装在山西襄汾县无缝钢管厂，投入生产使用后累计生产了数万吨热轧无缝钢管，主要用于农业机械，取得了较好的经济效益。三辊联合穿轧机采用具有穿孔、轧制和均整段的轧辊，一次轧制得到热轧成品管。为了保证工艺实施，机组采用侧开式机架、液压锁紧、联合齿轮箱传动、轧辊快速回退、轴向出管等新技术，三辊联合穿轧机的研制成功为我国三辊斜轧管机的设计制造积累了经验。

图 9-53　φ50 mm 三辊联合穿轧机

三辊联合穿轧机的主要特征是采用组合式轧辊，其形状如图 9-54 所示。研制开发这种轧管机的目的是提供一套年产量 2 万~5 万吨、投资和生产成本都较低的轧管机组，作为小型无缝钢管厂的生产设备。三辊联合穿轧机生产的成品管直径为 40~60 mm、壁厚为 3.2~10 mm，管坯最大单重为 22 kg，其尺寸为（40~60）mm×（600~1000）mm。

三辊联合穿轧机（图 9-55）的主要技术参数如下：

轧辊转速：80~270 r/m；

轧辊理论轴向速度：0.26~1.21 m/s；

最大轧制力：200 kN；

最大扭矩：17.2 kN·m。

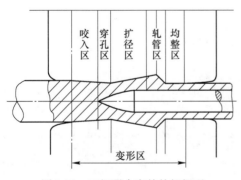

图 9-54　三辊联合穿轧轧辊辊型

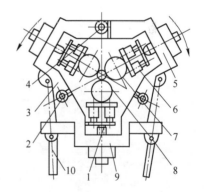

图 9-55　机架装置与轧辊布置

1—轧辊压下螺丝；2—下锁紧缸；3—左机架；
4—上锁紧缸；5—右机架；6—快速回退油缸；
7—轧辊；8—轧件；9—下机架；10—翻转油缸

轧机的送进角可以在 0°~20° 范围内调整，在轧到工件尾部时可以增大送进角，以防止管尾出现"角形"现象。另外，也可以采用轧辊快速回退的办法，增大轧辊的开口度，改善尾端"三角形"现象。

φ50 mm 三辊联合穿轧机组（图 9-56）结构紧凑，设备总重约 50 t，机组电气设备总功率约为 500 kW，占地面积 400 m²，适合小型无缝钢管厂使用；机组生产率为 2~4 根/min，

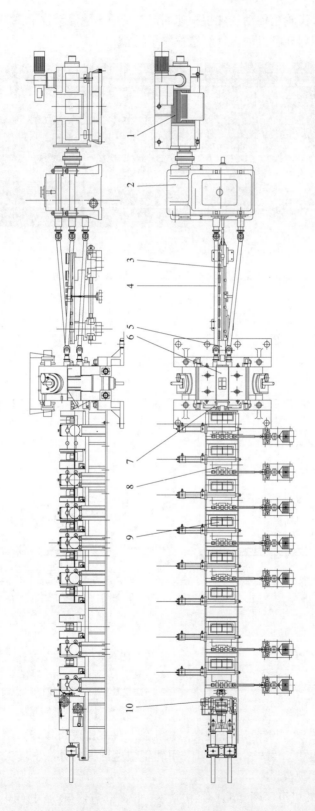

图 9-56 φ50 mm 三辊联合穿轧机组设备组成

1—主电机；2—减速器；3—推钢机；4—前台；5—导套；6—主机架；7—卡截器；8—夹送辊；9—定心辊；10—止挡装置

三辊联合穿轧机的生产率约为三辊穿孔与三辊轧管联合机组的90%，三辊联合穿轧机上采用NEL控制技术可以轧制薄壁管。

三辊联合穿轧机的控制特点是：（1）轧辊旋转方向可调；（2）轧辊转速可调；（3）辗轧角和送进角可调；（4）快速调整轧辊辊缝。

三辊联合穿轧机的主要优点：（1）投资费用低，设备费用仅为两台单机（三辊穿孔机和三辊轧管机）费用的2/3，其生产、基建费用亦相应降低；（2）成品管壁厚较均匀，保留了三辊轧管机壁厚均匀的优点；（3）适于轧制变形温度范围窄，塑性指标低的金属管材。

三辊联合穿轧机的轴向出管装置如图9-57所示。开始穿轧前，顶头到达工作位置，止挡装置将其位置固定，穿轧过程结束，管子离开轧管一段距离后，卡截器将顶杆抱紧，止挡装置打开，夹送辊将管子沿轴向送出后台。

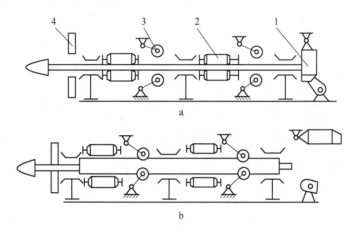

图9-57　轴向出管后台工作原理
a—顶杆处于穿轧状态；b—顶杆处于轴向出管状态
1—顶杆快开支承座；2—顶杆定心机构；3—夹送辊；4—顶杆卡截器

此外，SMSMeer公司开发过另一种联合穿轧机，通过一台斜轧机可逆轧制，实现穿孔和轧制过程。其过程是：先正向轧制将管坯穿轧成毛管，穿孔过程结束后，毛管停留在输出辊道上，轧辊改变旋转方向；按照轧管工艺过程自动调整轧制参数，接着芯棒和穿孔毛管一起从与穿孔相反方向进入轧机，使毛管延伸轧制。其轧制过程和普通三辊轧管机一样。

9.7.1.2　双机架斜连轧

太原科技大学研制开发的无缝钢管三辊斜连轧机（图9-58），是在一套斜轧设备上设置穿孔机架和轧管机架，实现穿孔和轧管连续轧制过程。该工艺的优势在于：工艺流程短、生产效率高、节能环保、投资少、生产成本低，生产难变形金属时具有一定的竞争优势。随着新材料的应用，斜轧连轧工艺的特点更为明显。

三辊斜连轧制工艺将穿孔机与轧管机串联在一起，在穿孔过程尚未结束时，已经形成毛管的部分就进入轧管机轧制延伸。斜连轧机的生产工艺灵活，可以具有不同的轧制成型功能。通过辊型调整，实现坯料的穿孔+轧制延伸、穿孔+均整、穿孔+二次穿孔、斜轧连

图 9-58　无缝钢管三辊斜连轧机

轧棒材、斜轧连轧管材等工艺。由于穿孔、轧制连续进行，轧制过程温降很小，因此可以轧制难变形金属，节省能源消耗、设备占地面积，缩短物流路径，提高生产效率。

9.7.2　横列式三辊 Y 型轧机

鉴于无缝钢管连轧机的结构与控制复杂性，各种形式的芯棒轧制的缺点与不足，太原科技大学研制开发无缝钢管横列式三辊 Y 型轧机（图 9-59 和图 9-60），主要特征是将两组正反 Y 型轧机横列布置，每一列共用一套传动系统。该轧机采用短芯棒轧制和毛管快速横移装置，实现多道次轧制。

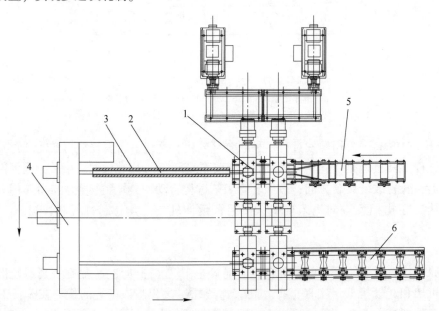

图 9-59　无缝钢管横列式三辊 Y 型轧机

1—三辊 Y 型轧机机列；2—轧件；3—芯棒；4—芯棒回转装置；5—入口辊道；6—输出辊道

三辊 Y 型轧机的外形尺寸小，横向相邻的两个机架距离很近，可以使轧件快速到达下一个轧制位置。轧辊的调整可以在线下进行，通过更换机架实现轧制尺寸的变换。采用短芯棒轧制，第一次是穿芯棒轧制，第二次是脱芯棒轧制。

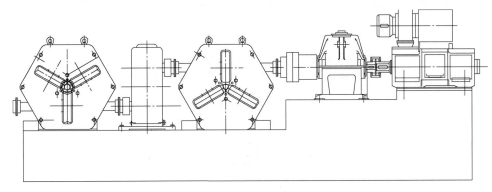

图 9-60　横列式三辊 Y 型轧机机列

9.7.3　连续挤压-轧制

目前，一些特殊金属材料的无缝管生产通常采用挤压制成荒管，然后通过冷轧、冷拔方式生产不同规格的成品管材，生产效率低下、原材料消耗高、环境污染严重。由于挤压过程承担了主要变形，因此挤压过程中模具磨损严重，管子易产生表面划伤。采用连续挤压-轧制短流程生产线（图 9-61），将挤压过程的变形量降低，以此工艺生产热轧无缝管可以解决上述问题。

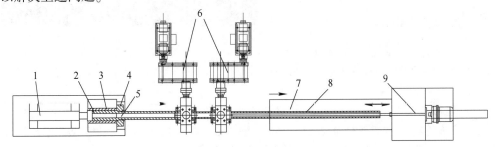

图 9-61　无缝管连续挤压-轧制生产机组
1—挤压机；2—坯料；3—挤压筒；4—模具；5—挤压针；6—连轧机；7—顶杆座；8—芯棒；9—顶杆

连续挤压-轧制可以使用空心铸坯，也可以使用冲孔坯料，经内外表面加工后加热到挤压温度，准备挤压时挤压杆由轧机出口侧送到水平挤压机模具内，并插入空心坯料。然后，液压缸推动推杆将管坯挤压出模具，挤压后的毛管进入连轧机轧制，此时挤压杆作为芯棒与轧辊一起将毛管轧制成型。轧制结束后，由脱棒机将荒管与芯棒分开。

9.8　小　　结

热轧无缝钢管工艺生产过程复杂，一百多年来形成了多种成熟的生产技术。随着连轧管和张力减径技术的普遍应用，无缝钢管生产技术装备的产能迅速扩大。然而，在特殊合金和有色金属材料无缝管生产领域，尚需要进行适用技术开发。因此，全面了解和熟悉传统的无缝钢管生产技术，有针对性地开发新材料的无缝管材生产工艺，研制相关技术装备是十分必要的。此外，在现代传动控制和智能技术的视角下，重新认识传统的、非连续的无缝管生产技术，对于发展小产能、低能耗、少物流的无缝钢管生产线也具有重要的经济意义。

10 管材冷成型加工

10.1 概 述

管材冷成型加工生产是以金属管材为原料，通过冷轧、冷拔以及旋压等塑性成型工艺，生产高精度和高性能的冷成型加工管材（图10-1）。随着冷成型加工金属管材应用领域的扩大和市场需求量的增加，冷成型加工管材的生产与技术进步发展很快，采用冷轧、冷拔和旋压对一次成型生产的管材（包括无缝管和焊接管）进行二次冷成型加工已经成为金属材料生产的重要方式之一。

图10-1 冷成型加工管材

10.1.1 冷加工管材特点

冷塑性成型加工管材主要有以下特点：

（1）尺寸精度高、表面状态好。冷加工管材内、外径尺寸精度高，内外表面光洁度、圆度、直度良好，

（2）规格范围宽。冷轧管材的产品规格范围为：外径 4.0～450 mm，壁厚 0.03～35 mm；冷拔管材可生产直径 0.2～765 mm、壁厚 0.015～50 mm 的各种管材；用旋压方法可以生产直径 1000 mm 以上的无缝金属管（筒体）。

（3）产品形状多，可以生产各类精密异形管（外圆、内六角、四角、键槽、梅花等）精密无缝管。

（4）产品用途广泛，冷加工管材的用途有：机械用管、容器用管、管道用管等（图10-2和图10-3）。

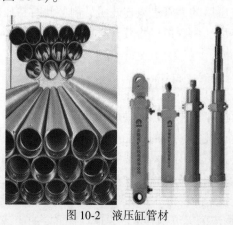

图10-2 液压缸管材

图10-3 传动轴用异形管材

高精度冷加工管材的推广应用，对提高材料利用率、提高加工工效、节约能源、提高产品质量以及新产品开发具有重要意义。

10.1.2 管材冷加工工艺

管材冷加工生产的主要工艺过程是：坯料准备→(头部处理)→表面处理（酸洗润滑)→冷变形（轧、拔、旋压)→热处理（退火)→矫直处理→定尺切割→成品。

在 20 世纪中期，由于我国热轧无缝管材生产技术落后，产品品种规格受到限制，因此管材冷成型加工生产主要用于扩大无缝管材的尺寸规格范围，即所谓的"以冷带热"。冷轧和冷拔工艺同时使用，冷轧主要用于管材的减壁，冷拔主要用于管材的减径，从而满足用户管径和壁厚的尺寸要求。随着热轧无缝管生产的发展，特别是张力减径机的使用，热轧无缝管的品种规格范围扩大，管材冷成型加工生产的主要目的转移到改善管材的组织性能、提高表面质量方面，因此主要用于减壁的管材冷轧机应用更为普遍。

10.2 管材冷轧技术

10.2.1 我国冷轧管机的发展

我国对周期式冷轧管机的研究始于 20 世纪 60 年代初，主要吸收消化了苏联 XПТ 类型的周期式冷轧管机，并先后制定了相关技术标准。下面介绍冷轧管机的主要技术发展节点。

（1）西安重型机械研究所：该所于 1960 年开始研制冷轧管机，设计制造出国内第一台三辊冷轧管机，重点在多辊式的 LG 型冷轧管机，并于 1994 年投产了 LG-60-HL 型冷轧管机。

（2）洛阳矿山机械厂：该厂于 1964 年生产了第一台冷轧管机，其后又生产了近 10 种型号的冷轧管机，20 世纪 80 年代后研制了 GHL 型冷轧管机。

（3）宁波永得利机械设备制造有限公司：该公司从 1997 年开始生产 LG-60-H 型双线长行程冷轧管机，1998 年生产出第一台样机。该机型生产效率高，生产成本低，特别适合生产不锈钢。

经过 60 多年的发展，我国已形成了 LG 型（两辊）和 LD 型（多辊）两大系列的冷轧管机产品，国内多家企业从事周期式冷轧管机的研究设计和制造工作，其产品广泛应用于我国金属管材加工行业。

10.2.2 管材冷轧成型过程

冷轧管材以优越的特性广泛地应用在国民经济各个领域。经过冷轧的管材组织结构细密，力学性能和物理性能显著提高，几何尺寸精确，表面光洁度好。管材冷轧生产主要设备是周期式冷轧管机。与冷拔方式相比，周期式冷轧管机的道次变形量较大，可达70%～90%，对于原始管坯壁厚偏差的纠偏能力强。与冷拔方式相比，采用冷轧法生产管材可大量减少中间工序，如热处理、酸洗、打头、矫直等，减少了金属材料、燃料、电能和其他辅助材料及人力的消耗。采用冷轧方法可生产薄壁、极薄壁和内、外表面无划痕的优质管材，可以轧制高合金、塑性差的各种钢管和有色金属管材。

目前，管材冷轧大多采用周期式轧制方式，其成型过程如图 10-4 所示。钢管和芯棒不动，采用变断面孔型轧辊，由机架带动往复运动碾轧管材，使其受到压缩，以达到减径和减壁的目的。

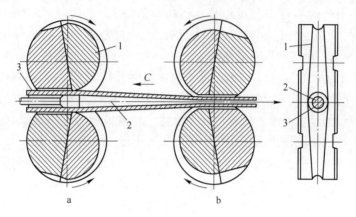

图 10-4 两辊周期式冷轧管机轧制过程
1—轧辊；2—芯棒；3—管材

图 10-4 中 a、b 是轧辊转动的两个极限位置，当轧辊处于原始位置 a 时，孔型尺寸最大（比坯料外径稍大），在达到行程极限位置 b 时，孔型比成品外径稍大。图 10-5 是轧辊工作行程展开图，在送料段轧辊旋转 50°，送进管料，随轧机的大小不同，每次送进 3～30 mm；在轧制段轧辊旋转 120°；在回转段轧辊旋转 50°，回转管料，每次回转 60°～90°，以便轧辊回程时碾轧平整管壁。在达到位置 b 时，孔型尺寸最小，即等于成品外径。当回到原始位置 a 后，再送进管料，开始下一个周期的轧制。如此反复碾压管料，最后轧出所要求的成品尺寸。

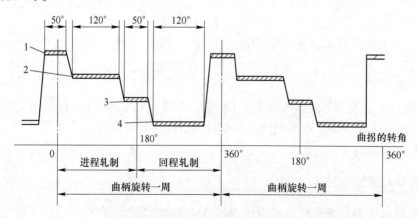

图 10-5 轧辊工作行程展开图
1—送料段；2—轧制段；3—回转段；4—回程辗平段

10.2.3 周期式冷轧管机构成

周期式冷轧管机（图 10-6）尽管有不同的结构形式，但机构组成部分及功能是相同的，主要构成是：主电机及其传动机构、转向箱、传动轴、轧机机架、回转送进机构、送进卡盘与床身、芯棒卡紧装置、入口卡盘和出口卡盘、上料装置、出料装置等。

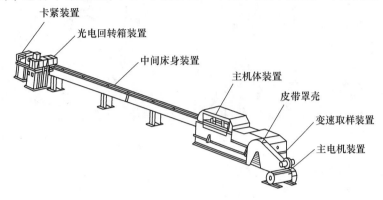

图 10-6　周期式冷轧管机构成

10.2.3.1　主传动及平衡机构

A　主传动装置

周期式冷轧管机传动装置（图 10-7 和图 10-8）的运动方式：电机经皮带轮（或经减速机、离合器等）带动曲柄连杆机构（图 10-9），再通过与机架相连的连杆带动机架做往复运动。

B　平衡机构

为了克服轧机机架在往复运动中产生的惯性力和惯性力矩，提高机架的速度，必须采用惯性力和惯性力矩的平衡装置。

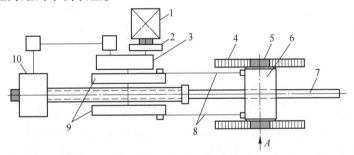

图 10-7　二辊冷轧管机传动机构简图

1—主电机；2—联轴节；3—主减速器；4—齿条；
5—齿轮；6—工作机座；7—管件；8—连杆；9—曲柄轮；10—回转送进机构

图 10-8　冷轧管机主传动

图 10-9　冷轧管机曲柄连杆机构

冷轧管机的平衡系统有：反转配重曲轴齿轮平衡装置、重锤平衡装置、液压平衡装置和垂直摆锤平衡机构（图 10-10～图 10-14）。

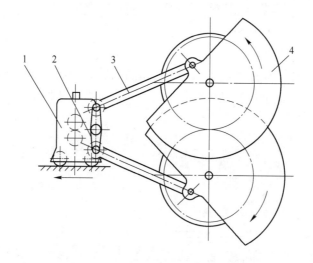

图 10-10　反转配重曲轴齿轮平衡装置
1—工作机座；2—摇杆；3—连杆；4—配重齿轮

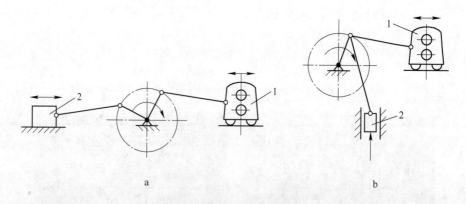

图 10-11　重锤平衡装置
a—水平平衡；b—垂直平衡
1—工作机座；2—平衡重

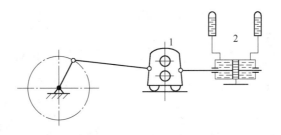

图 10-12 液压平衡装置
1—工作机座；2—液压系统

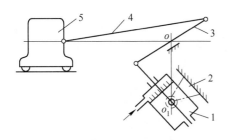

图 10-13 气动平衡装置
1—气缸；2—固定支座；3—摇臂；
4—双臂连杆；5—工作机座

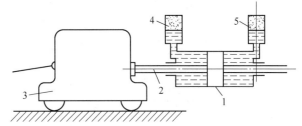

图 10-14 气动-液压平衡装置
1—液压缸；2—活塞杆；3—工作机座；4，5—气罐

10.2.3.2 机架与轧辊

机架中装有两个轧辊轴，分别安装环形孔型块或半圆形孔型块（图 10-15）构成两个轧辊，一上一下装在机架中。为使两个轧辊向相反方向同步转动，在每个轧辊轴的轴端装有一个齿数和模数均相同的齿轮，与固定在机座上的齿条啮合，如图 10-16 所示。当机架做往复运动时，轧辊使管坯直径和壁厚产生变形，形成一个完整的变形锥体。在锥体内部置有锥形芯棒（或曲线形芯棒），以保证成品管几何尺寸的精度和表面的粗糙度。在轧机机架做往复运动的前、后极限位置处，管坯和芯棒旋转一个角度，同时将管坯向轧制方向送进一段距离（送进量）。轧机机架做连续往复运动，完成轧制过程。

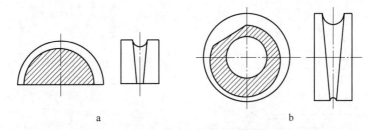

图 10-15 冷轧管机孔型块
a—半圆形孔型块；b—环形孔型块

周期式轧管机的机架有开式机架（图 10-17）和闭式机架（图 10-18）两种形式。
闭式机架左、右两片牌坊连为一体，强度和刚性好，但在更换产品规格及维修装拆轧

图 10-16   轧辊装置

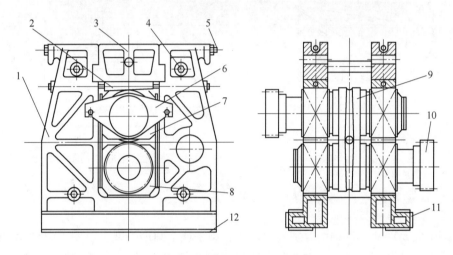

图 10-17   二辊冷轧管机开式机架

1—机架；2—斜楔；3—活动横梁；4—机架联接螺栓；5—横梁联接螺栓；6—轴向调整压盖；
7—上轴承座；8—下轴承座；9—环形孔型块；10—同步齿轮；11—侧滑板；12—下滑板

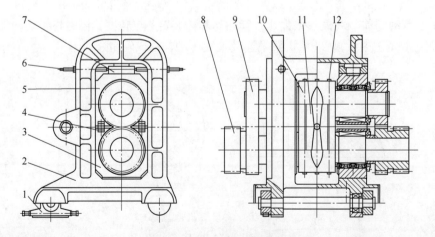

图 10-18   二辊冷却管机闭式机架

1—滑块；2—闭式机架；3—下轴承座；4—弹簧；5—上轴承座；6—调整螺杆；
7—调整斜楔；8—同步齿轮；9—联动齿轮；10—轧辊轴；11—半圆孔型块；12—孔型固定螺栓

辊部件时，必须将整体机架从机座中取出放置于特设的维修区进行拆装。

开式机架的上横梁由活动横梁代替并用连接螺栓固定，左、右两片牌坊分开加工后用4根预应力连接螺栓连接并紧固定位，机架下面采用整体的黄铜或尼龙滑板。

开式机架取消了两对联动齿轮，保留同步齿轮，减轻轧机机架质量，方便更换轧辊。

上轧辊总成的轴向调节是通过安装在上轴承座上的调整压盖和与机架连接的螺栓实现。轧辊辊缝由安装在上轴承座上方的斜楔和相应的螺栓调整，将半圆形孔型改用环形孔型增加变形区长度。

10.2.3.3　回转送进机构

回转送进机构的作用是：当轧机机架运动到前、后极限位置时，将管坯和芯棒杆旋转一个规定的角度，同时将管坯向前送进一段距离，以备下一个周期轧制。回转送进机构主要包括：

（1）送进卡盘。管坯送进卡盘的功能是夹住（或顶住）管坯，在回转送进机构及丝杆的带动下，将管坯向前送进并回转一个限定的角度。送进卡盘在床身上走到前极限位置后，快速返回至原始位置，等待下一根管坯。

（2）芯棒卡紧装置。其功能是将芯棒杆固定在轧制中心上的特定位置，承受轧制过程中产生的轴向力，并同时将芯棒杆转一个与管坯转角相同的角度。必要时，还通过芯棒杆将润滑剂送入位于变形区中的芯棒。

（3）管坯中间卡盘和出口卡盘。当管坯送进装置已将管坯尾部送到床身的前极限位置时，需要中间卡盘和出口卡盘帮助顺利完成管坯尾部的回转和送进。尤其是管坯较重时，仅靠芯棒与变形区锥体间的摩擦力难以准确完成管坯的回转。

回转送进机构的动作应与轧机机架的往复运动完全同步协调运行，在机架的一个往复行程中按照给定的前极限和后极限位置的时间，完成管坯的送进与回转动作。

对回转送进的要求是：一方面尽量缩短回转送进段的时间，以保证轧辊孔型有足够长的工作时间用于金属的轧制过程；另一方面，回转送进过程需要尽量长的时间，以降低机构的冲击负荷，减少噪声，延长使用寿命。为了适应冷轧管机高速、高精度、连续化、全自动化的发展，回转送进机构历经多次改进，产生了多种形式的回转送进机构，有机械式的，如马尔泰盘机构、减速箱型、游动丝杆、弧面凸轮分度，也有液压式、光电控制型和伺服控制型的。图 10-19~图 10-22 给出了几种机械式回转送进机构图。

周期式冷轧管机的组成还包括：（1）进料装置，其功能是将管坯由受料台逐根取下并放入受料槽中，用推料机构将其送入轧机待轧；（2）成品出料装置，其功能包括将成品管快速拉出、在线切割成定尺和打捆；（3）工艺润滑站，其功能是将大量的冷却-润滑液喷射到轧辊孔型和变形锥体上，用于工艺润滑和冷却；（4）设备润滑站，其功能是润滑传动部件的齿轮副、摩擦副及轴承等；（5）控制系统，用于控制轧机的运转程序，随着自动化和智能化技术的应用，控制系统的复杂性和重要性得到提升。

10.2.4　冷轧管机分类

冷轧管机主要是根据轧机结构的特点进行分类：

（1）LG 两辊冷轧管机，也称周期式冷轧管机，俄罗斯称为 ХПТ 型，德国称为 KPW（或 SKW）型，法国称为 ILP（ILPR）型。

144

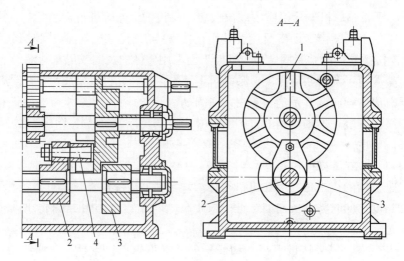

图 10-19　马尔泰盘回转送进机构
1—马尔泰盘；2—曲柄；3—凸轮；4—曲柄销

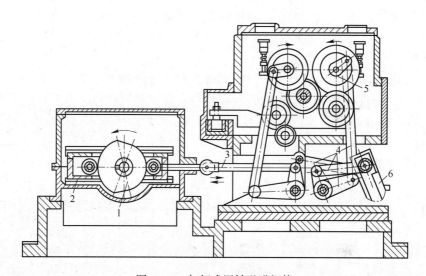

图 10-20　杠杆式回转送进机构
1—凸轮；2—滑块；3—连杆；4—杠杆系统；5—超越离合器；6—滑块调整机构

1）按轧机机架行程长度，可分为以下两种：①普通行程轧机；②长行程轧机，其轧机机架的行程长度是普通行程轧机的 1.5~1.8 倍。

2）按同时轧制管材的根数，可分为以下两种：①单线轧机，其中有侧装料、端装料和不停机连续上料型；②多线轧机，同时可轧制 2 根或 3 根管材（图 8-23）。

3）按机架往复摆动的速度，可分为以下两种：①普通速度型；②高速型，轧机机架每分钟的摆动次数为普通速度的 1.5~2 倍。

（2）LD 型多辊式冷轧管机，俄罗斯称为 ХПТ' Р 型。

按同时轧制管材的根数，可分为以下几种：

1）单线轧机；

2）多线轧机，同时可轧制 2 根或 4 根管材。

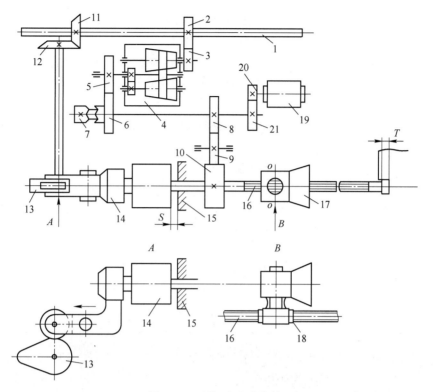

图 10-21 顶杆式送进机构

1—轴；2, 3, 5, 6, 8~10, 20, 21—齿轮；4—无级变速器；7—爪形离合器；11, 12—锥齿轮；
13—凸轮；14—顶杆；15—滑座；16—丝杆；17—管坯卡盘；18—螺母；19—电机

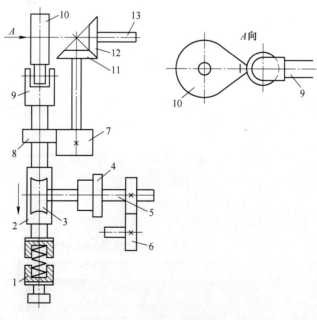

图 10-22 顶杆式回转机构

1—弹簧机构；2—蜗杆；3—蜗轮；4—超越离合器；5~8—齿轮；
9—杆轴；10—凸轮；11, 12—锥齿轮；13—转轴

（3）冷连轧管机。在同一轧制中心线上排列 3~9 个机架，每个机架中安装 3~4 个带有非变断面孔型的轧辊组成圆形，每个轧辊均为主动。

（4）多排辊冷轧管机。冷轧管机还有双排或多排辊结构，双排辊的道次变形量比单机架大的 50%~100%（表10-1）。此外，尚有轧制变断面钢管的冷轧管机，如轧制棒球杆的轧机。

表 10-1　周期式冷轧管机的主参数系列

序号	二辊冷轧管机		序号	多辊冷轧管机	
	型号、规格	成品管直径/mm		型号、规格	成品管直径/mm
1	LG-30	15~30	1	LD-8	3~8
2	LG-55	25~60	2	LD-15	6~15
3	LG-80	50~80	3	LD-30	12~30
4	LG-120	100~150	4	LD-60	25~60
5	LG-150	125~200	5	LD-90	50~90
6	LG-200	150~200	6	LD-120	80~120
			7	LD-150	100~150
			8	LD-200	140~200
			9	LD-250	190~250

高速和长行程冷轧管机生产率高，所用轧槽块有半圆形和环形两种，高速长行程冷轧管机采用环形轧槽块。这种冷轧管机最大减壁率可达 75%~85%，减径率可达 40%~65%，断面减缩率可达 80%，最小壁厚可达 0.2mm，壁厚与外径之比为 1/6~1/100。

10.2.5　多线冷轧管机

多线冷轧管机是在一台二辊或多辊的冷轧管机上同时轧制 2 根以上管材的轧机（图10-23~图 10-26）。

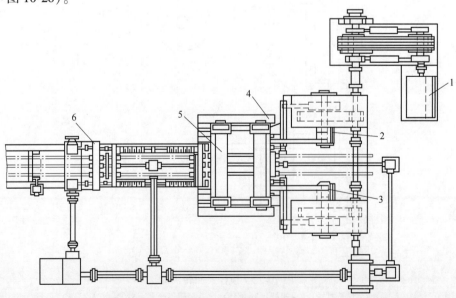

图 10-23　三线冷轧管机

1—主电机；2—曲柄；3—曲轴；4—机座；5—机架；6—芯棒夹具

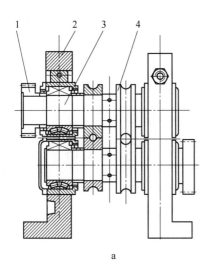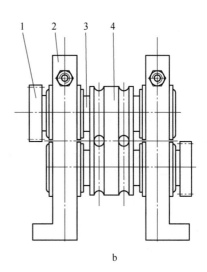

图 10-24　双线冷轧管机机架

a—单孔型轧辊；b—双孔型轧辊

1—同步齿轮；2—机架；3—轧辊轴；4—轧辊

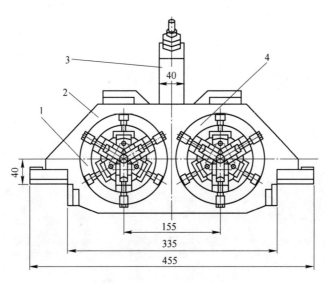

图 10-25　LD 型双线冷轧管机机架

1—1 号机架；2—框架；3—斜支架；4—2 号机架

10.2.6　多辊冷轧管机

多辊冷轧管机（图 10-27）的孔型由 3~4 个辊子组成，辊子孔型断面尺寸不变。因工作辊直径小、轧制压力小，适用于生产薄壁和特薄壁钢管。其道次变形量可达 80%，减壁率最大可达 75%，减径量可达 40%，可以轧制壁厚与直径之比为 1/150~1/250 的钢管。

多辊式冷轧管机轧制管材工作原理（图 10-28）：管子在圆柱形芯棒 4 和刻有等半径轧槽的 3~4 个轧辊 1 之间进行变形。轧辊装在轧辊架 5 中，其辊颈压靠在具有一定形状

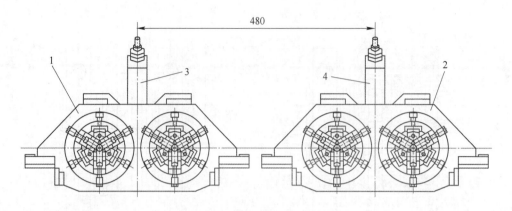

图 10-26　LD 型四线冷轧管机机架

1—1 号双线机架；2—2 号双线机架；3—1 号斜支架；4—2 号斜支架

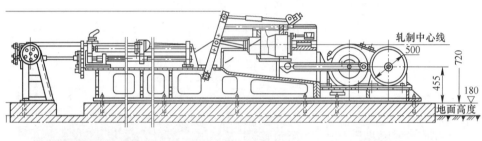

图 10-27　多辊冷轧管机

的支承板（滑道）2 上，支承板装在厚壁套筒 6 中，厚壁套筒本身就是轧机的机架，安装在小车上。

多辊式冷轧管机机架结构（图 10-29～图 10-31）：工作时，曲柄连杆和摇杆系统分别带动小车和装在工作机架内的轧辊架做往复移动。由于小车和轧辊架是通过大连杆和小连杆分别与摇杆相联结的，所以当摇杆摆动时，轧辊与支承板便产生相对运动。当轧辊辊面在具有一定形状的支承板表面上做往复滚动时，轧辊和圆柱形芯棒组成的环形孔型就由大变小、再由小变大地做周期性改变。当小车走到后板极限位置时，送进一定长度的管料并将管体回转一个角度。为了降低返回行程轧制时的轴向力以防止两根相邻管料在端部相互

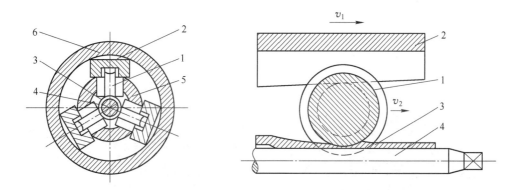

图 10-28　三辊冷轧管机工作原理

1—轧辊；2—滑道；3—管坯；4—圆柱形芯棒；5—轧辊架；6—厚壁套筒

切入，一般管料的送进和管体的回转是当小车在后极限位置时同时进行的。当小车离开后极限位置向前移动时，孔型逐渐变小进行轧制，在返回行程轧制时管件获得均整。

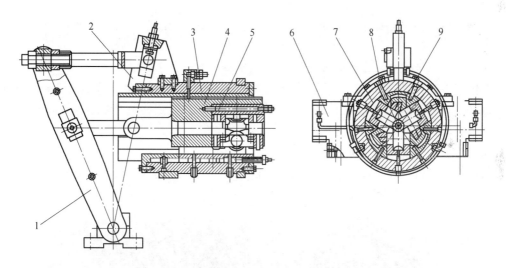

图 10-29　三辊冷轧管机机架

1—摇杆系统；2—斜支座；3—机架套筒；4—轧辊导向架；5—轧辊保持架；
6—车体；7—斜楔；8—滑道；9—轧辊轴承

多辊式冷轧管机由苏联全苏冶金机械科学研究所发明。由于它的轧辊直径小，轧制力较小，金属与工具间轧制单位压力小，因而轧辊弹性变形小，再加上采用了支承辊，轧机刚性高，适用轧制薄壁和特薄壁的精密管，最小壁厚为 0.03 mm（见超薄壁管生产）；缺点是道次变形量小，生产力低，采取双线轧制可提高生产率 50% ~ 70%。

10.2.7　管材冷轧技术发展

除多线和多辊轧制技术以外，为了克服常规冷轧管机的缺点，提高生产效率，下面介绍冷轧管技术的发展历程。

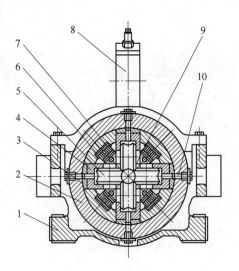

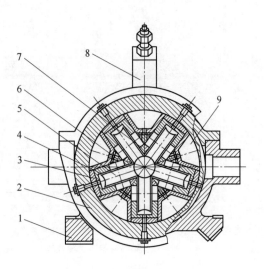

图 10-30　四辊冷轧管机机架

1—框架；2—机架套筒；3—斜楔；4—滑道；

5—轧辊；6—导向架；7—轧辊架；

8—斜支座；9—轧辊轴承；10—螺栓

图 10-31　五辊冷轧管机机架

1—框架；2—机架套筒；3—斜楔；

4—滑道；5—轧辊；6—轧辊保持架；

7—轧辊轴承；8—斜支座；9—扇形块

10.2.7.1　传统冷轧管机的改进

对传统冷轧管机进行改进：高速轧制、减小辊径，改机架往复运动为轧辊箱往复运动，减轻运动件质量，二辊式冷轧管机加装支承辊、多辊式冷轧管机采用双排辊和多排辊。

10.2.7.2　行星冷轧管机

行星冷轧管机（图 10-32）由 3 个或 4 个锥形行星辊绕轧件公转，对轧件实现轧制，现在已广泛应用于冷轧有色金属管棒材生产中。

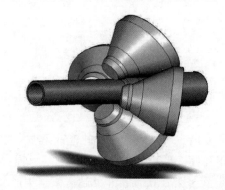

图 10-32　行星冷轧管机

10.2.7.3　大直径冷轧管机

随着无缝钢管产品规格的扩大以及大直径冷轧管的市场需求，大直径管材的冷轧具有广阔的市场前景，在 20 世纪末国内企业曾经引进俄罗斯的大直径冷轧管机。近年来，国内相关企业陆续开发大直径冷轧管机，图 10-33 为太原重工研制的 LG720 不锈钢无缝钢管冷轧机组。

图 10-33　LG720 冷轧管机组

LG720 冷轧管机组采用单根生产、停机上料的工作制度（表 10-2），主机架由曲柄连杆往返周期式驱动，送进和回转机构采用伺服驱动系统，实现快速和精准的送进、回转和定位。

表 10-2　LG720 冷轧管机技术参数

管坯外径 /mm	管坯壁厚 /mm	管坯长度 /mm	成品外径 /mm	成品壁厚 /mm	成品长度 /mm
460~760	30~60	4~9	406~720	25~50	4~9

首台 LG720 冷轧管机组应用在江苏武进不锈股份有限公司。太原重工与太原科技大学合作对超大口径冷轧变形机理进行理论分析，开发了孔型曲线设计数学模型；提出了主轧机装置在结构上采用整体式代替分体式，研制了负载能力大且质量轻的轧辊机架及轧辊轴，提升了轧制能力；建立了动平衡数学模型，开发了在大惯性力的工况条件下能够满足轧制节奏的冷轧曲柄连杆装置，解决了大型往复式冷轧管机的动载荷问题，实现了平稳轧制；通过对电机参数的辨识和运动过程参数的诊定，研发了大功率伺服控制系统，实现了大惯量控制对象的高精度同步控制；采用大压下量轧制，减少了生产道次，降低了能源消耗。

10.2.7.4　管材冷斜轧技术

太原科技大学针对传统钢管冷轧（拔）生产方式存在的不足和钢管深加工的需求，根据斜轧过程中轧件运动和金属变形的特点，探索钢管冷斜轧成型的必要条件，提出了采用三辊斜轧机进行冷斜轧方法生产冷轧钢管的新工艺，并进行了理论分析和试验研究。理论分析和工业性试验证明，该工艺具有可行性和实用性。

与现行的管材冷轧冷拔工艺对比，管材冷斜轧工艺具有生产效率高、设备投资少、工具费用低、作业线短、工艺灵活、调整方便的优势，因此能够部分替代管材冷轧冷拔生产工艺。同时，该工艺也可用于生产双金属管材和变截面管材。

10.2.7.5　管材连续冷轧

连续式冷轧管机已用于管材冷减径，具有产量高、道次变形量大、轧制节奏时间短的优点，但也存在沿管子长度上尺寸不均匀，芯棒长、要求高且制造困难以及设备投资高等缺点。因此，需要积极开展研发工作，研制适于管材冷连轧的工艺装备。太原科技大学开发的具有设备紧凑、标准化单独传动的多机架管棒连轧机组可以用于管材的冷连轧，进一步的工业性试验正在进行中。

10.3 管材冷拔技术

管材冷拔时，在外力的作用下通过一定形状和尺寸的模具，发生塑性变形。拔制过程可分为减径拔制和减壁拔制。冷拔时，管材在拉拔力、正压力和摩擦力的作用下发生变形，经过缩径、减壁和定径阶段，得到需要的尺寸形状和组织形态。

冷拔与冷轧相比较：冷轧的优点是道次变形量大，加工道次少，生产周期短和金属消耗小；缺点是工具制造较困难，变更规格不方便，生产灵活性差，设备投资高及维护较复杂。冷拔的优点是生产力较高，生产中变规格较方便，灵活性大，设备和工具制造简单；缺点是道次变形量小，加工道次多，生产周期长，金属消耗大。

19世纪中期已开始用简陋的冷拔管机生产冷拔钢管。鞍山钢铁公司无缝钢管厂的第二冷拔钢管车间于1956年建成投产，是我国自行设计建设的第一个冷拔钢管车间；该厂的第一冷拔钢管车间，则是一个轧、拔结合生产不锈钢管的车间，于1958年建成投产。1971年在成都无缝钢管厂金堂分厂建成投产了中国自行设计建设的，完全国产化设备的冷轧冷拔钢管车间。

10.3.1 管材冷拔分类

根据拉拔成型方式和变形目的，管材拉拔（图10-34）可以分为以下五种。

（1）无芯棒冷拔。无芯棒拔管即空拉拔，冷拔时只用外模、不用内模，主要用于减径，每道次减径量为4~8 mm、最大可达12 mm，道次变形量为30%~35%，每道次的延伸系数不大于1.6，用于管材的减径拉拔。

（2）短芯棒冷拔。短芯棒冷拔时芯棒由支承杆固定在变形区，既减径又减壁，道次减径量一般为6~8 mm、最大为10 mm，道次减壁量为0.2~1 mm，道次变形量为35%~40%，延伸系数最大为1.7~1.8，主要用于开始和中间道次拉拔。

（3）游动芯头拔管。冷拔时芯棒由管料带入变形区，并依靠其特殊形状自动定位和调整，道次减径量为4~5 mm，壁厚变化不大，一般为0.05~0.1 mm，延伸系数为1.8~1.9。这种方法适用于卷筒拔制，用于链式冷拔管机时可拔制较长的钢管（100 m以上）。游动芯头拔制时拔制力较小，可提高道次变形量；由于不存在拉杆的限制，可以减壁拔制直径很小的管子。

（4）长芯棒拔管。冷拔时钢管内衬有大于钢管长度的芯棒，其特点是变形量大，道次变形量可达40%~55%，减壁率为30%~35%，延伸系数可达2~2.5；产品尺寸精度高，表面质量好，主要用于小管和毛细管的拔制。拔管时，由于芯棒同管子一起运动，基本上消除了芯棒上的摩擦阻力，降低拔制力和增加道次变形量，芯棒运动还可降低管子内表面粗糙度。

长芯棒拔管对芯棒要求严格，且拔后要脱棒。脱棒的方法有两种：一种是在斜轧机上将管子和芯棒一起辗轧，使管子少量扩径，之后在脱棒机上将芯棒抽出；另一种是利用双模拔制进行脱芯棒前的扩径，后一个模子是附加模，通过附加模时管壁只有很小的变形量，管子直径稍有扩大，可降低脱棒时的脱棒力；另外，也可用两个四辊滚模进行辗轧脱棒。

（5）扩径拔管。管子壁厚减小，直径增大，管长有些缩短。扩径拔管时，管子固定不动而拉杆带动芯棒从管内通过。

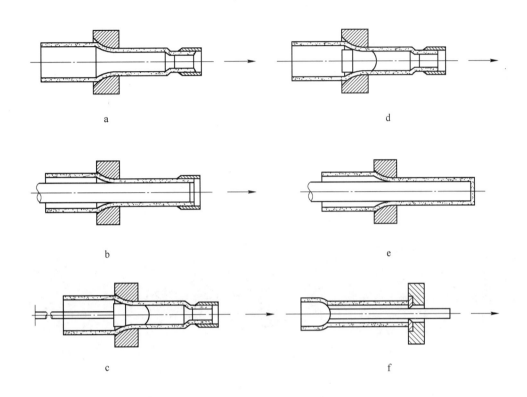

图 10-34   管材拉拔的方式

a—空拉；b—长芯棒拉拔；c—固定芯棒拉拔；d—游动芯头拉拔；e—顶管法；f—扩径法拉拔

除此之外，还有其他辅助拔制方法：如超声波振动拔管、管材温拔、旋转模冷拔、反拉力拔管、扭转拔管、强制润滑拔管、多模拉拔等。这些方法的目的是降低管材的变形抗力，减小表面摩擦力，从而减低拔制力，提高管材表面质量和平直度。

尽管开发的辅助方法很多，由于传统拉拔方式简单易行，因此仍然是管材拉拔生产的主要方式。

10.3.2   管材冷拔生产过程

管材冷拔生产的特点是工序多，有些工序需要反复进行，主要流程如图 10-35 所示。

10.3.2.1   打头

管材冷拔前打头使管头直径缩小（图 10-36），便于伸过拔模并被夹钳夹紧。因此打头是冷拔生产中的重要工序，要求管头成型后头部形状良好，无开裂等缺陷。另外，一次打头尽量能够多拉几个道次，减少切头和打头次数，降低金属消耗。

打头前管材的头部可采用缝式加热炉加热，也可以将热轧后的管材直接打头。打头的设备由最初的空气锤到专用的轧尖机（图 10-37）、锻头机（图 10-38）和冷挤头机。使管材打头质量得到提高，劳动条件得到改善。

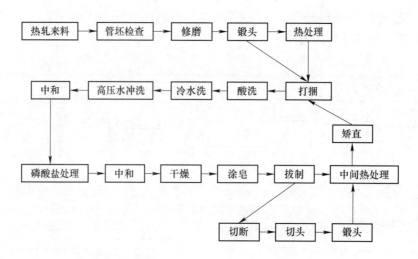

图 10-35　管材冷拔生产工艺流程

a

b

图 10-36　打头后的管头

a—冷挤头；b—锤头

图 10-37　辗（轧）头机

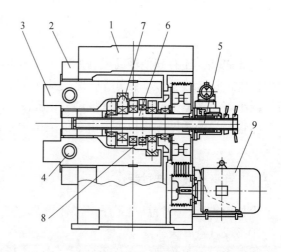

图 10-38　锻头机

1—壳体；2—固定板；3—摆臂；4—销轴；5—主轴；
6—偏心套；7—球形支承；8—支承环；9—电动机

10.3.2.2　表面处理

管坯表面处理的目的是去除表面的氧化铁皮和其他附着物，表面涂敷能够承受拉拔摩擦的润滑剂。去除氧化铁皮多采用酸洗方式，一般采用酸洗槽酸洗（图 10-39）。碳素钢和低合金钢用硫酸或盐酸酸洗，不锈钢用混合酸或氢氟酸酸洗。酸洗槽配有蒸汽加热设施，以便提高酸液温度，缩短酸洗时间，酸洗后管材需要水洗、烘干。

管材润滑作用是减少摩擦和防止黏结。不锈钢管可采用镀铜或氯化油进行润滑，碳素钢和合金结构钢可采用磷化或矿物油、牛油、硫化牛油、氯化油进行润滑。

喷砂机一般是用压缩空气向钢管内外表面高速喷射 Al_2O_3 砂粒，以清除钢管表面氧化铁皮和轻微缺陷。

10.3.2.3 热处理

拉拔管材的热处理包括中间热处理和成品热处理。由于冷拔过程使管料产生加工硬化，为了继续进行冷变形，需要作退火处理。目前，中间退火过程多采用辊底式光亮退火炉（图10-40），以便取消后续加工时的酸洗工序。

图 10-39　钢管酸洗槽酸洗

图 10-40　辊底式光亮退火炉

10.3.2.4 拉拔成型

拉拔成型是管材冷加工的主要工序，管材在拉拔机的拉力牵引下，通过模孔产生塑性变形，以获得与模孔形状、尺寸相同的制品。由于一个拉拔道次的变形量有限，因此需要多个道次的拉拔以及和冷轧工艺配合完成全部变形过程。在生产中应针对产品的技术要求，选择坯料，制订合理的冷拔-冷轧工艺规程。生产工艺规程包括工艺流程、变形参数和加工设备选择，即编制工艺程序表。

工艺程序表可分为拔制表（采用冷拔变形）、轧制表（采用冷轧变形）、轧制和拔制表（采用冷轧冷拔两种方式变形）；工艺程序表的内容包括有：管料尺寸，变形方式和道次，每道次的变形量及变形后管子尺寸，选用的加工设备、辅助工序和工模具类型等。

冷加工方式的配置按冷轧和冷拔使用情况，可有单一冷轧、冷轧冷拔结合和单一冷拔3种方案。

（1）单一冷轧方案。和冷拔相比，冷轧变形应力状态好，道次变形量大，可减少中间工序并缩短生产周期，能降低消耗和降低成本，适宜加工塑性差的高合金钢管和难变形的有色金属；其缺点是生产力低，生产灵活性较小。

（2）冷轧冷拔结合的方案。它是管材冷加工的合理方案，冷轧冷拔相结合可发挥冷轧变形量大和冷拔生产灵活的优点，以减少工序、缩短生产周期、提高生产力和扩大品种。采用冷轧冷拔结合方案时，通常是管料先在冷轧机上轧到定壁或定壁前的某个道次，然后进行拔制，直至成品道次。

（3）单一冷拔方案。冷拔道次变形量较小，变形道次多，中间工序多，生产周期长，金属及辅助材料消耗大，因此不是最优方案。但是，拔管机结构简单，投资少，操作容易掌握，工具的制造和更换方便，生产灵活性大，生产力也较高，故在加工碳钢、低合金钢管和一般有色金属管生产中应用广泛。

编制工艺程序表应考虑以下因素：

（1）管料尺寸的选择。管料尺寸的选择原则是保证必要的变形量（满足组织性能和表面质量的要求）的前提下尽量接近成品尺寸的管料。

（2）道次变形量的选择。道次变形量的选择是确定每个加工道次的变形程度（断面压缩率、延伸系数）、减径量和减壁量，在条件允许时，应选取大的道次变形量，以减少加工道次。为了保证产量和质量，成品道次的变形量应取小一些。冷拔机道次变形量的影响因素有：管坯材料（其强度和塑性应保证拔制过程中，管坯不能被拉断，导致拉拔过程中断）、拔管机能力、拔制方式和模具类型等。确定道次变形量还应考虑连拔道次次数和热处理、酸洗及润滑的质量。

工艺程序表的内容包括：拔制道次和各道变形量计算、拔制力计算、拔管机选择、辅助工具和模具类型选择。

10.3.2.5　切头

拉拔管材切头包括中间产品切头和成品切头。当管料头部直径不能继续进行拉拔时就需要切掉，重新打头。切头设备的选择，小直径管料常用砂轮机，大规格管料则需要专用切管机。

10.3.3　冷拔机构成

普通链式冷拔机（图10-41）本体的组成包括：床身与拔模座、夹紧小车、小车返回机构、主传动机构。

图10-41　单链冷拔机

10.3.3.1　床身与拔模座

床身与拔模座通常为焊接结构，两者是连接为一体，床身设置小车行走轨道，链轮座设置在床身两端。

10.3.3.2　夹钳小车

夹钳小车的形式有机械式、气动式和液压式（图10-42），多线拉拔机均采用气动或液压式夹钳小车。机械式夹钳小车是通过小车上的触头与模座碰撞，使小车钩头落下，钩住链条使钳口夹紧管材头部，进而开始拉拔。

a　　　　　　　　　　　　　　　b

图 10-42　夹钳小车

a—机械式夹钳小车；b—液压式夹钳小车

10.3.3.3　主传动

拉拔机主传动机构如图 10-43 所示，由电动机、减速器、联轴器、轴承座、链轮和链条组成。减速器通常是非标型，具有较大的减速比。采用机械式夹钳小车的拉拔机，需要使用专门的拉拔机链条，以便小车钩头能够钩住链节销轴。使用气动或液压夹钳小车的拉拔机则使用标准链条，可以是单链也可以是双链结构，链条位于夹钳小车两侧。

图 10-43　拉拔机主传动机构

10.3.3.4　上料机构和穿芯棒机构

上料机构和穿芯棒机构可以位于拉拔机的一侧或在拉拔机上面。上料和穿芯棒的自动化是提升拉拔机生产效率的重要措施，尤其是多线拉拔机。

图 10-44 是一种上料机构和穿芯棒机构，管材的一端缩头后，由吊车吊入放料架，通过振动排顺展开，经过滚动料架进入分料架，限位机可以保证每次送料一支，由分送料架单支送入到推料架，三支分三次送入，可以送三支、二支或一支管材，管材到推料架后，由 5~7 段推料轮抬起管材，同时前挡板落下，定位三支管材处于

图 10-44　上料机构和穿芯棒机构

同一平面后三个气缸动作，芯棒尾架同时抬起，芯棒前进对准管材，推料穿入芯棒，然后

放到拔模水平，再推入模里，进行拉拔。

10.3.3.5 下料机构

传统的下料方式是管材自然滚落到受料槽中。随着对管材质量的要求越来越高，自动下料、柔性下料方式得到广泛应用。图 10-45 是简单的旋转臂下料机构，拉拔小车通过后，辅助旋转臂转过来，接住拔后的管材，使其滚落到料筐中。此外，也有使用机械手下料的。图 10-46 是输送链下料机构，通过输送链将拉拔后的管材移开拔制线，落到柔性集料槽中。

图 10-45　辅助下料机构

图 10-46　输送链下料机构

10.3.4　冷拔机分类

10.3.4.1 按牵引方式分类

按牵引方式分类，冷拔机包括单链冷拔机（图 10-41）、双链冷拔机（图 10-47）、液压拉拔机（图 10-48）、钢丝绳拉拔机、齿条拉拔机。

10.3.4.2 按拉拔线数分类

按拉拔线数分类，冷拔机包括单线冷拔机、多线冷拔机（图 10-49）。

10.3.4.3 按作业连续性

按作业连续性分类，冷拔机包括有往复式、半连续式和连续式三种：（1）往复式冷拔管机，应用最为广泛。（2）半连续式冷拔管机（图 10-47）是在链条上装有两个或几个拔管小车，主要用于无芯棒拔制小直径钢管，生产效率高于链式冷拔管机。（3）连续式冷拔管机有直线式和卷筒式两种，后者已广泛用于无芯棒拔制小直径钢管。

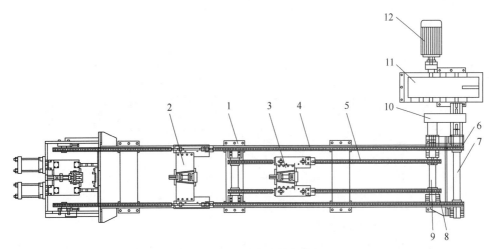

图 10-47　双链半连续拉拔机

1—1 号链轮座；2—1 号夹钳小车；3—2 号夹钳小车；4—外链条；5—内链条；6—2 号链轮座；
7—1 号链轮轴；8—2 号链轮轴；9—3 号链轮座；10—齿轮箱；11—减速器；12—电动机

图 10-48　液压拉拔机

图 10-49　三线拉拔机

连续式拔管机有履带式的（图 10-50），履带式拔管机由前端装有拔管模的几个机架组成。机架上下两侧都装有环链，环链轴上装着履带节，用于压紧管子强迫送入拔管模。这种连续式拔管机可进行无芯棒和长芯棒拔制，与普通拔管机相比它可提高产量 3 倍；存在的问题是无芯棒拔制时易产生纵向壁厚不均，使用固定模阻力大、能耗高、产品表面质量较差以及脱棒困难。

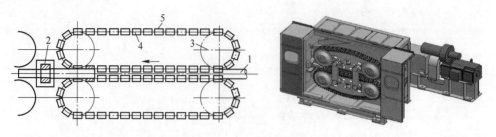

图 10-50　履带式连续拔管机
1—管料；2—拔模；3—链轮；4—环链；5—履带节

10.3.4.4　按拔模形式分类

按拔模形式分类冷拔机有：固定模拉拔机（图 10-41）、辊模拉拔机、旋转模拉拔机（图 10-51）。

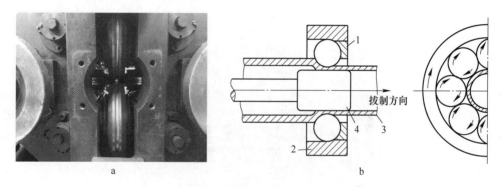

a　　　　　　　　　　　　　b

图 10-51　辊模和旋转模
a—辊模；b—旋转模
1—端支持环；2—模套；3—管材；4—芯棒

10.3.5　冷拔机发展

冷拔机的发展方向是：提高小车的运行精度，加大拔制速度，减少拔制过程中的辅助时间，实现高速、高精度、多线拉拔。国外无缝钢管冷拔生产大多是多根拔制，上、下料自动化。国内管材多根拔制技术起步时间较晚，近年来，随着国内冷拔产品的变化和冷拉设备研制工作的变化，高速多线冷拔机的应用条件逐渐成熟。

太原某成套设备有限公司结合国内冷拔无缝钢管技术现状和市场需求，积极开展高速双线、三线、五线冷拔机的开发研究，取得显著成效，在生产中得到成功的应用。

此外，近年来太原科技大学开展管材冷拔用长芯棒结构的研究，试图开发具有新型功能的长芯棒用于拉制管材，在便于脱棒的基础上，对管材做长芯棒拉拔，实现高效减壁拉拔生产。

长芯棒拉拔用于大直径管材冷拔加工具有重要意义。由于打头困难，大直径管拉拔生产通常采用焊接接头，工艺复杂，材料浪费，拉拔过程不稳定，采用长芯棒拉拔可以很好地解决这些问题。

10.4 管材旋压技术

旋压成型是将平板坯料或成型坯料固定到旋转的芯模上，用旋轮对坯料施加压力，旋轮同时做轴向送进，经过一次或多次加工，得到薄壁空心回转体制品的工艺方法（图 10-52）。旋压是一种古老的加工方法，早在 10 世纪初中国就使用旋压方法制造锡器。旋压时，由于旋轮和坯料的接触区很小，材料只局部发生塑性变形，变形抗力小，因此可以用小吨位的设备加工大型的制品，是制造空心锥体、筒形件、半球体等精密制成品的有效方法，也可以用于管材的二次加工生产（图 10-53）。

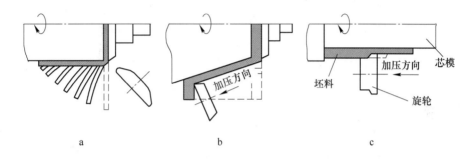

图 10-52　旋压成型
a—普通旋压；b—锥形件强力旋压；c—筒形件强力旋压

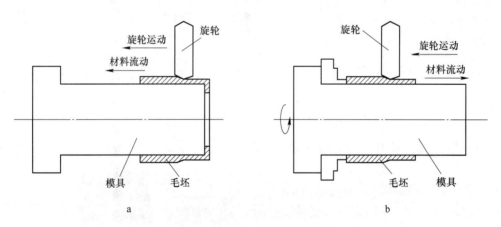

图 10-53　正旋压（a）与反旋压（b）

按金属变形特征分为普通旋压和强力旋压。普通旋压时壁厚和表面积基本不变，只改变坯料的形状，强力旋压坯料的形状和厚度都发生变化。管材的减壁加工需要采用强力旋压，强力旋压分锥形件强力旋压和筒形件强力旋压。锥形件强力旋压用于生产等壁厚和变壁厚的锥形件和半球形体件等。筒形件强力旋压时，筒形毛坯的壁厚减小，长度增加，体积不变，用于生产薄壁无缝管材、圆柱形的带底容器和壳体等。管材二次加工生产主要采用筒形件强力旋压工艺。

按金属流动方向分为正旋压和反旋压。材料的流动方向与旋轮的移动方向一致为正旋压，材料的流动方向与旋轮的移动方向相反为反旋压（图 10-53）。

　　按旋压工具分为旋轮旋压和滚珠旋压，其中滚珠旋压按工具与工件的相对位置分为内旋压和外旋压，按滚珠转速分为普通滚珠旋压和高速滚珠旋压。滚珠旋压属于多点局部成型，具有变形区小、所需载荷较小、工装简单等诸多显著的优点，常常用于加工制造高强度、高精度、小直径的薄壁管（图10-54）。

图 10-54　旋压管材

　　按加工温度分为冷旋压、温旋压和热旋压（图10-55）。普通管材全长旋压加工采用冷旋压。为了减小工件内部应力，防止开裂、回弹等现象的出现，通常在旋压过程中，会采用高温加热的方式加以辅助。这样，不但可以保证工件的质地均匀，还可以极大地缩短加工时间，提高产能。常温下难以加工的金属（钛、钨、钼、铌等金属及合金），采用热旋压。

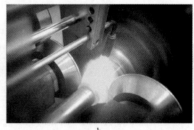

a　　　　　　　　　　　　　　　　b

图 10-55　冷旋压（a）与热旋压（b）

　　管材旋压机是旋压设备的重要组成部分，主要为卧式旋压机。图10-56为卧式数控灯杆旋压机，可旋压12~16 m长的中等直径的管材。大直径管材的旋压成型可以采用筒体旋压机。

　　旋压机分强力旋压机和普通旋压机。强力旋压机又分双旋轮和三旋轮。

　　太原科技大学轧制工程中心与太原胜利液压设备厂合作开发了一种管材内旋压工艺

图 10-56　卧式数控灯杆旋压机

与设备（图10-57），用于生产大直径薄壁不锈钢管材和其他特殊合金管材。此外，该工艺也用于生产内复合双金属管材，其产品可以作为机械用管和流体输送管。

　　总之，旋压方法作为二次加工管材的生产方法是有效的，适于生产规格尺寸特殊要求的特殊材料管材。随着热轧管材产品品种的增加和特殊材料管件的需求增多，开发用于二

图 10-57　管材内旋压机

次管材生产、满足管材定尺要求的长行程旋压技术与设备具有很好的发展前景。

10.5　小　　结

管材冷轧、冷拔和旋压加工是单机、单件生产过程，是金属管二次材生产的重要方式，在无缝管和焊接管的再加工生产中得到广泛应用。积极开展冷轧、冷拔和旋压工艺装备和生产过程的研究，开发新的冷轧、冷拔和旋压技术设备，提高生产效率、减少金属材料和辅助材料的消耗、提高产品质量，推进二次冷加工管材生产的技术进步，是相关材料加工领域工程技术人员长期追求的目标。为此，拓展研发思路，开辟新的工艺技术路径，研制新的生产设备是十分必要的。

11 焊管生产技术

11.1 概　述

随着金属板带材生产的发展，采用板带材弯曲成型生产焊接管材是金属管材生产的重要方式。焊接管材生产技术主要包括：板带材弯曲成型、焊缝焊接和焊管精整。随着相关技术的进步，焊管产品质量的提升和品种规格的增多，焊管成为流体输送、建筑结构和机械制造领域的重要原材料（图11-1）。

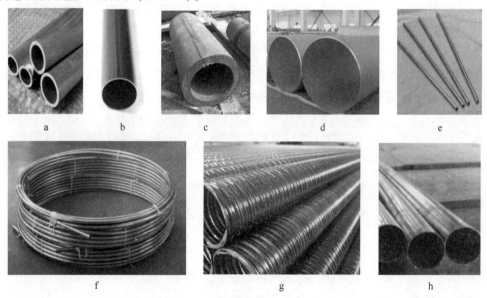

图 11-1　焊管的种类
a—铝焊管；b—钛合金焊管；c—厚壁焊管；d—不锈钢焊管；e—毛细焊管；f—双层卷焊管；g—波纹管；h—锥形管

11.1.1　焊管生产工艺特点

（1）工艺流程短，生产组织灵活，采用板带材弯曲成型，成型道次少，生产效率高，可以方便地改变产品的品种、规格。

（2）材料种类广泛，板带材弯曲成型可以采用不同材质的坯料成型，如普碳钢、合金钢、不锈钢以及有色金属板带材等。

（3）焊管的形状尺寸精度高，由于板带材产品精度高和尺寸范围大，焊管产品也具有高精度、尺寸范围大的特点。

（4）可以生产厚壁和薄壁产品，因此与热轧无缝管相比，焊管壁厚范围很大，可以生产极薄和超厚的产品。

11.1.2　焊管生产工艺流程

（1）坯料准备：将板带材加工成为符合成型和焊接要求的尺寸和边部形状，主要包括切边、定长、刨边、弯边。

（2）成型：将准备好的坯料弯曲成型为管状，包括弯曲和定径。

（3）焊接：包括对接、搭接、焊缝处理。

（4）精整：包括定径、整形、平头倒棱、水压试验等。

11.1.3　焊管产品分类

（1）**按成型方式分类**：压弯成型焊管、辊弯成型焊管、拉弯成型焊管、螺旋成型焊管、卷圆成型焊管。

（2）**按焊接方式分类**：电焊管（高频焊管、电阻焊管、埋弧焊管、氩弧焊管）、炉焊管、气焊管、钎焊管等。

（3）**按金属材料分类**：碳钢和不锈钢焊管、铝焊管、钛合金焊管、双金属焊管等。

（4）**按焊管形状分类**：圆柱形管、圆（棱）锥形管、波纹管。

我国焊管生产始于 20 世纪 30 年代鞍钢焊管厂的炉焊管生产。通过修复改造残留旧设备，于 1949 年 4 月复工投产。

第一条电焊钢管生产线：石景山钢铁公司。

第一条螺旋焊管生产线：宝鸡石油钢管厂。

第一条高频螺旋焊管生产线：临汾钢铁公司。

第一条邦迪管生产线：秦皇岛华燕邦迪管公司。

1970 年，国家决定建设大庆原油外输管道。同年 8 月 3 日，东北管道建设领导小组正式筹备，命名为"八三工程"，拉开了我国大规模生产螺旋焊管的序幕。进入 21 世纪，伴随着"西气东输"工程，我国大直径直缝焊管生产全面展开。

太原科技大学长期开展焊管技术研究，在大直径薄壁焊管连续生产技术、锥形螺旋焊管生产技术以及焊管无缝化的开发中取得成果，所开发的大直径薄壁不锈钢焊管生产技术与成套设备得到广泛应用。

11.2　焊管生产方式

焊管生产工序主要有成型、焊接和精整。根据焊管的成型和焊接方式划分，其焊管生产有多种形式。

11.2.1　焊管成型方式

根据焊管的材质、尺寸、产量、性能和生产条件，可以采用不同的成型方式。

（1）**压弯成型**：采用压力机对单件板材压制成型，有 UOE、JCOE 两种工艺（图 11-2），适用于生产大直径直缝焊管。

（2）**辊弯成型**：成对的平辊和立辊组成的成型机组对带材逐渐弯曲成型（图 11-3），由此演变的排辊成型工艺用于大直径薄壁直缝焊管生产。

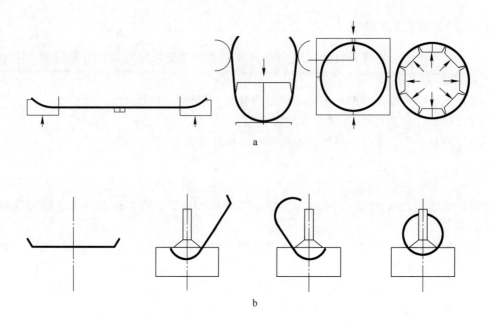

图 11-2   焊管压弯成型
a— UOE 成型；b— JCO 成型

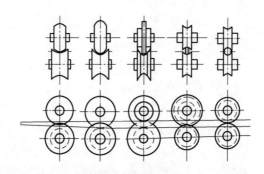

图 11-3   连续辊弯成型

（3）拉拔成型：通过拉力将钢带拉过碗状模，使其卷曲成为管状（图 11-4），继而演变为将带钢连续拉过一组辊模后成为管状。

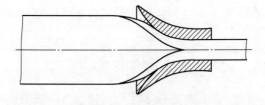

图 11-4   碗模拉拔成型

（4）螺旋成型：采用递送力将带钢以一定的斜角送入成型器（图 11-5）或螺旋缠绕在芯棒上，卷成螺旋管状。成型器有全套式、辊套式、全辊式和芯棒式。

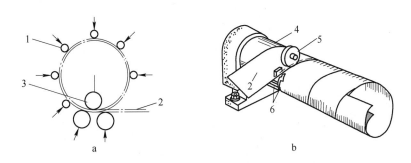

图 11-5 带材螺旋成型
a—辊式成型器；b—芯棒成型器
1—成型辊；2—带材；3—弯板装置；4—芯棒；5—压焊辊；6—电触头

（5）卷圆成型：1）采用三辊卷圆机将单张板材卷成管状（图 11-6）；2）采用成型机将带材连续卷圆成双层卷焊管坯（图 11-7）。

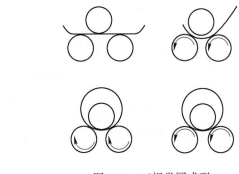

图 11-6 三辊卷圆成型

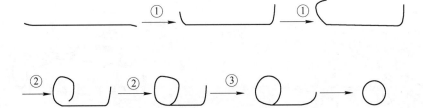

图 11-7 双层连续卷圆成型

11.2.2 焊接方式

根据焊管的材质、尺寸和生产条件，可以采用不同的焊接方式（图 11-8）。

（1）炉焊，带钢加热至焊接温度，边部温度比中部温度高 40~50 ℃，拉力使其通过成型碗模或连续辊弯成型机组，在成型压力作用下焊接成为焊管（图 11-9）。

（2）高频焊。感应加热，压力下焊接。高频接触焊用滚轮或接触子为电极，纵缝对焊和螺旋缝搭焊（图 11-10）。高频感应焊采用线圈加热，用于焊接小直径管和薄壁管。

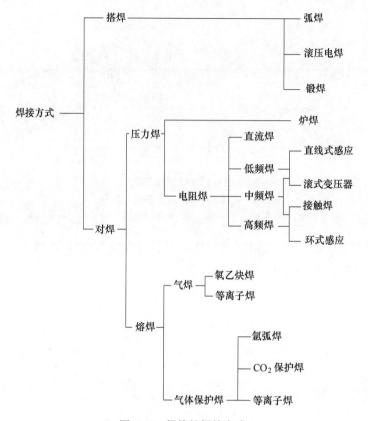

图 11-8 焊管的焊接方式

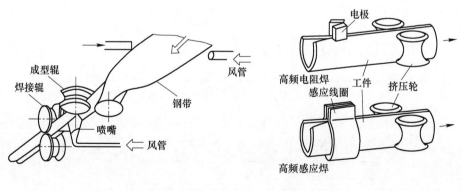

图 11-9 炉焊工艺   图 11-10 高频焊工艺

（3）埋弧焊。焊丝与焊件之间产生的电弧在焊剂层下燃烧进行焊接（图 11-11），焊接质量稳定、无弧光及烟尘很少，可双面焊接，用于螺旋焊管等厚壁管焊接。

（4）氩弧焊。利用氩气对金属焊材保护，被焊基材融化形成熔池后焊接（图 11-12）。氩弧焊分为熔化极氩弧焊和非熔化极氩弧焊，用于不锈钢及有色金属薄壁管焊接。

（5）钎焊。低于焊件熔点的钎料和焊件同时加热到钎料熔化温度后，液态钎料填充固态焊件缝隙使金属连接（图 11-13）。目前，钎焊主要用于双层卷焊管生产。

图 11-11　埋弧焊

图 11-12　氩弧焊

图 11-13　钎焊

11.2.3　焊管精整

为了保证焊管产品的尺寸形状精度以及消除残余应力，需要对其的精整。精整工序主要包括定径、定尺、整形、扩径、平头倒棱等。

（1）定径是通过孔型轧辊对焊接后管材进行轧制（图 11-14），使其形状和尺寸调整为符合要求。基本功能：归圆、消除残余应力、改善表面质量和改变形状。

a

b

图 11-14　焊管定径机
a—圆管定径机；b—方管定径机

（2）切定尺，连续成型焊管需要运行中切定尺（图 11-15），切定尺的方式有气割、圆盘刀滚挤、铣削、锯切等。飞锯机是应用最普遍的钢管定尺机械，有摩擦热锯和冷锯。

一般情况下，大直径螺旋焊管切断多采用飞铣机或气割机。

a   b

图 11-15 焊管飞锯机

a—热锯机；b—冷锯机

（3）整形是对压力成型的大直径钢管整圆管全长用整形模进行压力整形，以改善圆管不圆度（图11-16）。

（4）扩径是对大直径焊管的全长通过扩径头逐步扩径（图11-17），使其椭圆度、直线度和尺寸符合要求，消除残余应力。扩径实现了焊管全长度上的校直，保证钢管内表面一致性，扩径率为焊管直径的 $1\% \sim 1.5\%$。

图 11-16 整形机

（5）平头倒棱，为保证大直径焊管端面的垂直度以便于首尾焊接，需要对管端平头并倒棱（坡口）（图11-18）。

图 11-17 扩径机   图 11-18 平头倒棱机

11.3 高频焊管生产

11.3.1 高频焊管生产工艺

直缝高频焊管生产工艺（图11-19）是将热轧卷板经过成型机组成型后，利用高频电流的集肤效应和邻近效应，使管坯边缘加热熔化，在挤压辊的作用下进行压力焊接，从而形成闭口焊接管。

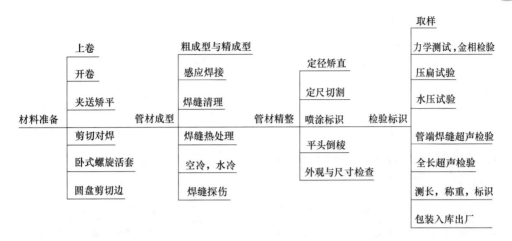

图 11-19　直缝高频焊管生产工艺流程

11.3.2　高频焊管生产设备

直缝高频焊管生产线的设备组成（图 11-20），主要包括：开卷机、直头矫直机、剪切对焊机、活套、成型机、挤压焊接机、焊缝刨削机、定径机、飞锯机、水压试验机等。

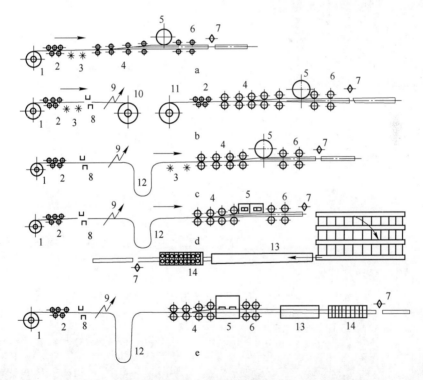

图 11-20　直缝高频焊管机组设备布置
a—单卷连续成型机组；b—并卷连续成型机组；c—活套连续成型机组；
d—活套连续成型减径机组；e—活套连续成型连续减径机组
1，11—开卷机；2—矫直机；3—刨边机；4—成型机；5—焊接机；6—定径机；7—飞切机；8—剪切机；
9—对焊机；10—并卷机；12—活套；13—加热炉；14—张力减径机

11.3.2.1　开卷机

开卷机的作用是存放带钢卷，并将其展开，头部送入递送机。直缝高频焊管机组的开卷机有不同的形式，如双锥头式（图 11-21）、单头悬臂式（图 11-22）、双头悬臂式（图 11-23）等，可以根据带钢的尺寸和卷重设计或选用。双锥头开卷机是采用两个锥头的轴向力夹持带钢卷，并使其旋转展开。悬臂式开卷机采用涨缩卷筒涨紧带钢卷，并使其旋转展开。图 11-24 是悬臂式开卷机的结构图。

图 11-21　双锥头式开卷机

图 11-22　单头悬臂式开卷机

图 11-23　双头悬臂式开卷机

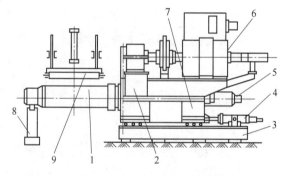

图 11-24　悬臂式开卷机结构
1—卷筒；2—减速器；3—底座；4—移动缸；
5—涨缩缸；6—电动机；7—框架；8—外支承；9—压紧辊

11.3.2.2　剪切对焊机

为了保证生产的连续性，现在的直缝焊管机组都设置剪切对焊机（图 11-25），将前

图 11-25　剪切对焊机

一个钢卷的尾部和后一个钢卷的头部切去，然后焊接在一起。焊管机组的带钢对焊大多采用焊丝气体保护焊。

11.3.2.3 活套

直缝高频焊管生产线的活套用于存储带钢，以保证在开卷和前后带钢卷头尾剪切和对焊时成型和焊接过程能够连续进行。

活套的形式有坑式活套、笼式活套（图 11-26）和螺旋活套（图 11-27）。坑式活套具有带钢变形小、表面不易划伤等优点，但土建工程大，安装成本高，其储料量受生产线地面的限制。笼式活套减少了土建工程及设备投资，但带钢塑性变形大，也不是理想的储料装置。

图 11-26 笼式活套

图 11-27 螺旋活套

螺旋活套分为立式、卧式两种。立式螺旋活套的储料盘垂直设置，占地面积小，带钢变形小，但结构复杂，采用微机控制转速，造价高，使用及维修难度大。卧式螺旋活套具有结构简单、紧凑，自动化程度较高，造价低，调整使用方便等特点。

卧式螺旋活套分为三个工作步骤：充料→储料 →出料。带钢通过进口料道时，由水平状态逐渐扭转成垂直状态，充入储料盘内。带钢充入储料盘的内圈和外圈形成带钢圈，其储料量就是内外带钢圈的周长之差。出料过程与进料过程类似，带钢从内圈引出时，通过出口料道，由垂直状态逐渐扭转成水平状态。

11.3.2.4 成型机

传统的直缝焊管成型工艺是对辊式成型，即通过成对的平辊和立辊组成的成型机组（图 11-28）对带钢实施逐渐弯曲成型。图 11-29 所示的是一种履带式成型机。通过上下成型履带的夹持、弯曲，使带钢成型。该工艺是我国的企业于 20 世纪 70 年开发成功的，用

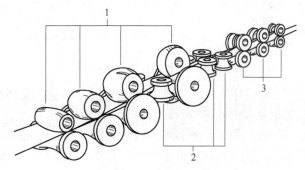

图 11-28 对辊成型机组

1—预成型水平辊；2—立辊；3—精成型水平辊

于生产薄壁喷管用管。

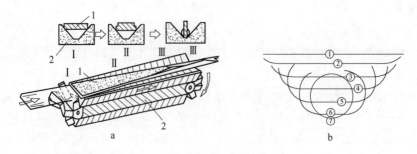

图 11-29　履带式成型机
a—成型机；b—成型过程
1—三角模板；2—V 形带

此外，由传统辊弯成型技术逐渐演变改进的直缝焊管排辊成型工艺（图 11-30），该工艺适用于大直径薄壁直缝焊管的生产。2005 年上海宝钢股份有限公司钢管厂引进 ERW610 焊管排辊成型机组，目前我国已经能够生产排辊成型直缝焊管机组的全套设备。

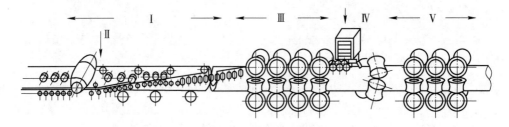

图 11-30　排辊成型过程
Ⅰ—预成型机架；Ⅱ—边缘弯曲辊；Ⅲ—带导向片辊机架；Ⅳ—焊机；Ⅴ—拉料辊

11.3.2.5　挤压对焊机

挤压对焊机是焊管生产线的核心设备，包括加热器和挤压辊。挤压辊的结构与调整关系到焊管质量，挤压辊的布置有上一侧二、上二下一、上一下二、二顶辊二侧立辊、二顶辊二侧立辊一底辊等几种形式（图 11-31~图 11-35）。

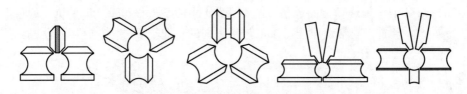

图 11-31　挤压辊的布置形式

（1）"上一侧二"三辊挤压方式，其顶辊剧烈发热，并且使用寿命非常短，轧辊开槽处横纹开裂，使用时需用大量的水进行冷却。

（2）"上二下一"三辊挤压方式是目前小管径焊接（ϕ114 mm 以下钢管）的最佳挤压方式，三辊独立调节、三辊统调和整体旋转使得调整一致性好。三个挤压辊每个包罗近 120°，每个辊子的直径和承载有效减小，效率最高。上二辊以角度形式有效贴合钢带边部，形成良好的挤压力和钢带带边控制，是一种较为理想的焊接挤压装置；缺点是技术要求、加工精度要求和造价相对较高，同时调整较困难，限制了推广应用。

图 11-32　上一侧二挤压辊

图 11-33　上二下一挤压辊

图 11-34　二顶辊二侧立辊

图 11-35　二顶辊二侧立辊一底辊

（3）"上一下二"三辊挤压方式具备独立调节、三辊统调、整体旋转和调整简便的特点，三个挤压辊每个包罗 120°，每个辊子的直径和承载有效减小。由于辊径小，其旁路电流较"上一侧二"顶辊式挤压装置相比减小了很多；设备制造技术要求、加工精度要求和造价相对较高，调整相对困难，目前只有少数厂家采用。

（4）"二顶辊二侧立辊"四辊挤压方式是 $\phi114$ mm 以上机组首选方式，二顶辊和二侧立辊均可分别独立调节、二顶辊有效贴合钢带边部，形成良好的挤压力和对钢带带边进行有效控制，对于大壁厚钢管，可充分体现其优点。二侧立辊包罗小于 150°，有效地减小了挤压辊的直径，提高了焊接效率，是较为理想的焊接挤压装置；该方式的缺点是上二顶辊由于机械结构的考虑和限制，辊径不能有效减小（通常与侧立辊直径相当），与钢带的贴合线过长，通过上顶辊结构性旁路高频电流在所难免。

（5）"二顶辊二侧立辊一底辊"五辊挤压方式多用于 $\phi325$ mm 以上机组，二顶辊和二侧立辊均可分别独立调节、二顶辊有效贴合钢带边部，形成良好的挤压力和对钢带带边进行有效控制，该方式多用于中心线成型方式。

11.3.2.6　定径机

定径机（图 11-14a）是通过特定孔型轧辊对焊接后的焊管进行轧制的设备，将不规则尺寸和形状的圆形或异形管调整为形状规整、尺寸符合标准要求的成品管。

定径工艺的基本功能有：归圆，消除残余应力，改善表面质量和改变形状。

归圆是通过调整定径机的圆孔型，将挤压对焊后不规整的圆管归整为横断面形状和尺寸都合格的成品圆管；焊管经过成型、焊接和冷却过程中，积累了大量的纵向残余应力和横向残余应力，通过定径机平、立定径辊反复轧制，释放残余应力，保证焊管基本直度。

通常，焊管的外圆是相接而不是相切，存在棱角，在管面的焊缝处也存在棱角，经过数道定径辊轧制后，去除焊缝表面和管道表面的棱角，实现圆滑，并减少表面压痕和划痕。

通过定径机也可以改变焊管的截面形状，由圆管变为异形管（图11-14b）。

11.3.2.7　飞锯机

飞锯机是焊管生产线上的关键设备之一，用于将正在运行的焊管切成定尺长度。运动中的焊管切定尺还有其他方式，如滚刀切割机、飞铣机、气割机等。飞锯机是应用最普遍的钢管定尺机械。飞锯机有两种形式，一种是摩擦热锯（图11-15a），即用高速旋转的锯片与钢管产生摩擦热，从而切断钢管，断口呈融化状态；另一种是冷锯（图11-15b），锯片以切削状态将钢管切断。前者适用于小直径焊管生产，后者则用于大直径焊管生产。

冷切锯是焊管行业新兴的在线切割飞锯，相对于摩擦热锯，其最主要的特点是采用冷铣切原理，切断后管端平整无毛刺，对加工要求高的焊管无需二次平头。另外，由于采用的伺服随动定尺跟踪技术，切断长度精度高于普通电脑飞锯，生产过程中明显减小粉尘和噪声污染。

飞锯机基本的工艺要求是：

（1）飞锯机必须 和运行的钢管同步，即在锯切过程中，锯片既要绕锯轴转动，又要与钢管以相同的速度移动。

（2）飞锯机应能锯切不同的定尺长度。

（3）要保证锯切的切口平整。

我国20世纪90年代焊管行业从国外引进由计算机控制的电脑飞锯制造技术以来，电脑飞锯已经有了20多年的应用历史，这对提高焊管生产效率起到了关键作用。目前国内相关企业能够制造性能良好的飞锯，满足焊管生产的需求。

图11-36为青岛某重型机械技术有限公司设计开发的大口径ERW生产线。

a　　　　　　　　　　　　　　　　　　　b

c

d

e

f

g

h

i

图 11-36　排辊成型大口径直缝焊管机组
a—准备机组；b—卧式螺旋活套；c—预成型机；d—排辊成型机；e—精成型机；
f—挤压焊接；g—焊缝热处理定径机；h—飞锯机平头倒棱机；i—检查台

11.4 炉焊管生产

炉焊法生产钢管是将带钢加热至 1350~1400 ℃ 的焊接温度，然后通过成型模（辊）受压成型并焊接成钢管（图 11-37）。最初的炉焊管生产为间断式，在间断式炉焊管生产过程中，人工夹持带钢是繁重的体力劳动，工人守在炉口，连续不断地用夹钳将加热好的带坯拉出。其工艺流程为：窄带钢下料→带钢横向入炉→链式炉加热→人工夹持带钢→牵引机牵引→带钢通过成型模→焊接成管→冷却收集。

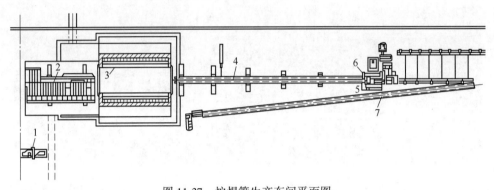

图 11-37　炉焊管生产车间平面图

1—剪断机；2—送料台；3—焊接炉；4—拉管机；5—转轴；6—定径机；7—夹钳返回道

作为我国最早的炉焊管厂，鞍钢焊管厂自复工投产后，通过修复和改造日伪时期残留的旧设备，在技术革新和发展生产中取得了突出成就。

在 1954—1957 年间，鞍钢焊管厂对间歇式加热炉进行改造，拆除煤气发生炉，改用焦炉煤气烧钢，改进格子砖，加长、增宽炉体，增设鼓风机和加大煤气管道；在此基础上增大管坯原料尺寸，使焊接钢管的年产量从 2.9 万吨提高到 9 万吨。

从 20 世纪 60 年代开始，鞍钢焊管厂凭借国外一张连续焊管工艺布局图和进口焊管附带的质量说明书，设计出连续焊管工艺改造方案，建起一座长达 41 m 的连续焊管炉；经过多年的不断完善和改进，最终在 1979 年 2 月建成了我国第一条连续焊管生产线，当年就生产出连续炉焊管 8.73 万吨；1980 年产量已经达到 11.17 万吨，成材率高达 91% 以上，连续炉焊钢管新工艺荣获 1978 年的全国科学大会奖。

连续式炉焊管机组的生产线由焊管坯准备装置、加热炉、成型焊接机、飞锯、定减径及其他精整设备等组成。焊管坯（带钢）经开卷、矫平、切头、对焊和刮除毛刺等工序后，进入活套装置储存。由活套装置输出的带钢经预热炉预热，再经加热炉加热至焊接温度。加热炉为细长形式的通道，即隧道三段式或四段式加热炉，其有效长度为 30~60 m、宽度为 730~830 mm。带钢在炉内加热的特点是边部温度比中部温度高 40~50 ℃，这一温度是保证稳定的焊接压力、焊缝质量的一个重要因素。

出炉后的带钢由两侧喷嘴对带钢侧边进行第一次喷吹空气以提高带钢边缘温度，同时去掉带钢侧表面的氧化铁皮。随后带钢经过由 6~14 机架组成的成型焊接机进行成型、焊接。成型焊接机为二辊式，第一架为立辊，第二架为水平辊。依次交替布置，在第一对立辊机架孔型中带钢弯曲成近似于马蹄形管坯，其圆心角为 270°，开口应朝下以防止熔渣掉入管内。在第1~2机架间设有喷嘴，喷嘴上部钻有小孔使空气喷到管坯边缘上，借助铁氧化时放出的热量使管坯边缘温度升温，以便第二机架进行锻接（图11-9）。喷吹还可清除管坯边缘氧化铁皮及其他杂质，并对带钢进行导向和定位，防止焊缝扭曲。第二机架以后各机架均起到减径作用，每机架的减径率为5%~8%。经减径后的钢管进行锯切、定径、冷却，依次进行精整、试验、检查、打印、涂油等工序，即可出厂。

连续式炉焊管生产的技术演进主要有：

（1）原料。炉焊管的原料，以前是采用窄带钢，即窄带钢轧机轧制的焊管坯。一般认为可以保证焊缝质量，生产过程也比较稳定。但是，为了生产炉焊管坯需要专门的焊管坯轧机，并且要按要求轧制各种规格的窄带，生产成本高。从20世纪50年代起，炉焊管生产中已开始使用宽带钢纵切的带钢作焊管坯生产炉焊管。

（2）用氧气吹边提高焊接质量。带钢从加热炉中出来以后，以及在进入焊接机架以前，要对带钢边部进行吹刷，去掉氧化物并提高边部的温度，以保证焊接质量。过去，吹刷带钢边部是用压缩空气，后来采用空气-氧气联合吹刷的办法，取得了良好的效果。

用氧气吹边可以强化带钢边缘铁的氧化过程，使焊接表面的温度升高而又不致扩大过热区的宽度，同时吹边气流又能将表面的非金属夹杂氧化物吹刷掉，从而显著地改善了焊缝质量，使钢管的工艺性能（压扁和扩口试验）提高50%~100%。炉焊管的钢种范围扩大到低合金高强度钢，所以能够用来制造炉焊管，采用氧气吹边是一个重要的因素。

（3）加热炉增加预热室提高热效率。连续炉焊管机组的加热炉具有细长的炉型，并且由于加热制度的特点，其热效率不高。一般来说，这种炉子的热利用率只有28%左右。为了提高热效率，20世纪60年代以后新建的机组，都增加了预热带钢的预热炉或预热室。有的是在加热炉前面设置一座单独的预热炉，有的则在加热炉的侧面或上面设置预热室，利用加热炉的废气来预热带钢，这样可以使热的利用率提高到35%左右。

连续炉焊管机组是高生产率的生产焊管设备，按产品的直径规格范围可将机组分为大型（$\phi25~100$ mm）、中型（$\phi15~75$ mm）和小型（$\phi5~40$ mm）三种。炉焊管成本比电焊管约低20%，比无缝管低30%。但焊缝强度较电焊管低，一般仅限于焊接低碳的沸腾钢管，主要用作水煤气管、电缆护管及结构用管等。由于炉焊管的能耗大，因此它的进一步发展受到限制。

11.5 螺旋焊管生产

11.5.1 产品特点

螺旋焊管是具有螺旋状焊缝的管材（图11-38）。其生产方式是将带钢卷展开后，经过边部处理，再通过成型器，使其以螺旋状弯曲，形成管状，随后焊接成管。

螺旋焊管生产适用于大口径焊管，其特点是：

（1）由于螺旋焊缝的受力方向不同，因此螺旋焊管的强度比直缝焊管高；

（2）能用较窄的坯料生产管径较大的焊管；

（3）通过改变螺旋角，可以用同样宽度的坯料生产管径不同的焊管；

（4）与相同长度的直缝管相比，焊缝长度增加30%~100%，消耗焊剂和能量多；

（5）生产速度较低。

图 11-38　螺旋焊管

我国的螺旋焊管生产始于 1959 年，宝鸡石油钢管厂引进苏联的 650 mm 螺旋焊管机组，可以生产直径为 245~720 mm 的螺旋焊管。1964 年上海钢管厂试制成功高频螺旋焊管，并于 1965 年在临汾钢铁公司建成我国第一套高频螺旋焊管机组，随后在辽宁锦西和辽阳分别建设高频螺旋焊管机组和埋弧焊管机组。从 1966 年开始历时三年，西安重型机械研究所、成都金属结构厂、成都电讯工程学院及成都工具研究所等单位合作研制固定辊式螺旋焊管机组和可调辊式螺旋焊管机组。随着我国石油天然气工业的发展，在国内各地区陆续建设多套大型螺旋焊管机组。进入 20 世纪 90 年代以后，国内的螺旋焊管生产设备的制造水平不断提高，新的生产机组陆续建设，我国的螺旋焊管生产技术水平显著提升。

11.5.2　生产工艺与设备组成

螺旋焊管生产工艺流程：带钢卷→拆卷→直头→对焊→矫直→切边→刨边机→递送→弯边→成型→内焊→外焊→探伤 —切断→管端处理→水压试验→管端扩径→标记→螺旋焊管。

螺旋焊管机组设备组成（图 11-39）：

开卷机：双锥头开卷机，可拆 32 t 重钢卷；

矫直机：七辊矫直机，矫直板厚可达 20 mm；

剪板机：剪切带钢的头尾；

对焊机：将带钢头尾焊接在一起；

圆盘剪：切带钢两边，保证带钢宽度尺寸；

铣边机：对不小于 10 mm 的钢板边部加工坡口；

立辊装置：保证带钢沿递送线运行；

递送机：二辊递送机，为机组提供动力；

导板：保证带钢平稳地进入成型机；

成型器：将带钢成型为钢管；

内外焊接装置：埋弧焊，配有红外线热成像内焊跟踪控制系统和焊剂回收装置；

自动外补焊装置：修补焊缝缺陷；

平头倒棱机：保证达到标准的管端要求；

水压试验机：保证钢管的承压能力和密闭性；

称重测量装置：称重和测量钢管的长度。

11.5.3　螺旋焊管生产主要设备

与连续直缝焊管生产方式相比，螺旋焊管生产方式的差别是：带钢的送进方式、管坯

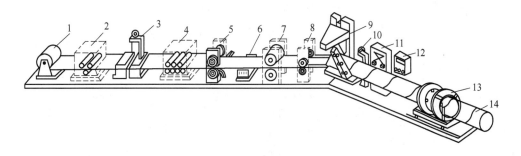

图 11-39　螺旋焊管机组设备组成

1—开卷机；2—直头机；3—对焊机；4—矫直机；5—切边机；6—刨边机；7—主递送机；8—弯边机；9—成型器；
10—内焊机；11—外焊机；12—超声波探伤机；13—走行切断机；14—焊管

的成型方式和管材的运行方式不同，因此相关的设备结构和功能也不相同。

11.5.3.1　递送机

递送机是螺旋焊管机组的关键设备，带钢运行、成型和钢管输出的动力均来自递送机。递送机需要克服的阻力包括：带钢卷的开卷拉出力、矫平机阻力、剪边机阻力、钢板弯曲变形抗力等。

螺旋焊管机组的递送机结构有二辊（图 11-40）、四辊和六辊等形式，现在以二辊为常用。递送机递送力是由旋转的递送辊夹持带钢产生的，在保证提供足够递送力的同时，不能使带钢产生明显的塑性变形。递送机应保证在负载变动的情况下，递送速度恒定，递送辊的递送力应均衡，避免带钢跑偏。此外，递送辊的压下能够精确调整，防止带钢打滑或产生压痕。

图 11-40　二辊递送机

11.5.3.2　螺旋成型器

A　螺旋成型方式

螺旋焊管是采用成型器一次成型，成型器是螺旋钢管生产的关键设备，其是利用三辊弯板机的原理，将金属板带连续卷成螺旋管坯（图 11-41）。成型器可分为上卷成型和下卷成型两种。上卷成型时设备的作业线标高不变，但是焊接点标高要根据管径不同而变化。下卷成型则相反，焊接标高不变，出管标高随管径变化。

带材螺旋成型有上卷成型和下卷成型两种方式（图11-42）。上卷成型时带材由成型器下切线送入，向上旋转成筒。此法的产品规格广，最大成型直径已达3 m，内焊操作方便，设备简单，调整方便，更换规格时只需适当调整成型辊的径向位置，无须调整输出支架和辊道。下卷成型时带材由成型器上切线送入，向下旋转成筒。此法适用于生产小直径管材，产品规格少，内焊困难，设备复杂，更换规格时调整量大，但在高频焊接时采用此法便于压力辊把熔化了的管坯边缘压焊连接。

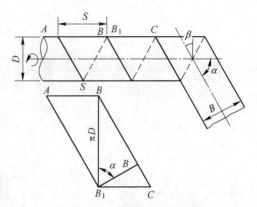

图 11-41　带材螺旋成型原理

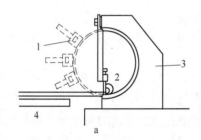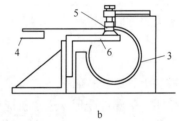

图 11-42　螺旋成型方式示意图

a—上卷成型；b—下卷成型

1—控制辊径的压辊；2—内压辊；3—成型器；4—输入导板；5—压板；6—舌板

B　螺旋成型器形式

螺旋焊管成型器归纳起来有以下三种基本形式：

（1）套筒式成型器。套筒式成型器是较早使用的成型器，采用白口铸铁和球磨铸铁制作，是一个空心套筒，递送辊将带钢经入口导板或导向辊，以一定成型角沿切线送入套筒，做螺旋卷曲。套筒式成型器结构简单，制造容易，操作简便，改变产品规格时调整方便。套筒式成型器分为全套筒式和半套筒式的成型器。全套筒式成型器只用于下卷成型，高频焊接。套筒成型器送料时摩擦阻力大，会使带材钢折曲影响焊接质量，套筒内表面磨损严重，使用寿命短，消耗量大，易擦伤板面影响质量，多用于生产直径小于530 mm的管材，目前基本上被辊式成型器取代。

（2）辊式成型器。辊式成型器（图11-43）是按辊式弯板机原理，在其入口装有三或四辊弯板装置。带材钢以一定成型角沿切线进入成型器，经过弯板装置便连续卷曲成筒。沿管筒的轴线方向还配有若干组成型辊，各组成型辊均匀分布在管筒横截面的圆周上，以确保其导向准确和同心。成型辊可进行径向无级调位，所以一个成型器即可生产预定范围内各种规格的产品。这种式样的成型器成型质量好，但结构比较复杂，产品换规格时套筒调整量大。

图 11-43　螺旋焊管上卷成型

（3）芯棒式成型器。芯棒式成型器（图 11-5）带材钢由递送辊从一定成型角方向送入后，缠于芯棒上卷成螺旋管筒。成型时芯棒给带材钢一定张力，并有压紧辊给管筒一定压力，以防止内表面滑动擦伤，保证成型质量，此法适用于生产优质薄壁小直径螺旋焊管。

11.5.3.3　焊机

螺旋焊管多采用埋弧焊，单丝或双丝埋弧焊（图 11-44），单面焊、双面焊，高频焊现在也还有使用。

11.5.3.4　飞切机

大直径螺旋焊管的切断多采用飞铣机或气割机（图 11-45）。与飞锯机相比，气割和铣切效果更好。

切割机构均安装在小车中，与钢管夹紧使小车与钢管同步运行。气割机采用氧-乙炔气切割，飞铣机采用铣刀切断。气体切割的飞切机结构比较简单，造价低，同步精确，运行阻力小。

图 11-44　双丝埋弧焊　　　　　　　　　　　图 11-45　螺旋焊管气割机

11.5.3.5　平头倒棱机

大直径螺旋焊管在定尺切割时端口很难平直，且螺旋焊管多数是以对焊方式连接使用的，需要对端部作平头和倒棱，以使端部平整，并形成焊接坡口。螺旋焊管平头倒棱机（图 11-46）包括倒棱主机、受拨管器、装置底座和铁屑收集装置。两台倒棱主机分别设置在装置底座的左、右两端，同时加工钢管的两个端部，受拨管器设置在两台倒棱主机之间的装置底座上,铁屑收集装置设置在装置底座的下侧。倒棱主机包括床头箱、主机进给装置,床头箱进给装置、夹具装置、主机底座,受拨管器包括机架、钢管定位装置、托管器和受管拨管装置。

11.5.3.6　水压试验机

大直径螺旋焊管多用于流体输送管,其气密性和承压能力是重要的技术指标,所以需要采用专门的水压试验机(图11-47)对螺旋焊管逐根进行水压试验,以检验其质量。水压试验的过程包括:上管→接管→充水→打压→保压→卸压→排水→出管。在保压期间,有的水压试验机还对钢管进行敲击,使钢管承受应力分布更为均匀。不同管径的螺旋焊管水压试验数据见表11-1。

图11-46　平头倒棱机

图11-47　水压试验机

表 11-1　螺旋焊管水压试验数据

产品直径/mm	试验拉力/t	钢管长度/m	压力/MPa
219~426	150~500	6~12	≤50
219~630	300~800	6~12	≤50
325~620	500~1000	6~12	≤50
426~1820	500~1000	6~12	≤42
630~1420	800~2000	8~12	≤21
720~2400	1000~2500	8~12	≤21
720~2400	1000~2500	8~12	≤21
820~3000	1000~2500	8~12	≤21
1020~3500	1000~2500	8~12	≤21

11.5.4　螺旋焊管机组形式

根据成型器两侧生产设备的设置情况,螺旋焊管机组形式有前摆式,后摆式、前后摆式三种。

(1)前摆式螺旋焊管机组。前摆式螺旋焊管机组(图11-48,图11-49)采用间断式生产方式,具有投资少、操作简单的优点。其作用顺序是:钢卷打开、矫平、剪切对焊,然后以一定角度送入成型机形成连续的圆管，用埋弧焊机焊接。当钢卷进行开卷、拆卷、矫平、剪切对焊工作时，主机要停机等待，钢卷对焊完成后，主机开机继续进行生产。

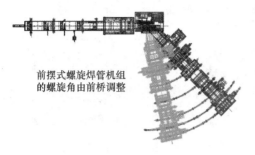

前摆式螺旋焊管机组的螺旋角由前桥调整

图 11-48　前摆式螺旋焊管设备布置

图 11-49　前摆式螺旋焊管机组

（2）后摆式螺旋焊管机组。后摆式螺旋焊管机组（图 11-50～图 11-53）是在钢卷开卷、拆卷、矫平、剪切对焊作业的同时，成型和焊接作业正常进行。采用的方法有两种：一种方法是在剪切对焊机和递送机之间设置活套；另一种方法是将开卷机、矫直机、剪切对焊机设置在移动小车上，钢卷的开卷、拆卷、矫直、剪切对焊工作都在往复运动的移动小车上进行。进行钢卷对焊时，移动小车与主机保持同样的速度前进，主机不停机连续生产；对焊完成时，移动小车快速后退到初始位置，等待下一个钢卷。这种连续生产方式，具有生产效率高、产品质量好、补焊管少等优点。

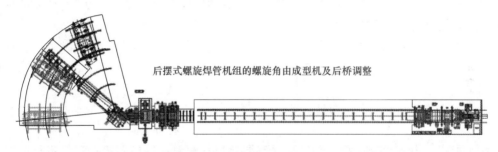

后摆式螺旋焊管机组的螺旋角由成型机及后桥调整

图 11-50　后摆式螺旋焊管设备布置

图 11-51　后摆式螺旋焊管机的准备机组

图 11-52　后摆式螺旋焊管机的成型机组

此外，还有前后摆螺旋焊管机组，可以更方便调节生产节奏，改变产品规格。

根据产品用途的不同，螺旋焊管机组分为：API 标准机型，国家标准机型。API 标准机型主要用于生产石油，天然气（长距离）输送管，对钢管的材料及质量要求高，对机组设备和检验设备也相应要求高。国家标准机型主要用于短距离天然气输送以及输水管，城市管网建设、结构管、打柱管等。

金属螺旋波纹涵管设备（成型机，生产线）生产出来的螺旋波纹涵管产品

图 11-53　螺旋焊管机出管台架

广泛应用在城市基础设施建设、公路排水涵管工程、农田水利工程，产品结构稳定、抗腐蚀性强、使用寿命长、施工成本低，是有效取代传统管道的更新换代产品。

11.6　双层卷焊管生产

双层卷焊管是一种钎焊管（蜡焊管）（图 11-1）国外称之为邦迪管，是用镀铜带钢卷制和铜钎焊技术生产高精度专用管材。其工艺过程：将镀有一层熔点比钢带低的钎焊料（一般为镀铜或合金）的冷轧带钢，经过成型机组卷制冷弯成双层卷焊管筒，然后通过高温加热使层间钎料熔化而熔为一体，将其层间焊合而形成双层卷焊管。与普通焊管的焊缝不同，双层卷焊管是圆弧焊接面。

1986 年我国从澳大利亚引进第一条双层卷焊管生产线，其后双层卷焊管生产在我国得到了迅速的发展，国内已有几十家双层卷焊管生产厂，我国卷焊管技术、生产跨入了国际先进行列。

双层卷焊管的卷管成型是通过水平辊与立辊交替布置的成型机组完成的，生产工艺过程如图 11-54 所示。当生产线运行时，放置于开卷机上的双面镀铜带钢在牵引力的作用下进入成型机组，由成型辊系卷轧 720° 形成双层卷焊管管筒；再经芯棒和辊轮定径后进入电阻直热式钎焊炉，管筒层间铜料在 1200 ℃高温下熔化相互渗透，冷却后牢固结合在一起；双层卷焊管出炉后在一次牵引机的带动下进入涡流探伤仪，进行焊接质量检测，缺陷处由标定装置自动标记；最后卷焊管在成卷机上自动成盘。其中，牵引机通过闭环直流调速以保证制管速度的稳定和生产线的连续运转。在进行探伤检测时，焊管在前后垂直和水

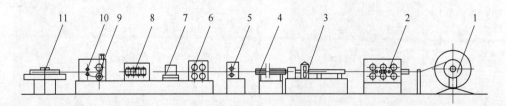

图 11-54　双层卷焊管生产过程

1—开卷机；2—成型机组；3—钎焊炉；4—冷却；5—一次牵引机；6—垂直矫直装置；
7—涡流探伤仪；8—水平矫直装置；9—二次牵引机；10—气动标定装置；11—盘卷机

平矫直轮的 作用下形成多个支点，同时受到二次牵引装置的拉力张紧而不产生抖动，保证了涡流探伤的正常进行。

下面介绍双层卷焊管生产主要工序的技术特征。

11.6.1 双层卷焊管成型

在双层卷焊管的生产中，成型过程是生产工序中最重要的工序，管筒成型质量的好坏不仅直接影响成品管的尺寸和形状精度，而且对后续焊接工艺质量也有决定性影响。双层卷焊管成型机装置由坡口辊、成型辊及定径辊、芯棒及传动装置等组成。双层卷焊管成型过程可分为以下三个阶段（图 11-7）。

（1）轧边阶段。首先在坡口辊的辊轧作用下，带钢边缘被轧压成一定角度的坡口，其目的是使双层管内层、外层能平滑搭接。

（2）卷管阶段。在第一个参加主要成型的水平辊上，将内圈按单半径弯曲，将外圈弯成有一过渡圆角的直角边；再以成型的直角边定位，在立辊和水平辊的共同作用下，另外一边逐步沿径向旋转卷曲形成内圈，其剩余部分成型为外圈，此时并未完全成圆形。

（3）定径阶段。定径辊与芯棒配合，对未成型的管子进行二次整形，使内外层紧密贴合，成为完整的圆管状，达到焊管内、外径基本尺寸要求，并为下一步的钎焊能顺利进行提供基础。

11.6.2 钎焊

钎焊是人类最早使用的材料连接方法之一，在秦始皇兵马俑铜马车中就采用了钎焊技术。我国最早见著于文献记载的钎焊是汉代班固所撰《汉书》中有云："胡桐泪状似眼泪也，可以焊金银也，今工匠皆用之"。明代宋应星《天工开物》中有 "中华小钎用白铜沫，大钎则竭力挥锤而强合之，若以胡桐汁合银，坚如石。今玉石刀柄之类焊药，加银一分其中，则永不脱。试以圆盆口点焊药于其一隅，其药自走，周而环之，亦一奇也"。这一记述明确指出了铜钎焊应以硼砂做钎剂，而银钎焊则可以胡桐树脂为钎剂，并且对钎料的填缝行为做了精彩的描述。

如图 11-55 所示，钎焊装置主要由加热区、焊接区、压力辊、保温冷却区、电极等几部分组成。由成型机供给的管筒以一定的速度经滑动电极进入保温良好的钎焊腔，与滚动电极接触，两电极间的管筒经电极与电源构成回路，管子在由滑动电极到滚动电极的运行过程中逐渐加热，到达正极时达到最高温度即钎焊温度。这时不需要对管筒施加任何外加载荷，由于铜具有较好的液态流动性和在钢中的快速扩散性，待冷却后使层间牢固地黏合在一起。其关键是炉内温度的 控制和表面镀层的防氧化问题，钎焊是在导管内的还原气氛下进行的，保护气体为氢气。

钢管从钎焊炉加热区段出来后进入冷却区，并在保护气氛下进行炉内冷却，层间与表面的铜层凝固。钢管在冷却区出口处表面温度降到 100 ℃左右出炉，避免镀铜层因接触空气而发生氧化变色。采用炉冷—空冷—水冷的冷却方式确保成品管的退火质量。

11.6.3 工艺参数

为保证双层卷焊管的尺寸精度及表面质量、焊接质量和使用性能，降低废品率，应严

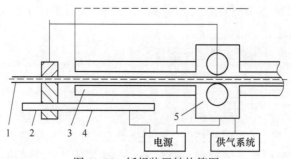

图 11-55　钎焊装置结构简图

1—被焊管；2—滑动电极；3—焊腔保温筒；4—滑动电极支承杆；5—滚动电极

格控制定径压力、钎焊温度、运行速度等工艺参数。

（1）定径压力。为保证管筒层间紧密贴合，在定径阶段需对管筒施加一定的定径压力。如果定径压力过小会降低层间的焊合率，定径压力过大不仅会导致两层间过大的扭曲变形甚至失稳，还会使芯棒的轴向拉力急剧增加而断裂。由于受成品管的尺寸限制，芯棒拉杆的截面不能取得很大，尤其在成型小直径的双层卷焊管时，拉杆的横断面积非常小，成为最薄弱的环节。

（2）钎焊温度。在加热区内，卷焊管的温度由常温一直增加到 1200 ℃ 以上，并且其在运行方向各点段的电阻值也极不均匀，是一个变化量，但电阻值与最高温度有关。若温度偏低，管材焊接不牢；若温度过高，则管材会烧断或者管材表面的铜完全熔化而向下流淌形成铜瘤。因此，保证炉内温度的稳定是焊接过程的关键。

（3）运行速度。在温度一定的情况下，卷管管径较小时，生产线管材运行速度相应要快一些，否则会导致卷管被烧坏，因此不同管径的卷管对制管速度的要求是不一样的。双层卷焊管生产线的生产速度控制范围 10~27 m/min，成型机组制管速度与一次牵引机、二次牵引机的牵引速度要匹配，以保证整个生产线的运行稳定，并且一次牵引机的牵引速度略大于制管速度，使钢管处于张紧状态。

11.7　压（辊）弯成型焊管生产

压弯与卷圆成型技术是以金属板为原料，经压（折）弯机（图 11-56）压（折）弯成型或卷板机（图 11-57）滚弯成型，生产圆形或异形截面的管材产品（图 11-58 和图 11-59）。

图 11-56　压（折）弯机

图 11-57　三辊卷板机

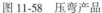

图 11-58　压弯产品　　　　　　　　　　　图 11-59　滚弯产品

　　压弯与卷圆成型生产领域中以直缝埋弧焊管（LSAW）生产为最普遍，直缝埋弧焊管是以钢板为原料，经过不同的成型工艺，采用双面埋弧焊接和焊后扩径等工序形成焊管，主要生产设备包括铣边机、预弯机、成型机、预焊机、扩径机等。

　　直缝埋弧焊管的成型方式有 UO（UOE）、RB（RBE）、JCO（JCOE）等多种。将钢板在成型模内先压成 U 形，再压成 O 形，然后进行内外埋弧焊，焊后通常在端部或全长范围扩径（expanding）称为 UOE 焊管、不扩径的称为 UO 焊管。将钢板辊压弯曲成型（roll bending），然后进行内外埋弧焊，焊后扩径为 RBE 焊管或不扩径为 RB 焊管。将钢板按"J"形→"C"形→"O"形的顺序成型，焊后进行扩径为 JCOE 焊管或不扩径为 JCO 焊管。

11.7.1　UOE 成型

　　UOE 直缝埋弧焊钢管成型工艺的三大主成型工序包括：钢板预弯边、U 成型及 O 成型。各工序分别采用专用的成型压力机，依次完成钢板边部预弯、U 成型及 O 成型三道工序，将钢板变形成为圆形管筒（图 11-2）。UOE 成型采用 U 和 O 两次压力成型，其特点是能力大、产量高，一般年产可达 30 万~100 万吨，适合单一规格大批量生产，投资规模大，生产工艺不够灵活。

11.7.2　JCOE 成型

　　JCOE 直缝埋弧焊管成型工艺是在 JCO 成型机上经过多次步进冲压，首先将钢板的一半压成"J"形，再将钢板的另一半压成"J"形，形成"C"形，最后从中部加压，从而形成开口的"O"形管坯（图 11-2）。

　　JCO 成型为渐进压力成型，将钢管的成型过程由 UO 成型的两步变成了多步。在成型过程中，钢板变形均匀，残余应力小，表面不产生划伤。加工的钢管在直径和壁厚的尺寸规格范围上有更大的灵活性，既可生产大批量的产品，也可生产小批量的产品；既可生产大口径高强度厚壁钢管，也可生产小口径大壁厚钢管；尤其在生产高钢级厚壁管，特别是中小口径厚壁管方面具有其他工艺无法比拟的优势，可满足钢管规格方面更多的要求；投资少，但生产效率较低，一般年产量为 10 万~25 万吨。

11.7.3　直缝埋弧焊管生产工艺

　　（1）UOE 焊管生产工艺。UOE 机组的生产工艺流程如图 11-60 所示，主要包括：板材准备→铣边→预弯→U 成型→O 成型→点焊→内焊→外焊→预检查→管体扩径→水压试验→管端加厚→尺寸检查→入库。

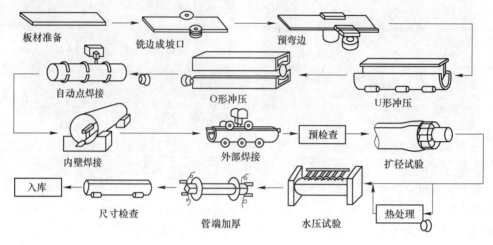

图 11-60　UOE 焊管生产工艺流程

（2）JCOE 机组的生产工艺。JCOE 机组的生产工艺流程如图 11-61 所示，主要包括：超声波探伤→铣边→预弯→JCO 成型→预焊→内焊→外焊→超声波探伤→X 射线探伤机→

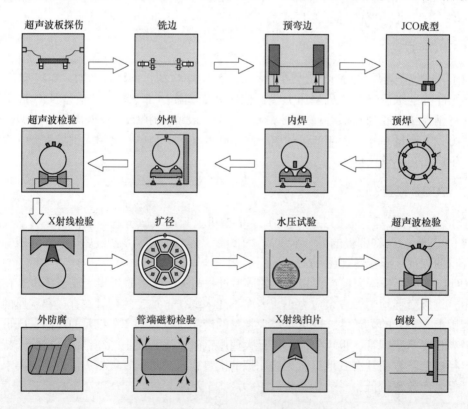

图 11-61　JCOE 焊管生产工艺流程

管体扩径→水压试验→（压力矫直）→（整圆）→（管端内外焊缝修平）→平头倒棱→（超声波相控阵检测）→焊缝 X 射线拍片→管端磁粉检验→称重测长→钢管内、外壁喷标记→包装防腐。

（3）RBE 机组的生产工艺。RBE 机组的生产工艺过程包括：超声波探伤→铣边→RB（辊弯）制管成型→后预弯→预焊装置→内焊→外焊→焊缝超声波探伤→焊缝（X 射线）探伤→扩径→水压试验→压力矫直→整圆→管端内外焊缝修平→平头倒棱→超声波相控阵检测→焊缝 X 射线检测→管端 X 射线拍片→称重测长→钢管内、外壁喷标记→包装防腐。

11.7.4　直缝埋弧焊管生产主要设备

目前国内锻压机床行业能够制造直缝埋弧焊管生产全套设备。下面以天水锻压机床厂的产品为例，介绍直缝埋弧焊管生产主要设备。

11.7.4.1　钢板探伤机

钢板探伤专用机（图 11-62）主要用于铣边前的板材探伤，采用脉冲反射法检测，主要检测内容为钢板的分层缺陷，包括大面积裂纹、白点及夹杂。探伤专用机由进料辊道、抹水、边探门架、摆动探伤门架及刮水吹风门架、电气和探伤仪器组成，可对钢板进行自动探伤探测。

探头沿钢板短边布置，横向摆动，钢板纵向运动通过探头架完成检测过程。正常工作时使用探头通道数最大 40，板内最大 28，边探所需通道数每边 3 个。

11.7.4.2　钢板铣边机

钢板铣边机（图 11-63）是用于钢板边部铣削的专用机组，由铣削单元、滑座、进料对中辊道、送料车、电气和液压组成。将超声波探伤后的钢板按照所制钢管的要求，采用双边铣削方法，在钢板的两纵向板边连续加工出焊接所需的坡口。

图 11-62　钢板探伤机

图 11-63　钢板铣边机

该机是在铣边机辊道作用下将钢板送到送料车工作范围内，经对中机构将钢板按铣削单元的对称中心进行对中，之后由送料车的前后夹钳自动找板边并将钢板两端夹住，拉到铣削单元的压料辊中，在钢板运送过程中，两铣削单元分别对钢板板边进行成型铣削，铣削完后小车夹钳落到钢板下方退回，而钢板由出料辊道送到下道工序。

11.7.4.3　钢板弯边机

钢板弯边机（图11-64）用于钢板板边预弯，对已铣边的钢板两侧同时进行压力弯边，压出板边曲率半径接近成品钢管半径的弧形钢板。

预弯机主要由C形机架、油缸单元、下横梁、输送辊（机架上安装）、换模装置、模具及移动装置、底座、前后输送辊道、电气、液压和润滑系统组成。

该机主要用于制管成型前的钢板板边预弯，即将制管用的钢板经铣边后逐段送入机器上、下模具之间，在上、下模具的压力下使材料发生流动而弯曲，更换并调整模具的相对位置可以得到板边曲率半径及成品钢管的半径非常接近的弯边。

11.7.4.4　钢管成型机

钢管成型机（图11-65）由立柱、油缸、滑块、油箱、横梁、工作台、预凸装置、模具、液压比例伺服系统、电气数控系统组成，主机有3个数控轴，辅机有5个以上数控轴，辅机由纵向接料装置、侧挡料机、前后操作机、前后托料架、侧出料装置组成。

图 11-64　钢板弯边机　　　　　图 11-65　钢管成型机

11.7.4.5　钢管合缝预焊机

钢管合缝预焊机（图11-66）是将成型机加工后的开口管坯通过合缝预焊工艺形成封闭的管坯，为钢管整体的内外焊接做好加工准备。合缝预焊是同时连续进行，同时完成。

图 11-66　钢管合缝预焊机

11.7.4.6　钢管焊接机

钢管焊接机（图11-67和图11-68）用于对预焊后的管筒进行内外缝焊接，在焊接中管筒平放在输送车上，输送车的输送速度确保匀速、无冲击振动。内焊机采用悬臂梁结构的焊接臂，将焊接电极、焊丝、焊剂及焊接电流提供到焊接处。

图 11-67 钢管内焊机   图 11-68 钢管外焊机

输送车的位移量超过焊接臂的长度，焊接臂先伸入管筒内，当输送车以焊接速度退回时，焊接臂的焊接装置在管筒内壁以埋弧焊工艺焊接，形成焊缝。

11.7.4.7 带锯定尺机

将带锯定尺机（图 11-69）应用于连续成型冷弯型材和焊管的定尺中，将会明显改善切口质量，减少金属消耗，降低噪声，改善工作环境。

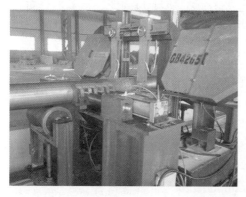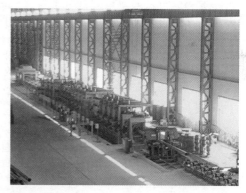

图 11-69 带锯定尺机

11.7.5 大直径极薄壁直缝焊管生产

所谓大直径极薄壁直缝焊管一般是直径大于 100 mm、壁厚小于 1 mm 的直缝金属焊接管。大直径极薄壁直缝焊管作为筒体使用，具有广泛的用途，其生产技术难点是：板带材太薄，回弹量大，成型困难；管径大，管壁薄，采用挤压对焊和焊丝焊接方法焊接和焊缝处理困难；同样因为管径大，管壁薄，管子容易压扁，产生弹性变形，难以承受定尺锯切或剪切的压力。此外，大直径极薄壁直缝焊管多采用钛合金、不锈钢、铝镁合金等材料生产，成型和焊接难度大。

为此，太原科技大学轧制工程中心开发了相关技术设备，力求解决上述关键问题，能够经济地生产大直径极薄壁直缝焊管，所研制的主要设备有：柔性弯曲成型机、预定尺机、预焊接机、定尺机、自动氩弧焊机（图11-70）、焊缝处理机、管端加工机等。

图 11-70　极薄壁管自动氩弧焊机

11.8 小　　结

　　焊管生产是板带材的二次材生产重要方式，焊管产品具有十分广泛的用途。随着不同金属材料的板带材生产发展，板带材的规格品种和产量的增加，为焊管生产提供了丰富的原料，以金属板带材为原料的管材生产将会得到进一步发展。焊管生产工艺流程长，工序多，因此，在积极开发新的焊管生产方式的同时，对具体工序的工艺装备开展研究，促进焊管生产技术的发展和焊管产品的扩展是十分必要的。

12 冷弯型材生产

12.1 概　述

随着板带材冷弯成型技术和轻型建筑结构的发展，冷弯型材已经成为重要的结构材料，促进了机械制造和金属结构领域的技术进步。

冷弯型材（图 12-1）生产技术具有以下特点：

（1）工艺流程短，生产组织灵活。由于采用金属板带材弯曲成型，坯料的壁厚变化小，塑性变形量小，因此成型的道次少，效率高。通过更换成型辊，可以方便地改变产品品种、规格。

（2）材料种类广泛。冷弯型材生产常用的材料是低碳钢、铝、铜等板带材，此外还有不锈钢、钛金属、复合金属的板带。其中，冷轧板带厚度为 0.15~3.2 mm，热轧板带厚度为 1.2~32 mm，铝板带厚度为 0.13~25.4 mm。

（3）产品品种规格多。由于金属板带材弯曲成型工艺方便灵活，因此随着产品应用领域的开发，冷弯产品的种类逐渐增加，其品种规格远远超过了热轧型材。

（4）形状尺寸精度高。随着金属板带材产品精度的提高和尺寸范围的扩大，弯曲成型技术的发展，金属板带材弯曲成型产品的尺寸精度也得到提高。

（5）可以生产厚壁和薄壁产品。由于可以采用薄板带弯曲成型，因此与热轧生产工艺相比，金属板带材弯曲成型的产品壁厚范围很大，可以生产热轧方式难以生产的轻型薄壁产品和超厚产品。

图 12-1　冷弯型钢产品

冷弯型材是经济断面钢材，与热轧钢材（工字钢、槽钢、角钢和钢板）制作的钢结构相比，可节约钢材 30%~50%。冷弯型材不仅在许多领域取代了热轧型材，而且扩大了金属型材的应用范围。

我国于 1958 年在上海建成第一套冷弯型钢生产机组，进入 20 世纪 80 年代，随着我国板带钢生产的发展，陆续建立多家冷弯型钢厂，冷弯型材的产品品种和产量迅速增加。目前，冷弯型钢已经广泛地应用于建筑、机械、车辆、船舶等各个领域中。

12.2   冷弯成型方式

板带材冷弯成型方式包括：压力折弯、辊模拉弯、连续辊弯等。其中，连续辊弯成型生产效率高、品种规格多，是冷弯型材最主要生产方式。

（1）折（压）弯成型。折（压）弯成型（图 12-2）是以金属板为原料，经压（折）弯机压（折）弯成型，生产冷弯型材产品。

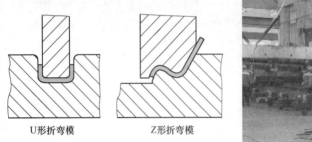

U形折弯模   Z形折弯模

图 12-2   折弯成型及成型折弯机

（2）连续辊弯成型。在室温下，金属材料板带材通过一组相对转动的成型辊，依次弯曲成一定形状和尺寸的型材（图 12-3）。

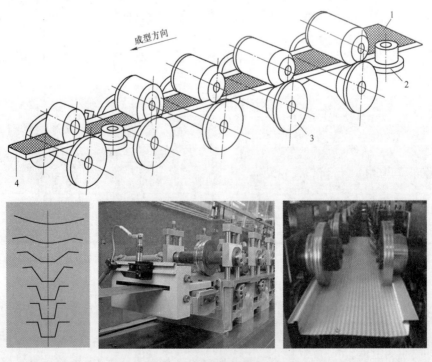

图 12-3   辊弯成型及成型机

1—板带原料；2—辅助立辊；3—成型辊；4—成品

连续辊弯成型分为：单张板材辊弯成单件型材的单件生产方式、整卷带材为原料生产型材的成卷生产方式和以卷材为原料并将其头尾对焊在一起的全连续生产方式。全连续生产方式由于产品尺寸精度好、生产率高而得到更多的发展，全连续冷弯型钢的典型设备组成及布置如图 12-4 所示，整个工艺过程均分为原料准备、成型和精整 3 个阶段。

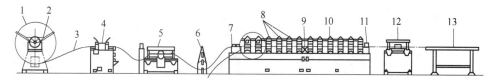

图 12-4　全连续辊弯成型设备组成

1—带卷；2—开卷机；3—坯料；4—矫直机；5—剪切对焊机；6—活套；7—引料辊；
8—成型机；9—侧立辊；10—夹送辊；11—整型机；12—切断装置；13—集料台

12.3　冷弯成型机

冷弯成型机是通过顺序配置的多道次成型轧辊，把卷材、带材等金属板带不断地进行横向弯曲，以制成特定断面型材的塑性加工工艺的机械。冷弯成型机的机架结构、成型辊布置与传动方式有以下几种形式。

12.3.1　机架结构

冷弯成型机的机架结构有牌坊式和箱体式两种。牌坊式机架的冷弯成型机（图 12-5）的轧辊布置为双支承、开式机架，成型辊的间距较大，手动调整轧辊压下；可采用单机架双辊传动，通过电控系统调整各机架的成型速度。

图 12-5　牌坊式机架的冷弯成型机

箱体式机架的冷弯成型机（图 12-6）的轧辊布置为悬臂式，机架箱体布置有多对成型辊，手动调整轧辊压下；可采用集体单辊传动，各机架的成型速度相同。

12.3.2　传动方式

冷弯成型机的传动方式有以下几种：

（1）单机双辊传动（图12-5）。

图12-6　箱体式机架的冷弯成型机

（2）集体单辊，蜗轮蜗杆传动（图12-7）。

图12-7　蜗轮蜗杆集体传动的冷弯成型机组

（3）集体单辊，链条传动（图12-8）。

图12-8　链条集体传动的冷弯成型机组

（4）集体单辊，齿轮传动（图12-9）。

12.3.3　冷弯成型辊

冷弯成型轧辊的设计制造特点有：

（1）各道次平均受力原则，全线的成型辊受力尽量平均，磨损均衡，延长轧辊使用寿命。

（2）轧辊采用耐磨性能好的材料，综合考虑轧辊的强度与硬度，通过热处理淬火，

图 12-9　齿轮集体传动的冷弯型钢机组

保证轧辊表面硬度。

（3）保证成型辊的对称性使滚压过程稳定，生产中出现带材左右偏摆的问题，主要是由于单组成型辊受力不对称，导致带材运行偏摆。

（4）变形区中性层要计算准确，变形区内用料计算准确。

（5）不变形区域尽量不受压，装配时上下成型辊各区域间隙保持一致。

（6）保证板料受力平衡，左右受力不平衡，左右弯曲，上下受力不平衡，产生扭曲，要求成型辊设计合理、加工准确、安装调整方便。

（7）为保证成型辊加工准确度，通常需要制作专用工具在投影仪下放大进行检测。

（8）保证传动稳定，确保传动主轴径向跳动在允许范围内，避免轴向窜动。

12.4　冷弯成型辅助工序

如图 12-10 所示，在冷弯型钢生产线上增加冲孔、压痕、扭弯等附加工序，就可生产出各种异形冷弯型材。随着设备自动化水平的提高，在线辅助工序也实现了自动化。

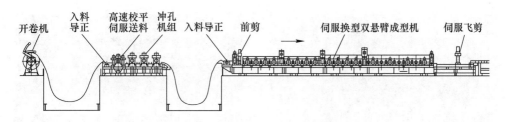

图 12-10　具有预冲孔的冷弯型钢生产线

12.4.1　预冲孔

在一些冷弯型钢产品中需要在成型之前或成型之后冲孔（图 12-11 和图 12-12），因此在作业线上设置冲孔机，根据工艺要求在坯料带钢一定位置上冲出不同形状和尺寸的孔，预冲孔的带钢随后进入成型机组弯曲成型。为了保证成型过程的连续，在预冲孔机后面设置活套。成型后的冲孔则需要在冲孔机上使用模具冲孔，以保证型钢形状不发生改变。

图 12-11　冲孔后带钢冷弯成型

图 12-12　成型后型钢冲孔

12.4.2　定尺剪切

由于大部分冷弯型材是异形截面的，而且定尺后的型材断面很难二次处理，要求定尺的端部形状不能产生明显改变。因此冷弯型材的定尺剪切通常采用成型刀片冲切（图 12-13）和剪切式模剪（图 12-14），以保证定尺精度和端部形状符合要求。对于厚壁、窄幅的冷弯型材，也可以采用锯切或气割方式切定尺。

图 12-13　冷弯型钢定尺冲切　　　　　　　图 12-14　模式剪

12.4.3　预剪切

太原科技大学开发的宽幅薄壁冷弯型钢预剪切技术，可以解决宽幅薄壁冷弯型钢定尺剪切的技术问题。主要工序是：

（1）板带材冲孔。根据带材宽度、厚度和成型型钢的截面形状，在运行中的带材定尺位置上预先冲矩形孔，在满足带材成型的前提下，孔的长度尽量长。

（2）成型型钢拉断。带材成型后，通过夹送辊在冲孔处产生拉力，将型材拉断。

（3）断口修正。人工除去断口处的毛刺，并整形。

12.5 小　　结

板带材弯曲成型技术是二次材生产的重要方式，具有工艺方便灵活、生产经济合理和产品应用广泛等优点，随着金属板带材生产规格品种和产量的增加，以金属板带材为原料的二次材产品的生产将会得到进一步发展。为此，相关部门和行业应该从产品应用开发、工艺路线制订到专用设备研制，加强科技开发力度，使板带材弯曲成型的二次材很好地用于工业、国防和民用的各个领域，促进国民经济的发展。

13 长材冷加工成型

13.1 概　述

长材包括线棒材和型材，其冷加工生产是采用拉拔或轧制的方法对热轧材进行二次加工，以获得良好的尺寸形状、表面状态以及满足不同要求的组织性能，冷加工长材产品广泛应用于线缆制作、机械制造、车辆工程、五金工具、建筑工程等各个领域（图13-1）。冷拉是最普遍的生产方式，用于圆形截面和其他形状截面的长材冷加工生产。随着金属材料工业的发展和下游产品对冷加工长材需求的扩大，长材冷加工成型生产将会得到更大的发展空间。

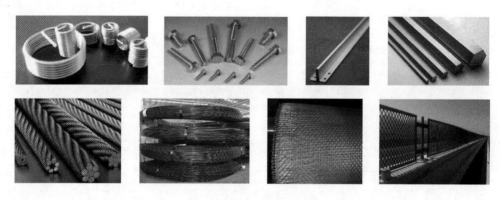

图 13-1　冷加工长材产品

13.2　长材冷加工工艺

长材冷加工生产的主要工序有原料表面清理、烘干、热处理、表面涂镀、塑性加工成型等。冷加工前和中间处理设备如图13-2所示。

（1）表面清理：去除原料或生产过程中产生的表面氧化皮，清除氧化铁皮可采用化学除鳞和机械除鳞。随着环保要求越来越严格，"免酸洗"的表面处理工艺受到重视。"免酸洗"可以缩减成型加工前酸洗工序，减少酸液对环境的影响，提升生产效率。

（2）烘干：排除酸洗过程中侵入材料基体中的氢，消除氢脆现象，恢复材料塑性。去除盘条表面的水分，使之干燥，防止水分影响润滑剂效果。

（3）热处理：热处理包括原料热处理、中间热处理和成品热处理。

（4）表面涂镀：1）长材表面镀覆金属或合金，防腐以提高使用寿命；2）长材具有特殊性能，如提高轮胎钢丝和帘线钢丝与橡胶的结合能力。

（5）塑性加工：长材冷加工成型方式主要是冷拔和冷轧，采用设备有拉丝机、拉拔机和冷轧机。

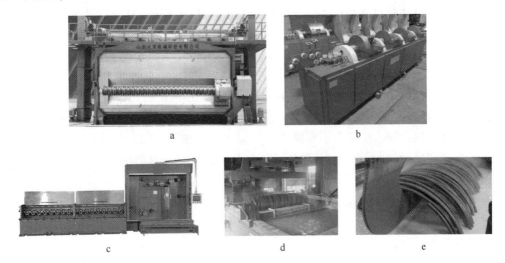

图 13-2　长材冷加工预处理设备

a—线材喷丸机；b—钢筋剥皮机；c—线材连续退火机；d—线材酸洗槽；e—盘条浸涂槽

13.3　丝线材冷拔

丝线材冷拔产品用途：钢丝绳、金属网、金属丝线、五金制品、细小金属零件等，冷拔加工丝线材通常采用热轧盘条经冷拉生产。

丝线材冷拔产品分类：（1）按形状分有圆、方、矩等；（2）按尺寸分有细、中、粗；（3）按强度分有高、中、低；（4）按用途分有普通、冷镦、专用钢丝等。

丝线材拉拔成型过程：拉丝卷筒牵引下，盘条或中间坯通过拉丝模，减小断面、改变形状，获得尺寸、形状、性能和表面质量合乎要求的丝线材。

拉丝模有固定模、辊模（图 13-3 和图 13-4）、组合模、旋转模等，并以固定模为主。固定模即是由整体材料制作的外形呈圆饼状而中心开有孔型的拉丝模。

图 13-3　拉丝模

图 13-4　辊模

　　旋转模拉丝线材时模子的本体结构和固定模相同，但拉拔过程中，在传动机构的驱动下围绕丝线材轴线旋转。改变拉拔时丝线材与模壁之间的摩擦力方向，增加了作用在丝线材上的剪应力，使丝线材容易变形，从而可以减少拉拔力和拉拔功率；降低轴向摩擦力，使拉拔时钢丝内外层的不均匀变形随之减少；由于模子高速旋转，模孔磨损变得均匀，丝线材的不圆度和表面粗糙度均有所改善。使用旋转模时丝线材易随模子旋转甚至发生扭转，因此只局限于粗丝的拉拔。

　　使用固定模拉拔时在丝线材的进口端施加后张力则形成反拉力拉拔，若对模子施加超声波振动则形成超声波拉丝，若采用静压或流体动力润滑则称为强制润滑拉拔。

　　拉丝机能力以卷筒直径的大小和卷筒的数量表示。拉丝机的拉拔速度与钢丝的钢种、直径、热处理的质量、润滑和冷却条件、变形程度、拉丝机的结构以及盘条的盘重等有关，随着丝线材生产的现代化，拉拔速度在不断提高。

　　为了减少摩擦，降低拉拔力和模耗以及获得表面光洁、尺寸和形状合乎要求的产品，拉拔时必须使用润滑剂润滑。使用固体润滑剂时称为干式拉丝；使用水溶液润滑拉丝为湿式拉丝，即水箱拉丝。

13.4　拉　丝　机

13.4.1　水箱式拉丝机

　　水箱式拉丝机是在润滑剂水溶液中完成拉拔过程，即湿式拉丝。水箱拉丝机工作原理（图 13-5）是：由多个拉拔头组成的小型连续生产设备，通过逐级拉拔，并将拉拔头置于水箱中，最后将丝线材拉到所需的规格，一般配置 20 个左右拉拔头。

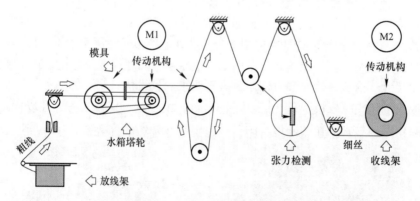

图 13-5　水箱式拉丝机工作原理

　　水箱式拉丝机（图 13-6）适于拉拔直径较小的丝材，工作特性为滑动式拉丝、多道次拉拔。

13.4.2　滑轮式拉丝机

　　滑轮式拉丝机（图 13-7）是可积线的无滑动干式连续拉丝机，拉拔丝线材成品直径范围在 0.5~4.5 mm 之间，工作特性为无滑动积线式拉丝、有扭转。在拉拔过程中，在卷

图 13-6　水箱式拉丝机

筒圆周方向丝线材与卷筒表面沿卷筒圆周方向没有相对滑动，两者表面磨损量相对较小；当中间某一卷筒临时停车时，其后面的卷筒仍可依靠各自的积线量照常工作一段时间。

　　拉丝机由主体减速箱、模盒、导轮架、起线架及电器控制系统等组成，各个拉丝卷筒均由电机经齿轮联轴器传动二级不同速比的圆柱齿轮减速，从而使卷筒旋转工作。拉丝卷筒为立式，安装在封闭的箱体上，齿轮副采用浸油润滑。卷筒内壁设备有冷却喷水

图 13-7　滑轮式拉丝机

装置，以降低拉拔后的钢丝传到卷筒表面的残余热量，拉拔模浸在冷却水中，以降低模具的工作温度。滑轮式拉丝机具有结构简单，操作、维护方便，制造成本低等优点，同时具有一定的积线系数，钢丝在卷筒上停留的时间较长，有利于钢丝的充分冷却；但过线导轮较多，不仅增加了钢丝的弯曲次数，而且卷筒的积、放线使钢丝在拉拔过程中沿自己轴线产生扭转，严重影响了钢丝的内在质量和表面质量。

　　滑轮式拉丝机的这种特点，决定了该机型只适合于拉拔中、小规格，质量和强度要求相对较低的钢丝和其他金属丝。

13.4.3　双卷筒式拉丝机

　　双卷筒式拉丝机是由滑轮式拉丝机发展而来的，由上卷筒取代了上滑轮结构，避免了金属丝扭转和走线不稳的两个缺点，同时增加了卷筒的积线量，提高了金属丝的冷却能力，大大提高了拉拔速度。由于该机的导轮增多，尤其是在中间滑轮处金属丝反弯转180°，使得双卷筒拉丝机不适于拉拔粗规格金属丝。双卷筒拉丝机的积线量平均分配在两个卷筒上，能充分利用双卷筒的积线能力，操作方便。

　　如图 13-8 所示，双卷筒式拉丝机分为上、下两部分，中间有一个滑轮。上卷筒 1 进行积线，下卷筒 6 进行拉拔。在工作的时候，由于积线的存在，使得其冷却效果高于其他拉丝机。

双卷筒式拉丝机拉拔的成品直径范围在 0.4~3.5 mm 之间，工作特性为无滑动积线式拉丝、无扭转。双卷筒式拉丝机消除了钢丝在拉拔过程中的扭转现象，钢丝在卷筒上的冷却效果更好。

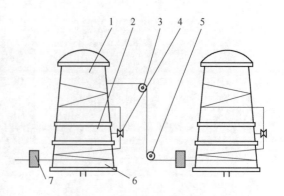

图 13-8　双卷筒式拉丝机结构简图
1—上卷筒；2—滑轮座；3—导轮；4—滑轮；
5—导向轮；6—下卷筒；7—线模

13.4.4　活套式拉丝机

活套式拉丝机（图 13-9，图 13-10）拉拔的成品直径范围在 0.5~6.0 mm 之间，工作特性为无滑动、无扭转。在相邻两个卷筒之间设置一个活套臂，活套臂在金属秒体积流量出现不平衡时，可以收入或放出少量金属丝，起缓冲作用。活套臂本身还是速度控制系统的反馈单元，使速度偏差能及时纠正。另外，活套臂还能使拉丝机保持恒定反力拉拔。活套式拉丝机简化了金属丝的走线，适用范围广泛，能适应不同金属丝品种规格的拉拔要求。采用直流电动机驱动，能大范围无级调速，满足不同配模要求和速度要求，使拉丝机工作处于最佳状态，拉拔速度高；但是，它的制造成本较高，管理、操作、维护水平高。现代化活套式拉丝机通过改进结构也能增加卷筒上的积线量，从而改进金属丝的冷却效果。

图 13-9　活套式拉丝机

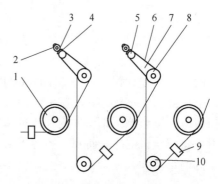

图 13-10　活套式拉丝机机构简图
1—卷筒；2—变阻器；3—齿轮；4—齿扇；5—之轴；6—弹簧；
7—平衡杠杆；8—张力轮；9—拉丝模；10—导轮

活套式拉丝机的缺点是：由于采用直流拖动，电气调速系统复杂，设备制造成本高，维修难度较大，变换规格品种时需调整活套张力，操作技术水平要求较高；过线导轮较多，穿线较复杂，丝材的弯曲次数多，不能拉拔大规格钢丝和过硬材料。

13.4.5　直进式拉丝机

直进式拉丝机（图 13-11）拉拔的成品直径范围在 0.5~7.0 mm，工作特性为无滑动、无扭转。丝线材在前一卷筒上缠绕几圈后，直接进入下一拉丝模并缠绕在下一卷筒上，中间不通过任何过线导轮，两卷筒间钢丝呈直线状。直进式拉丝机采用直流拖动，通过自动调节中间卷筒速度实现金属秒流量相等（图13-12）。该机型的优点是穿线简单，丝线材在拉拔过程中无扭转和小半径弯曲；缺点是不能拉制较细规格的丝材，丝线材在卷筒上停留时间短，冷却效果差，拉丝机的适用范围较小等。

图 13-11　直进式拉丝机

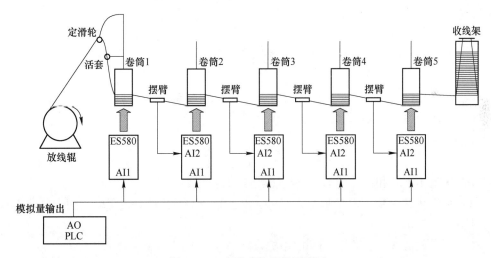

图 13-12　直进式拉丝机原理图

13.4.6　其他形式的拉丝机

（1）单次式拉丝机，拉拔丝成品直径范围为不大于 22 mm，工作特性为 1~2 道次拉拔。

（2）卧式拉丝机，拉拔丝成品直径范围为 6.5~24 mm，工作特性为无滑动积线式拉丝，拉拔线材直径大。

（3）倒立式拉丝机（图13-13）特点是传动装置与拉丝卷筒倒立设置在支承架上，拉丝卷筒下设置承线架。该结构可提高承线架的工作稳定性，增加收线盘重，适于生产大盘重线材。倒立式拉丝机拉拔丝的成品直径范围为不大于 30 mm，收线盘重大可达 2 t。

（4）多模连续拉拔机（图 13-14）特点是多个模座组合在一起，丝线材连续通过实现拉拔。

图 13-13　倒立式单次拉丝机　　　　　图 13-14　多模连续拉拔机

在拉拔过程中，由于摩擦及变形功的转化生热，钢丝和模子的温度升高，特别在高速拉拔时温升更为显著。模子温度的上升会影响其使用寿命，而钢丝温度的上升则会使其韧性下降。为了降低温升，拉丝机需设置模子和卷筒冷却系统。此外，亦采用对丝线材的直接水冷技术。

13.5　丝线材冷轧机

丝线材冷轧机多用于异形线材的冷轧加工，轧制各种金属材料的扁平材或异形线材。异形线材连轧生产的重要措施是两架轧机之间的在线检测和张力控制，以保证轧制精度和轧制过程的稳定。

丝线材冷轧机通常由若干架轧机组成，有二辊、三辊和四辊形式的轧机（图 13-15），传动方式有集体传动和单独传动。钢丝冷轧法的特点是：

（1）加工硬化率低，总变形量大（90%以上），有利于加工难变形及加工硬化率高的金属材料；

（2）工艺流程短，生产工序和使用的设备少；

（3）能耗、料耗较低、污染较轻，采用冷轧法时，盘条只需经弯曲去氧化铁皮而不需酸洗，减轻污染；

（4）操作简单，安全可靠，劳动强度低。

a　　　　　　　　　　　　b

c   d

图 13-15 丝线材连续冷轧机

a—二辊连轧机；b—二辊平立交替连轧机；c—三辊连轧机；d—四辊连轧机

13.6 大断面长材冷加工

除丝线材冷拔冷轧生产之外，大断面长材（图 13-16）冷加工生产也具有重要经济价值，其产品和生产方式主要有：

（1）冷拔冷轧棒材。棒材冷拔冷轧主要适用于生产具有高尺寸精度和表面质量的棒材，用于制作各种金属零件，减少加工切削量，提高产品质量和生产效率。精度很高的冷拉圆钢可以直接用来做轴类零件，不需要再加工。圆形和其他截面的棒材冷拔可以采用与冷拔钢管相同的拉拔机（图 13-17），经过辗头、表面处理后进行冷拔加工，通常减径量不大，所以不需要中间热处理。圆棒材还可以采用周期式冷轧机生产，由于不需要辗头，所以生产更为方便。

图 13-16 冷加工长材

太原科技大学开展冷斜轧棒材的研究，采用三辊斜轧机轧制圆棒材。冷斜轧棒材的优点是效率高、调整规格方便、产品直线度好，可以生产大直径冷轧棒材。

（2）冷拉异型材。冷拉异型材主要用于制作各种机械或结构的零件，与机械加工相比，冷拉异型材具有生产效率高、少切削或无切削、零件质量好等优点。有些断面形状的型材，采用机械加工方法是难以生产的。随着工业和民用产品种类的增加和结构设计的改进，冷拉异型材产品的需求逐渐增多，应用范围不断扩大。

（3）冷轧型材。将热轧型材经过冷轧减壁可以得到热轧方法无法生产的轻型薄壁型

图 13-17　长材冷拔机

材，薄壁型材对于轻型金属结构具有重要意义。尤其是合金钢型材，通过冷轧使型材的强度和表面质量得到提高，用于特殊领域金属结构的制作。

13.7　小　　结

在长材冷成型加工产品中，丝线材的冷轧冷拔具有悠久历史，工艺技术和装备都十分成熟。型材、棒材的冷成型加工生产还有很大的发展空间，积极开发大断面长材冷成型产品和相应的工艺装备，对于发展钢铁材料生产、促进相关领域的技术进步和经济效益的提高具有重要意义。

14 轧制成型工具

14.1 概　　述

轧制成型工具（图 14-1）是与变形金属直接接触，相互作用的元件，包括外成型工具（轧辊、成型辊、拔模）、内成型工具（顶头与芯棒）、辅助成型工具（导卫、导板、导套、定心装置等）。成型工具是轧制生产的消耗品，其设计、加工制造与轧件的质量、生产效率和生产成本密切相关。

图 14-1　轧制成型工具

a—轧辊；b—顶头；c—芯棒；d—拉模；e—辊环；f—导卫；g—定心辊

轧制成型工具形态和制造工艺随冶金技术的进步，轧制技术与设备的演变和生产需求也在不断发展，轧制成型工具的进步也促进了轧制技术的发展。

轧制成型工具设计制造应考虑轧制受力状态、变形条件、安装方式，保证稳定的轧制过程、良好的轧件质量、长久的使用寿命和低廉的制造成本。

14.2 轧　　辊

轧辊是轧制成型工具中数量和种类最多的，其技术涵盖包括：轧辊的用途、结构、材质和制造加工工艺。随着冶炼技术和加工制造技术的发展，包括合金元素、热处理工艺、重型锻压和机械加工设备的应用，使得轧辊制造技术得到显著提高。

我国从 20 世纪 30 年代开始生产铸造轧辊，50 年代末邢台建立第一个专业轧辊厂，1958 年鞍钢试制 1050 mm 初轧机球墨铸铁轧辊，60 年代试制冷轧工作辊和大型锻钢轧辊。70 年代末太钢和北京钢研院试制炉卷轧机和热轧带钢轧机离心铸造铸铁轧辊，邢台轧辊厂试制热带钢轧机半钢工作辊和冷轧带钢轧机工作辊。80 年代研制大型锻钢支承辊、锻造半钢和锻造白口铸铁轧辊、碳化钨辊环、高铬铸铁轧辊等。90 年代，我国轧辊已经基本满足了国内需要。

14.2.1　轧辊分类

（1）按轧辊辊身的形状可以分为平辊、型辊、锥辊（图 14-2）等。
（2）按轧辊的使用条件可以分为热轧辊、冷轧辊、预热轧辊等。
（3）按轧辊的结构尺寸可以分为大型轧辊、中型轧辊和小型轧辊等。
（4）按产品类型分有带钢轧辊、型钢轧辊、管材轧辊、线材轧辊等。
（5）按轧辊在轧机系列中的位置分有开坯辊、粗轧辊、精轧辊等。
（6）按轧辊功能分有破鳞辊、轧制辊、弯曲辊、穿孔辊、平整辊等。
（7）按轧辊材质分有钢轧辊、铸铁轧辊、硬质合金轧辊、陶瓷轧辊等。
（8）按制造方法分有铸造轧辊、锻造轧辊、复合轧辊、组合轧辊等。

a　　　　　　　　　　b　　　　　　　　　c

图 14-2　轧辊类型
a—平辊；b—型辊；c—锥辊

14.2.2　轧辊设计

14.2.2.1　平辊辊型设计

为了保证板带的板形和厚度尺寸精度，必须在轧制过程中保持辊缝的形状均匀和对称性。因此应根据轧辊弹性弯曲、热膨胀以及磨损等状况，对轧辊的原始辊型进行设计，以保证轧制过程中辊缝的形状均匀、对称和尽可能的平行，其过程称为辊型设计。

原始辊型设计是以正常生产条件下相对稳定的轧制负荷、辊身温度及辊身磨损特点为依据，本质上起到抵消和补偿各种因素相互影响的作用，以保证钢板横向厚差。

辊型设计的主要步骤：
（1）求出弥补轧辊变形造成厚度不均所需要的辊型值（凸度或凹度）；
（2）选择合理的辊型形式，并分配总凸度值；
（3）合理地设计辊型曲线；
（4）根据轧辊的磨损状况，制定合理的换辊制度。

连续可变凸度轧辊是 CVC 轧机使用的轧辊，其上下工作轧辊辊型为 S 形，上下辊偏移 180°，构成对称辊缝。上下辊反方向轴向移动以改变辊缝形状，随移动方向的不同而产生正负轧辊凸度。由于移动量是无级可变的，可得到辊型连续改变系统，以达到控制钢板板形和平直度的要求。CVC 辊型与传统辊型的辊型凸度如图 14-3 所示。

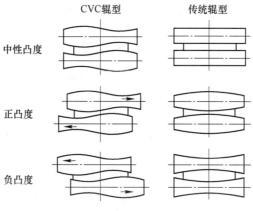

图 14-3　CVC 辊型与传统辊型

辊型曲线是在专用的轧辊磨床（图 14-4）上通过磨削加工出来的。我国贵州险峰机床厂是制造轧辊磨床的主要生产企业，其产品用于轧辊特殊曲线圆表面高精密、高效磨削加工。

轧辊的辊型曲线测量也有专用的测量仪器，可以测量柱体轧辊辊型，如凸度、凹度、锥度、CVC 轧辊的 S 形等，国产的有曲线直显式智能辊型仪（图 14-5）、轧辊多参数测量仪、轻便型鞍式辊型测量仪、仿形外测量千分尺、轧辊轴颈锥度测量规等测量仪器，能够满足轧辊辊型曲线测量的需求。

图 14-4　重型轧辊磨床

图 14-5　辊型测量仪

14.2.2.2　型辊孔型设计

两个或两个以上轧辊的轧槽对应形成孔型。轧制时，轧件顺序通过多个孔型产生塑性变形，轧件达到要求的形状和尺寸。孔型设计包括孔型系统设计和孔型形状、尺寸设计，以及孔型配置和轧辊的导卫装置设计。孔型设计是轧制技术的重要组成部分，对产品质量、作业效率、设备安全、生产成本等有很大影响。

A　孔型的构成

如图 14-6 所示，构成孔型的主要参数有辊缝 S、圆角 r、侧壁斜度 ϕ 和锁口等。

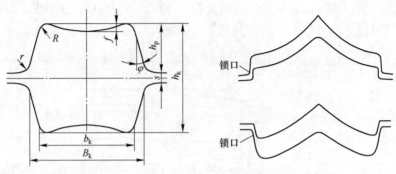

图 14-6 孔型的构成

a 辊缝

辊缝是上下辊之间的最小缝隙。为了消除轧辊弹跳的影响，保证正常轧制，辊缝值应该等于轧辊空转时辊环的间距加上轧辊的弹跳值。辊缝 S 可以根据经验数据确定：

成品孔型： $S = 0.01D$

毛轧孔型： $S = 0.02D$

开坯孔型： $S = 0.03D$

其中，D 为轧辊直径。表 14-1 给出了不同轧机的辊缝值。

表 14-1 各种型钢轧机的辊缝值 S

轧 机	初轧机及二辊开坯机	500~650 mm 开坯机	轨梁、大中型轧机			小型轧机		
			开坯	粗轧	精轧	开坯	粗轧	精轧
辊缝 S/mm	6~20	6~20	8~15	6~10	4~6	6~10	3~5	1~3

b 侧壁斜度

侧壁斜度（$\tan\varphi$）是孔型侧壁与轧辊轴线之间的夹角的正切值。侧壁斜度有助于轧件脱槽，且便于孔型磨损后恢复原有的形状。不同形状孔型的侧壁斜度：

箱型孔型：10% ~20%；

毛轧孔型：5% ~10%；

成品孔型：1% ~2%。

c 锁口

锁口是在闭口孔型中用来隔开孔型与辊缝的缝隙，防止轧制时金属流入辊缝。

B 孔型的分类

（1）按开口位置分为开口孔型和闭口孔型（图 14-7）；

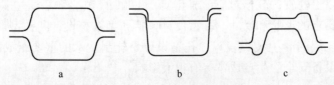

图 14-7 开口孔型与闭口孔型

a—开口孔型；b—闭口孔型；c—半开（闭）口孔型

（2）按孔型形状分为简单断面孔型和复杂断面孔型（图 14-8a，d）；

（3）按轧制功能分为延伸孔型、成型孔型、精轧孔型和成品孔型（图 14-8）。

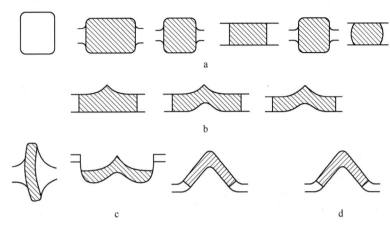

图 14-8　按功能分类的孔型

a—延伸孔型；b—成型孔型；c—精轧孔型；d—成品孔型

　　延伸孔型主要使锭坯断面缩小，或得到简单断面、椭圆-圆孔型、菱-方孔型。成型孔型在使轧件断面缩小的同时逐渐成为成品雏形，精轧孔型是指成品前 2~4 个孔型，成品孔型是指轧出成品的最后一道孔型。

　　C　孔型系统

　　不同形状和尺寸的孔型按照顺序组合在一起，构成不同的孔型系统，主要用于延伸的常用孔型系统有箱形孔型系统、菱-方孔型系统、菱-菱孔型系统、椭圆-方孔型系统、六角-方孔型系统、椭圆-圆孔型系统、椭圆-椭圆孔型系统等（图 14-9）。

　　D　孔型设计程序

　　（1）了解产品的技术要求和坯料的条件。

　　（2）了解轧机性能和其他设备条件。

　　（3）选择合理的孔型系统。

　　（4）确定总道次数和各道次的变形量。

　　（5）确定各道次的轧件断面积、截面形状和尺寸。

　　（6）根据轧件的截面形状和尺寸，确定孔型形状和尺寸。

　　（7）孔型配置，画出配辊图。

　　（8）验算校核咬入条件和轧机及电机负荷。

　　（9）根据孔型设计导卫装置。

　　E　孔型在轧辊上的配置

　　与孔型配置相关的概念有以下几个。

　　（1）轧辊平均工作直径：轧件出口速度所对应的轧辊直径。

　　（2）轧辊的上压力与下压力：由于轧件的轧制条件，如温度、轧辊线速度等上下不对称，导致轧件向上或向下弯曲的现象。

　　（3）轧辊中线：等分上下轧辊轴线之间距离的水平线。

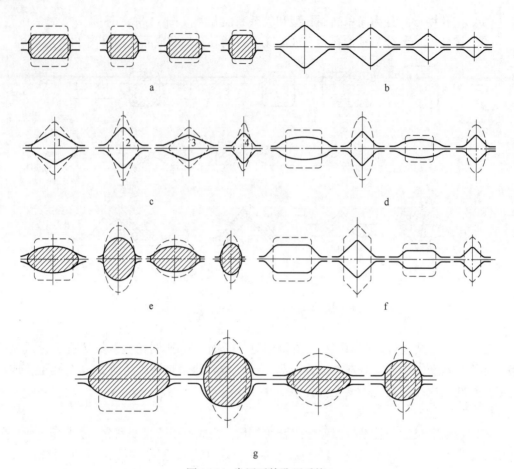

图 14-9 常用延伸孔型系统

a—箱形孔型系统；b—菱-方孔型系统；c—菱-菱孔型系统；d—椭圆-方孔型系统；

e—椭圆-椭圆孔型系统；f—六角-方孔型系统；g—椭圆-圆孔型系统

（4）轧制线：孔型中性线所在的水平线。

孔型在轧辊上的配置（图 14-10）过程如下：

（1）按轧辊原始直径确定上下轧辊轴线；

（2）在与两个轧辊轴线等距离处画轧辊中线；

（3）在距轧辊中线 $x = \dfrac{m}{4}$ 处画轧制线，当采用"上压力"时轧制线在轧制中心线之下，当采用"下压力"时轧制线在轧制中心线之上；

（4）使孔型中性线与轧制线相重合，绘制孔型图；

（5）确定孔型在轧辊上的位置，绘制

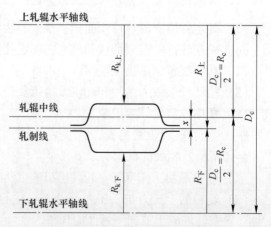

图 14-10 采用上压力时轧辊配置

轧辊图。

14.2.2.3　锥（桶）形轧辊设计

锥形辊或桶形辊多用于斜轧机，由于沿轧辊轴向分段的辊径不同，且轧辊轴线与轧件轴线存在交角（送进角，辗轧角），因此金属的流动方向与辊面切线速度方向存在交角。辊型设计中除了考虑孔喉尺寸外，还要考虑辊面的切线速度及其分量，常用的是斜轧穿孔机和斜轧管机的辊型设计。

桶形辊穿孔机辊型的构成参数有：曳入锥 Ⅰ、辗轧锥 Ⅱ、压缩带 Ⅲ、压缩带直径 D 和辊身长度。

对于桶形轧辊，当送进角小于 13° 时，入口锥角一般为 3°~3.5°。出口锥角与入口锥角相当，或稍大一些（1°~2°）。当采用大送进角（大于 13°）时，由于缩短了变形区长度，抛出力减小，故可以采用多锥度辊型。

桶形辊的入口锥角和出口锥角，如图 14-11 所示。

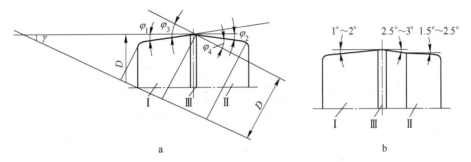

图 14-11　桶形轧辊辊型图

a—单锥度桶形辊；b—多锥度桶形辊

压缩带的直径即为轧辊直径，一般为最大坯料直径的 3.5~6.8 倍，辊身长度与最大辊径之比为 0.55~0.70。

三辊斜轧穿孔机的轧辊直径（图 14-12）受到最小毛管外径 d_{min} 的限制，其最大辊径 D_{max} 为：

$$D_{max} = 6.5d_{min} - 7.5\Delta \tag{14-1}$$

式中　Δ ——辊面之间的间隙，mm。

14.2.3　轧辊加工制造

14.2.3.1　轧辊性能要求

A　轧辊强度

根据轧辊尺寸和用途，对轧辊的强度要求有不同的侧重点。板带轧机使用平辊轧制（图 14-13）的传递扭矩大，重点是扭转强度；型辊轧制（图 14-14）主要承受集中载荷，重点是弯曲强度。因此，两者均需要通过弯扭组合校核轧辊强度。

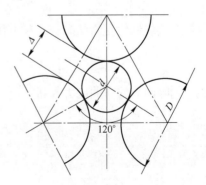

图 14-12　三辊斜轧穿孔机的辊径与最小毛管外径的关系

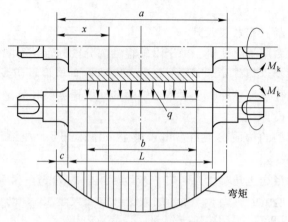

图 14-13　平辊轧制的受力状态

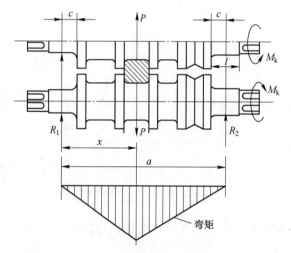

图 14-14　型辊轧制的受力状态

根据平辊轧制的受力状态，辊身中央断面的弯曲应力为：

$$\sigma = \frac{P}{0.1D^3}\left(\frac{a}{4} - \frac{b}{8}\right) \tag{14-2}$$

根据型辊轧制的受力状态，轧制力作用断面的弯曲应力为：

$$\sigma_b = \frac{1}{0.1D^3}x\left(1 - \frac{x}{a}\right)P \tag{14-3}$$

辊径危险断面的弯曲应力和扭转应力为：

$$\sigma = \frac{M_w}{W_w} = \frac{M_w}{0.1d^3} \tag{14-4}$$

$$\tau = \frac{M_n}{W_n} = \frac{M_n}{0.2d^3} \tag{14-5}$$

式中　M_w——弯曲力矩；

　　　　M_n——扭转力矩；

W_w ——抗弯截面系数；

W_n ——抗扭截面系数；

d ——辊颈直径。

对于钢轧辊，按照第三或第四强度理论计算辊颈处的合成应力。根据第四强度理论：

$$\sigma_{d4} = \sqrt{\sigma^2 + 3\tau^2} \tag{14-6}$$

对于铸铁轧辊，按照第一或第二强度理论计算辊颈处的合成应力。根据第二强度理论：

$$\sigma_{d2} = 0.375\sigma + 0.625\sqrt{\sigma^2 + 4\tau^2} \tag{14-7}$$

轧辊的许用应力通常取强度极限的 1/5，即安全系数为 5。

对于斜轧生产使用的锥形辊，由于工艺要求的轧辊尺寸具有足够的强度，因此通常不进行辊身的强度计算。

B　轧辊刚度

对于板带材轧制使用的平辊，通常需要进行挠度变形计算，并以此确定轧辊的辊型曲线，使轧辊具有合适的刚度，保证轧制产品的厚度精度和板形要求。轧辊的挠度分别由弯矩和剪力引起，即：

$$f = f_1 + f_2 \tag{14-8}$$

$$f_1 = \frac{P}{18.8ED^4}(12ab^2 - 7b^3) \tag{14-9}$$

$$f_2 = \frac{Pb}{2\pi GD^2} \tag{14-10}$$

C　硬度

硬度是轧辊耐磨性的具体指标。轧辊的磨损机理很复杂，包括机械应力作用、轧制时的热作用、冷却作用、润滑介质的化学作用以及其他作用，因此应该综合评定轧辊抗磨性的统一指标。硬度易于测量，并在一定条件下可以反映耐磨性，一般就用径向硬度曲线近似地表述轧辊的耐磨指标，因此轧辊硬度关系到轧件的质量和轧辊的使用寿命。

D　耐冲击

由于断辊是轧制生产过程中的严重事故，所以对于一些承受冲击大的轧机，如型钢轧机、开坯机的轧辊，要求轧辊有较强的耐冲击能力。

E　抗热裂

对于热轧机，其轧辊在应力交变和热交变条件下工作，所以其抗热裂性是重要指标之一。尤其是大尺寸轧辊，如宽厚板轧机的支承辊质量已超过 200 t，其辊身温度分布极度不均，抗热裂的指标必须更为严格。

F　表面粗糙度

轧制薄规格产品时，则对轧辊的刚性、组织性能均匀性、加工精度以及表面粗糙度等指标要求较严格。

G　易切削性

对于型材轧制用辊，由于需要加工较深的轧槽，切削量很大，因此要求具有易切削、能够获得良好的轧槽切削加工表面。

14.2.3.2 轧辊材料

常用的轧辊材质和用途见表 14-2。

表 14-2　常用轧辊材质和用途

辊面硬度（HS）	选用材料	用　途
<35~40	高强度铸钢或锻钢 （如 40Cr、5CrNi、60CrMnMo）	初轧机，大型轧机的粗轧机座
<35~40	合金铸钢 （如 ZG70、ZG70Mn、ZG15CrNiMo）	型钢粗轧机
45~50	合金锻钢 （如 9Cr2Mo、9CrV）	热带钢轧机支承辊
50~65	合金锻钢 （如 9Cr、9Cr2Mo、9CrV）	冷带钢轧机支承辊
58~68	冷硬铸铁	热轧带钢工作辊，型钢轧机成品机架
75~83	无限冷硬铸铁	热轧带钢精轧机组后几架
>90~95	合金锻钢（如 9Cr2W、9Cr2Mo） 碳化钨	冷轧带钢工作辊

14.2.3.3 铸造轧辊

轧辊最早的生产方式即为铸造生产。铸造平辊主要用于板带材轧制，随着热轧宽厚板、热轧带钢和冷轧带钢宽度尺寸的增大，平辊的辊身长度和整体尺寸也随之增加。铸造方法可以生产尺寸很大轧辊，适于热轧板带材和型材轧制生产使用。

铸造轧辊的使用量占轧辊总量的 80% 左右。铸造轧辊按材质分为铸铁轧辊、铸钢轧辊、半钢轧辊三类，各类材质又有普通的和合金的两种。内外层材质化学成分不同的轧辊称为复合铸造轧辊。在铸铁轧辊中按品种可以分为冷硬、半冷硬、无限冷硬、球墨铸铁、高铬铸铁和锻造白口铁等轧辊。铸造轧辊生产工艺过程如图 14-15 所示。

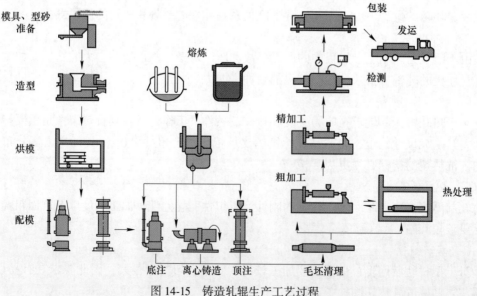

图 14-15　铸造轧辊生产工艺过程

铸造方法主要有立式铸造法（图 14-16）和离心铸造法（图 14-17）。立式铸造法的优点是设备和工具比较简单，一般轧辊都能生产，投资较低。离心铸造法的优点是轧辊表层质量较好，金属收得率较高，特别适合于浇注复合轧辊、高铬轧辊及组合轧辊的辊套和辊环等。

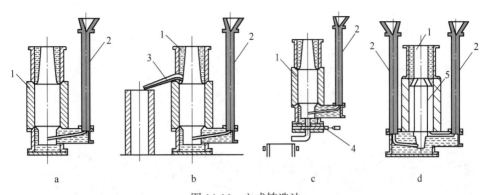

图 14-16　立式铸造法

a—整体铸造；b—溢流复合铸造；c—底漏复合铸造；d—隔套复合铸造
1—铸型；2—浇注系统；3—溢流槽；4—滑动水口；5—隔套

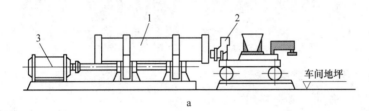

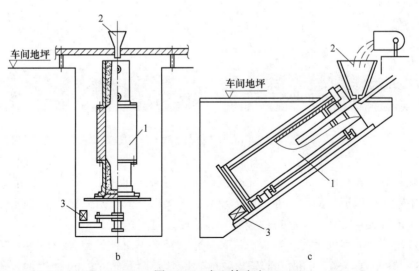

图 14-17　离心铸造法

a—卧式离心铸造；b—立式离心铸造；c—倾斜式离心铸造
1—铸型；2—浇注系统；3—传动系统

离心铸造法的主要设备是离心浇注机，有卧式浇注机、立式浇注机和倾斜式浇注机。

利用离心浇注机可生产直径为 1230 mm、辊身长 5500 mm、重 63 t 的特厚板工作辊和外径为 1600 mm、重 19 t 的支承辊套。复合方法，如连续浇注复合法、喷射沉积法、电渣焊法及热等静压法生产的芯部是强韧性好的锻钢或球墨铸铁、外层为高速钢系列的复合轧辊以及金属陶瓷轧辊也已得到广泛应用。

14.2.3.4 锻造轧辊

钢锭经锻造加工生产的轧辊称为锻造轧辊。锻造能将钢锭内部的疏松、缩孔等冶金缺陷锻合，将粗大的铸造组织破碎，从而获得组织致密、成分均匀的高质量轧辊。锻钢轧辊比同类铸造轧辊有更好的强韧性、表面硬度均匀性和抗疲劳性能，对于承受单位压力较高的轧辊需要使用锻造轧辊。图 14-18 为中国一重为鞍钢 1700ASP 线提供的 R1 热轧工作辊。

图 14-18　锻造轧辊

锻造轧辊具有较高的强度、辊身工作层硬度、耐磨性和韧性，在一定的淬硬层深度范围内硬度落差小。锻造成型后，通过整体或表面淬火以及低温回火将轧辊表面硬度（HS）调整到规定值（90~100），轧制有色金属时表面硬度可高达 105。

辊身淬硬层深度根据材质、淬火方式和轧辊直径大小而异。大直径轧辊在使用到极限硬度（HS）值（82~85）时进行重淬火。近年来，为了增加 9Cr2 型轧辊的淬硬层深度，减少重淬，节省费用，发展趋势是提高铬的含量，向 9Cr3 型和 9Cr3Ni 型发展，甚至铬含量提高到 5%~10%。

锻钢轧辊的生产过程包括冶炼、铸锭、锻造、锻后热处理、粗加工、最终热处理、精加工等主要工序。生产锻造轧辊所用的设备，以及工艺参数的选择和控制必须保证满足成品轧辊对化学成分、力学性能、组织、冶金质量、尺寸公差、内应力分布以及表面状态等的要求。

锻造轧辊的主要性能要求是:

(1) 耐磨性能。冷轧辊在高速旋转工作状态承受很大的摩擦力,因此要求冷轧辊工作层具有高的硬度和耐磨性能,提高轧辊抵抗失重和尺寸变小的能力。

(2) 抗剥落性能。轧辊在长时间工作的情况下,轧辊表面承受周期性交变应力的作用容易导致疲劳裂纹而产生剥落,因此要求冷轧辊应具有良好的抗剥落性能。

(3) 抗事故性能。高速运转的轧辊不但要能承受正常轧制时的高磨损应力和高交变应力,在轧制出现故障时,还要承受局部应力过载和热负荷过载,要求冷轧辊应具有高的抗事故性能。

为了满足冷轧辊的使用性能,对辊坯的冶金质量提出更高的要求,要求辊坯材质致密、成分均匀、纯净度好。碳化物偏析会导致组织不均匀,从而产生硬度不均匀及应力分布不均匀,轧辊表面局部产生软点将影响轧辊使用寿命。基于对锻钢冷轧辊坯内在质量的严格要求,必须保证锻钢冷轧辊良好的使用性能和高的使用寿命。

14.2.3.5 组合轧辊

为了提高轧辊的性能,使其具有其他功能,可以采用组合式轧辊。针对不同的要求和目的,组合轧辊具有不同的结构组成。

随着棒线材轧制速度的提高,碳化钨轧辊是高速线材轧机必须使用的轧辊。由于精轧机组是在高速度、高应力、高温下工作的,铸铁辊、工具钢辊的耐磨性差,轧槽寿命短,轧辊的修理装卸非常频繁,影响了轧机的效能,不适应精轧生产的要求,故被组合式碳化钨轧辊(图 14-19)取代。

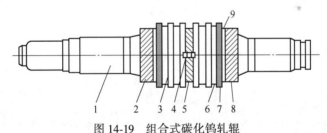

图 14-19 组合式碳化钨轧辊
1—辊轴;2—正向锁紧螺母;3—辊环;4—键;5—辊轴轴肩;6—轧槽;
7—压力碟片;8—反向锁紧螺母;9—压力螺栓

预应力组合轧辊由辊套与辊轴装配而成,预先施加于辊套的预应力用来平衡轧制过程中出现的水平力。

14.2.3.6 轧辊表面处理

轧辊表面处理技术可以用于新辊表面的功能加工和旧辊的修复加工,主要处理工艺有:激光毛化(图 14-20)、激光淬火、激光修复、激光熔覆(图 14-21)、轧辊表面堆焊(图 14-22)、等离子喷涂等。

堆焊(图 14-23)是生产复合轧辊的主要方式,也可以用来修复轧辊,恢复其使用功能,延长轧辊寿命。轧辊的可焊性取决于它的材质。轧辊的堆焊方法有埋弧自动焊、电渣焊、气体保护焊和喷焊几种,其中以埋弧自动焊应用最广泛。

图 14-20　表面激光毛化轧辊　　图 14-21　表面激光熔覆轧辊　　图 14-22　堆焊轧辊

 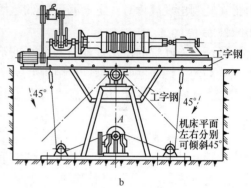

图 14-23　轧辊表面堆焊机床

a—平辊堆焊机床；b—型辊堆焊机床

　　埋弧自动堆焊分为丝极埋弧焊和带极埋弧焊两大类，丝极埋弧焊又有实芯焊丝和药芯焊丝之分。尽管形式繁多，但堆焊工艺大体相同。表 14-3 给出了不同堆焊焊丝的化学成分。

表 14-3　堆焊焊丝的化学成分

焊丝牌号	成分（质量分数）/%							
	C	Mn	Si	Cr	Ni	S	P	W
30CrMnSi	0.28~0.35	0.8~1.1	0.9~1.2	0.8~1.1	≤0.25	≤0.04	≤0.04	—
2Cr13	0.16~0.24	≤0.6	≤0.6	0.8~1.1	≤0.6	0.30	0.035	—
3Cr13	0.25~0.34	≤0.6	≤0.6	12~13	≤0.6	0.30	0.035	—
3Cr2W8	0.30~0.40	0.3~0.4	≤0.35	2.2~2.7	—	≤0.03	≤0.03	7.5~9.0

14.3　顶头与芯棒

　　顶头和芯棒是轧制管材的内工具，由于处于管材内部，工作条件严酷，尺寸和润滑受到限制，因此要求其质量性能能够保证正常的轧制成型过程。

14.3.1　顶头

　　顶头是无缝管生产工序中的关键工具，其质量和寿命直接影响无缝管材的质量和设备运行。顶头在金属变形过程中要承受强大的轴向压力，克服与内壁之间产生的强大变形摩擦力，磨损报废是影响使用寿命的主要原因。

斜轧顶头有两种，一种是穿孔用顶头（图 14-24），另一种是自动轧管机使用的轧管顶头（图 14-25）。20 世纪 70 年代，青岛钢厂采用钢球作为自动轧管机顶头，该球形顶头自动更换装置以及球形顶头冷却系统的使用，提高了轧管机的轧制质量，减轻了工人的劳动强度，工作环境明显改善。包钢无缝钢管厂的 400 自动轧管机一直采用锥形顶头，其使用寿命低，更换时人工操作，劳动强度大。1984 年，该厂在 400 自动轧管机上使用球形顶头。

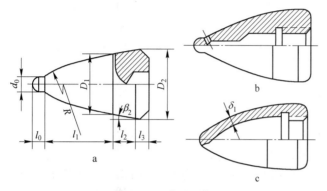

图 14-24　穿孔顶头

a—更换式非水冷顶头；b—内外水冷顶头；c—内水冷顶头

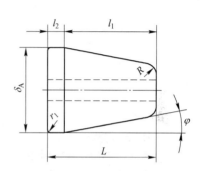

图 14-25　自动轧管机顶头

提高顶头的质量和使用寿命的措施是其形状合理的设计与材料合适的选择。顶头材质通常为 H13（4Cr5MoSiV1），可以通过在顶头的头部镶或堆焊钼材料（图 14-26），使顶头的寿命延长。顶头基材一般采用 Cr-Ni 系低合金钢、HB 热作模具钢以及陶瓷材料（ZrO_2、SiN_4），复合层材料多采用 Mo 或 Mo 基合金以及陶瓷等高温强度高、耐粘钢性能好、抗熔损性好的材料。

图 14-26　顶头头部表面堆焊钼材料

小直径管穿孔可以使用全钼顶头（图 14-27）。钼合金顶头采用钼粉 FMo-1 原料添加稀土材料，经过混料、成型、外形加工、高温烧结等工序加工制成，成品密度不小于 9.4 g/cm^3。

此外，斜轧均整机亦使用顶头（图 14-28）进行钢管均整。均整作用是：

（1）均整管壁，消除自动轧管机轧后钢管的壁厚不均；

（2）磨光钢管内外表面，消除轧管工序带来的钢管内直道等表面缺陷；

（3）使钢管圆正；

（4）三辊均整机还可实现 15% ~ 20% 的减壁量；

（5）由于定径能力的限制，不能用定径机定径的厚壁管，采用均整机定径。

图 14-27　全钼顶头

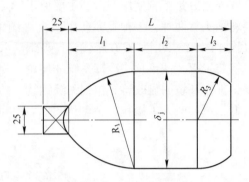

图 14-28　斜轧均整顶头

14.3.2　芯棒（芯头）

　　芯棒（芯头）是管材减壁延伸的重要工具，根据用途芯棒有：冷拔管芯棒（头）、冷轧管芯棒、热轧管芯棒、扩管芯棒（图 14-29~图 14-32）。

　　芯棒（芯头）的生产工艺过程是：坯料准备（冶炼铸造）→锻造→（校直）→热处理→机械加工（粗车、精车）→镀铬成品。其中，重要的工序是锻造和热处理（调质处理），尤其是对热轧管芯棒，尺寸细长，应减少和避免锻造与热处理缺陷的产生。

a　　　　　　　　　　　　　b

图 14-29　冷拔管芯棒（头）

a—固定短芯棒；b—游动芯头

图 14-30　冷轧管芯棒

图 14-31　热轧管芯棒

图 14-32　扩管芯棒

我国中原特钢能够制造生产 MPM、PQF、FQM 等轧机系列芯棒，直径为 80～350 mm，长度为 2500～17500 mm。钢种材料为 H13 或 4Cr5MoSiV1，并制定相应的产品标准。

太原科技大学开发了一种用于大直径管材拉拔的可变直径长芯棒，由于芯棒直径可变，从而穿芯棒和脱棒过程变得容易，且可以消除脱棒过程中对管材内壁的划伤和对芯棒表面的磨损。

14.4　辅助成型工具

轧制辅助成型工具包括长材轧制过程中的导卫装置和管材穿孔与轧制过程的导向夹送装置等。

14.4.1　导卫装置

导卫装置也是参与长材轧制变形的工具，其性能好坏不仅关系到轧制过程是否顺利，也关系到产品的质量。导卫装置是入口导板和出口卫板的合称。

导卫在长材生产中的作用：

（1）入口导板的作用是正确地将轧件导入轧辊孔型，防止轧件左右偏移；

（2）保证轧件在孔型中稳定地变形，并得到所要求的几何形状和尺寸；

（3）出口卫板的作用是顺利地将轧件由孔型中导出，防止轧件上下弯曲导致缠辊；

（4）控制或强制轧件扭转或弯曲变形，按一定的方向运动。

轧制任何断面形状的长材在所有轧辊的进口和出口都要使用导卫装置。其作用是使轧件能按照所需的状态进出孔型，保证轧件按既定的变形条件进行轧制。尽管孔型设计合理，如果导卫装置的设计或使用不当，也不能轧出合格的产品，并可能造成刮切轧件、挤钢、缠辊，甚至造成断辊或严重的设备事故和人身事故。

导卫有滑动导卫和滚动导卫，滑动导卫（图 14-33 和图 14-34）造价较低，稳定性差，不易调整。导板多是铸钢件，也可以用钢板割出，材质是 45 号钢或中碳钢。滚动导卫更加稳定，可以很方便地调整导辊间的距离，卫板（图 14-35）与孔型关系密切，没有孔型不能制作，需现场准备。异形产品的分块卫板，强度和耐磨性要好。

滚动导卫（图 14-36 和图 14-37）的优点有：轧机阻力小、不易划伤轧件，表面质量好、易操作调整。

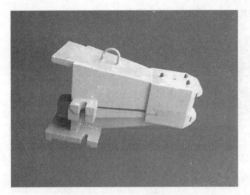

图 14-33　入口滑动导卫

图 14-34　出口滑动导卫

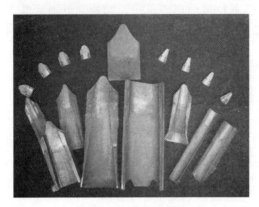

图 14-35　滑动卫板

图 14-36　入口滚动导卫

图 14-37　出口滚动导卫

　　滚动导卫还可以具有切分功能，图 14-38 是一种四切分导卫装置，即将一根轧件切分成 4 根，并引导进入下一架轧机。

　　四切分导卫装置中，箱体的前、后侧分别设有进料口与出料口，进料口与出料口之间设有导向通道，靠近进料口的箱体左右两侧分别为导向板，箱体内分别设有贯穿两侧的导向板且上下平行的由传动机构驱动的第一辊轴，两个第一辊轴上均套装有双刃切分轮，两个第一辊轴与出料口之间设有贯穿两侧的导向板且上下平行的由传动机构驱动的第二辊

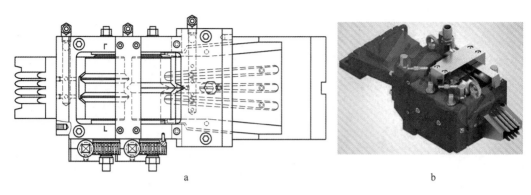

图 14-38　四切分导卫装置

a—四切分导卫装置结构图；b—四切分导卫装置外形图

轴，两个第二辊轴上均套装有单刃切分轮，且单刃切分轮上的刀刃位于双刃切分轮上的两刀刃之间的位置处；出料口与两个第二辊轴之间设有分料道，分料道上固定有 3 个将分料道分成 4 个出料通道的切分刀，实现对钢材的完全切割，切分轮的冷却效果好，可延长切分轮使用寿命。

14.4.2　定心装置

定心装置（图 14-1，图 14-39）主要是防止顶杆在穿孔过程高速旋转时产生速度的抖动，保持穿孔过程稳定，防止毛管由此产生严重的偏心或顶杆弯曲。定心装置一般设置 3~4 架，随着毛管长度的增加，定心装置可以有 5~7 架。

通常每台定心装置由 3 个互成 120°的定心辊组成，其中 1 个上定心辊和 2 个下定心辊。穿孔时定心装置的动作如下：

（1）抱顶杆。当管坯咬入至毛管接近定心装置前，机架定心辊及时将顶杆抱住，并随顶杆一道转动（随动辊），以使顶杆轴线保持在轧制线上，不至于产生过度的甩动。

图 14-39　打开状态的定心辊装置

（2）抱毛管。当毛管前端接近某一架定心装置时，3 个定心辊同时打开一个小距离，使毛管进入 3 个定心辊之间并旋转前进，此时定心装置起到毛管导向及防止毛管过度甩动的作用。定心辊打开的间距应根据毛管直径予以调整，通常 3 个定心辊的间距（直径）选取毛管的外径加毛管的跳动量（8~12 mm）。

（3）打开。当穿孔过程完成、顶杆抽出后，上定心辊上抬起。定心装置之间的升降辊升起托住毛管，转动将送出毛管，定心装置等待下一次抱顶杆。

定心辊的驱动最早由汽缸完成，主要在小型机组上使用。现代的极大型机组通常都采用液压缸驱动，并实现自动控制。

14.5　小　结

随着轧制技术的演变和加工制造技术的发展，轧制成型工具的结构形式、材料和加工手段在不断变化，轧制工具的不断改进和完善是轧制生产中的重要内容。

轧制工作者应该对轧制工具的设计制造有充分的了解，利用合适的加工技术为轧制生产提供适用的轧制工具。

15 轧制变形与力能参数

15.1 概　　述

轧制成型是典型的金属塑性大变形过程，轧制成型理论建立在塑性力学的基本概念与分析方法的基础上，其任务是为轧制设备与工具的设计研制和轧制工艺过程制订提供必要的理论基础和工程计算方法。通过对轧制成型过程中的轧件与轧辊（变形工具）之间相互作用过程的分析，确立两者之间的几何关系、力学和运动学关系，从而获得轧制过程的变形参数与力能参数。

由于轧制成型过程的方式、条件和成型工具形式不同，因此轧制过程的分析过程亦不相同，从而形成相应的轧制（塑性）成型理论，如纵轧理论、斜轧理论、横轧理论、环轧理论、周期轧制理论、弯曲成型理论、拉拔理论等。

随着塑性力学研究手段和方法的发展，研究分析轧制过程的方法也相应得到发展，从传统的工程计算法、滑移线方法、极值原理及上限法发展到计算机数值模拟以及人工智能等。本章以工程法为基础，介绍轧制力能参数计算的基本方法。

15.2　材料变形与变形速度

对轧制变形的描述可以采用绝对变形量与相对变形系数。对于简单轧制过程，常用的轧制变形系数有：

（1）压下量，轧件的入口厚度减去出口厚度：

$$\Delta h = H - h \tag{15-1}$$

（2）宽展量，轧件的出口宽度减去入口宽度：

$$\Delta b = B - b \tag{15-2}$$

（3）相对压下量，压下量与轧件入口厚度的百分比：

$$\varepsilon = \frac{\Delta h}{H} \times 100\% \tag{15-3}$$

（4）延伸系数，轧件的轧后长度与轧前长度的比值：

$$\lambda = \frac{L_1}{L_0} \tag{15-4}$$

（5）轧制变形速度的概念是单位时间的轧制高度方向上的轧件平均压缩量（s^{-1}），可表示为：

$$\dot{\varepsilon} = \frac{2v\sqrt{\Delta h R}}{H + h} \tag{15-5}$$

15.3 材料变形抗力

金属材料在受外力作用时，变形金属抵抗塑性变形的能力称为变形抗力，又称塑性变形抗力。对于特定的金属材料，塑性变形抗力与其不同的变形温度、变形速度和变形程度相关，通常用单向拉伸或单向压缩试验时的屈服强度标定。

应变速率范围 $\varepsilon = 10^{-4} \sim 10^{-3}\ s^{-1}$ 内，可以采用下面的实验公式：

$$k_t = \alpha\,\dot{\varepsilon}^m \tag{15-6}$$

式中　α——系数；

　　　$\dot{\varepsilon}$——应变速率，s^{-1}；

　　　m——应变速率敏感性指数。

据研究，实验温度在 900~1200 ℃ 时，碳钢的 m 值在 0.10~0.18 之间，随着温度降低 m 值减小。

静态冷变形抗力公式为：

$$k = K\,\bar{\varepsilon}^n \tag{15-7}$$

$$k = A(B + \bar{\varepsilon})^n \tag{15-8}$$

$$k = k_0 + C\,\bar{\varepsilon}^n \tag{15-9}$$

式中　K，A，B，C——常数；

　　　　　n——应变硬化指数；

　　　　　$\bar{\varepsilon}$——累计等效应变；

　　　　　k_0——材料在完全退火状态下的屈服极限。

金属的塑性变形抗力除取决于化学成分和组织结构外，还取决于变形过程的应力状态。通常在计算变形力时，这两方面的影响因素单独加以考虑。

确定金属材料的变形抗力方法有两种，即公式法和曲线法。确定变形抗力的经验公式和实测曲线有很多，如计算冷轧变形抗力的志田公式、计算热轧变形抗力的艾克隆德公式和恰古诺夫公式等，可以查阅相关资料，根据实际轧制条件选择使用。

志田公式：

$$k_f = \sigma_0(1 + a\,\dot{\varepsilon}^m) \tag{15-10}$$

其中，σ_0、a 和 m 与图 15-1 中的静态变形抗力 $k_f(MPa)$ 有关。

艾克隆德公式：

$$k_f = \left(1 + \frac{0.8\mu l - 0.6\Delta h}{h_m}\right)\left(\sigma_s + \frac{9.8\eta v\sqrt{\Delta h/R}}{h_m}\right) \tag{15-11}$$

式中　v——轧辊表面线速度，mm/s；

　　　R——轧辊半径，mm；

　　　σ_s——与温度和化学成分有关的材料屈服应力，MPa；

　　　η——材料塑性系数，$kg \cdot s/mm^2$；

　　　h_m——变形区内轧件平均厚度，mm。

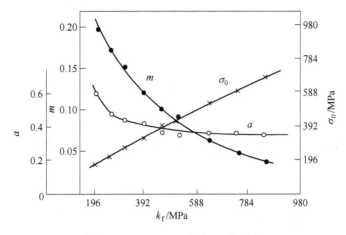

图 15-1　σ_0、a、m 值与 k_f 的关系

摩擦系数 μ 取决于轧制温度、轧辊材质和表面状态；轧制材料的屈服应力 σ_s 与其成分和轧制温度有关；轧制材料的塑性 η 与轧制温度有关。

15.4　轧制过程中的摩擦

与机械运动的滑动摩擦相比，金属塑性成型过程的接触表面摩擦的特点是：

（1）接触压力高，塑性成型时金属与工具接触表面的单位压力可达几百甚至上千兆帕，高于机械摩擦的数倍到几十倍；

（2）接触表面温度高，冷成型的多在上百摄氏度，而热成型则在几百摄氏度以上。

（3）不断产生新表面，由于塑性变形，金属的表面积增大，因而不断有内部的金属转移到表面金属。

由于塑性成型过程的接触表面摩擦力很大，因此在分析轧件的受力状态和变形规律时必须考虑接触表面摩擦力（外摩擦）的影响。描述塑性成型过程的摩擦规律有：（1）干摩擦理论（$\tau = \mu p$），摩擦力与单位压力成正比；（2）摩擦系数为常数理论（$\tau = mk$），摩擦因子为常数；（3）液体摩擦理论（$\tau = \eta \dfrac{\Delta v}{h}$），摩擦力与润滑液黏度和相对运动速度有关。在工程中，摩擦系数通常采用经验公式和实验数据确定。

影响热轧过程摩擦系数的因素有轧制温度、轧件的材质、轧辊表面状态、轧制速度和冷却润滑液成分，表 15-1 给出的是不同温度下热轧低碳钢的摩擦系数。

表 15-1　不同温度下热轧低碳钢的摩擦系数

温度/℃	不同轧制速度下的摩擦系数 μ				
	0.2 m/s	0.3~0.5 m/s	0.5~1.0 m/s	1.0~1.5 m/s	1.5~2.5 m/s
800	0.53~0.56	0.44~0.49	0.34~0.39	0.29~0.33	0.17~0.20
900	0.50~0.57	0.38~0.46	0.32~0.37	0.24~0.32	0.17~0.24
1000	0.45~0.54	0.37~0.44	0.28~0.34	0.25~0.29	0.17~0.23

温度/℃	不同轧制速度下的摩擦系数 μ				
	0.2 m/s	0.3~0.5 m/s	0.5~1.0 m/s	1.0~1.5 m/s	1.5~2.5 m/s
1100	0.41~0.49	0.33~0.38	0.26~0.34	0.26~0.29	0.18~0.23
1200	0.40~0.43	0.32~0.38	0.30~0.34	0.22~0.27	0.18~0.21

影响冷轧过程摩擦系数的因素有轧制温度、轧件的材质、轧辊表面状态、轧制速度、润滑液黏度和道次压下量，表 15-2 给出的是不同润滑条件下冷轧低碳钢的摩擦系数。

表 15-2　不同润滑条件下冷轧低碳钢的摩擦系数

润滑条件	道次号	道次压下率/%	摩擦系数
无润滑（轧辊与带材表面清洁干燥）	1	15.0	0.085
煤油润滑	1	16.5	0.080
煤油润滑	3	22.0	0.060
煤油添加剂			
1%硬脂酸	1	16.7	0.075
1%硬脂酸+0.6%硫	1	17.0	0.071
5%硬脂酸铜	1	16.8	0.063
5%硬脂酸钠	3	24.0	0.060
5%硬脂酸铅	2	17.3	0.058
1%月桂酸	3	24.3	0.053
5%油酸钠	4	23.0	0.049
1%棕榈酸	3	22.0	0.072
68/615 含油石墨	1	15.5	0.072

15.5　纵轧变形与力能参数

15.5.1　变形过程分析

15.5.1.1　变形区几何参数

轧制过程是轧辊与轧件相互作用的动态过程，在轧辊的作用下轧件产生塑性变形，因而轧件存在着一定范围的塑性变形区域。为了便于分析，通常将不规则的塑性变形区简化为规则的区域，即几何变形区，简称变形区。描述变形区的参数有咬入角、接触弧长和接触面积。对于简单轧制过程，上述参数的意义如图 15-2 所示。

与变形区有关的概念如下：

（1）咬入角，咬入时轧件与轧辊的最先接触点到两轧辊中心连线的弧长所对应的轧辊圆心角，公式如下：

$$\alpha = \sqrt{\frac{\Delta h}{R}}$$

（15-12）

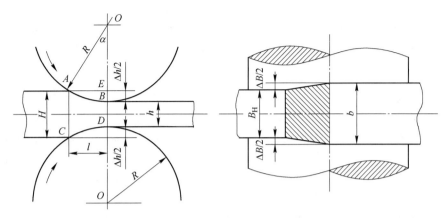

图 15-2　简单轧制过程的变形区几何参数

（2）接触弧长，变形区接触弧的水平投影，公式如下：

$$l = \sqrt{R\Delta h} \qquad (15\text{-}13)$$

（3）后滑区与前滑区，变形区的入口侧部分的金属流动速度低于轧辊圆周速度的水平分量，该区域称为后滑区。变形区的出口侧部分的金属流动速度高于轧辊圆周速度的水平分量，该区域称为前滑区。

（4）中性面，后滑区与前滑区的过渡面。在中性面，金属流动速度等于轧辊圆周速度的水平分量，中性面所对应的轧辊圆心角为中性角，公式如下：

$$\gamma = \frac{\alpha}{2}\left(1 - \frac{\alpha}{2\beta}\right) \qquad (15\text{-}14)$$

$$\gamma = \frac{\alpha}{2}\left(1 - \frac{\alpha}{2\mu}\right) \qquad (15\text{-}15)$$

式中　β，μ——接触表面的摩擦角和摩擦系数。

15.5.1.2　宽展量

根据不同的金属轧制变形条件，可以得到不同计算宽展量的公式，最简单的计算公式是只考虑压下量的热兹公式：

$$\Delta b = C\Delta h \qquad (15\text{-}16)$$

式中　C——考虑除压下量以外的所有影响因素。

15.5.1.3　体积不变条件

根据塑性变形体积不变的条件，在变形区的各个横断面上，单位时间内流过的金属体积不变，即金属秒流量相等。因此，在连轧条件下金属秒流量相等也成立，在单位时间内通过各个机架的金属流量相等，公式如下：

$$F_1 v_1 = F_2 v_2 = \cdots = F_n v_n \qquad (15\text{-}17)$$

式中　$1，2，\cdots，n$——机架序号；

　　$F_1，F_2，\cdots，F_n$——各机架上的轧件断面积；

　　$v_1，v_2，\cdots，v_n$——各机架上的轧制速度。

15.5.2　轧制过程的力学条件

保证轧制过程实现和稳定进行的力学条件有：咬入条件和稳定轧制条件。

（1）咬入条件：轧件与轧辊接触后，轧辊能把轧件拉入辊缝进行轧制的必要条件，即轧辊作用在轧件上的正压力 N 和轧辊旋转对轧件产生的切向摩擦力 T 的水平分量 N_x 和 T_x 的平衡条件。当 $N_x \leqslant T_x$ 时，轧件进入辊缝，即可被咬入。

咬入条件可用 $\alpha \leqslant \beta$ 表述，α 为咬入角，β 为摩擦角。

（2）稳定轧制条件：当轧制过程建立后，轧辊对轧件的作用力的合力点位于接触弧内，此时的稳定轧制条件为正压力合力的水平分量小于或等于切向摩擦力合力的水平分量。假设合力作用点位于接触弧中间，用咬入角和摩擦角表示的稳定轧制条件为：$\alpha_y \leqslant 2\beta_y$。

15.5.3 轧制压力计算

轧制过程的力能参数计算过程包括：通过求解变形区内的力平衡微分方程，得到单位压力公式；确定平均单位压力公式；由平均单位压力公式和接触面积，计算轧制压力以及轧制力矩。

（1）平衡微分方程。通过分析变形区内单元体的几何参数和受力条件，可以得到相应的平衡微分方程，例如全滑动条件下的力平衡微分方程（卡尔曼方程）：

$$\frac{dp}{dx} - \frac{K dy}{y dx} \mp \frac{t}{y} = 0 \qquad (15\text{-}18)$$

（2）单位压力公式。根据不同的应力边界条件、简化的接触弧几何形状和摩擦条件，求解平衡微分方程，可以得到不同的单位压力公式，例如采利科夫公式：

$$p_H = \frac{K}{\delta}\left[(\delta-1)\left(\frac{H}{h_x}\right)^{\delta}+1\right] \qquad (15\text{-}19a)$$

$$p_h = \frac{K}{\delta}\left[(\delta+1)\left(\frac{h_x}{h_1}\right)^{\delta}-1\right] \qquad (15\text{-}19b)$$

（3）平均单位压力公式。将单位压力公式代入轧制力计算公式：

$$p = \frac{B_H + B_h}{2}\int_0^l p\,dx \qquad (15\text{-}20)$$

导出平均单位压力公式：

$$\bar{p} = K\left[\frac{2h}{\Delta h(\delta-1)}\right]\frac{h_\gamma}{h}\left[\left(\frac{h_\gamma}{h}\right)^{\gamma}-1\right] \qquad (15\text{-}21a)$$

或

$$\bar{p} = K\frac{2(1-\varepsilon)}{\varepsilon(\delta-1)}\frac{h_\gamma}{h}\left[\left(\frac{h_\gamma}{h}\right)^{\gamma}-1\right] \qquad (15\text{-}21b)$$

式中，$\varepsilon = \dfrac{\Delta h}{H}$；$\delta = \mu\dfrac{2l}{\Delta h} = \mu\sqrt{\dfrac{2D}{\Delta h}}$。

$\dfrac{h_\gamma}{h}$ 值可由下式得到：

$$\frac{h_\gamma}{h} = \frac{1+\sqrt{1+(\delta^2-1)\left(\dfrac{1}{1-\varepsilon}\right)^{\delta}}}{\delta+1} \qquad (15\text{-}22)$$

不同的学者针对不同的轧制过程，通过求解不同的平衡微分方程得到相应的单位压力公式。例如，用于板带材冷轧过程的斯通公式，用于板带热轧过程的西姆斯公式和艾克隆德公式等。

（4）轧制压力公式：

$$p = \overline{Bl}\,\overline{p} \tag{15-23}$$

15.5.4　轧制力矩与轧机传动力矩

15.5.4.1　轧制力矩

轧制力矩可以根据轧制力计算，也可以根据轧制过程的能耗实测数据确定。

在简单轧制条件下，转动两个轧辊所需的力矩为：

$$M \approx 2p\psi l = 2p\psi\sqrt{R\Delta h} \tag{15-24}$$

式中　　ψ——力臂系数，即合力作用点对应的轧辊圆心角与咬入角的比值，或轧制力臂
　　　　　　与接触弧长的比值。

$$\psi = \frac{\beta}{\alpha} \approx \frac{a}{l} \tag{15-25}$$

将不同的轧制压力公式代入后，即可以得到轧制力矩的计算公式。

15.5.4.2　轧机传动力矩

轧机的传动力矩是由轧制力矩、附加摩擦力矩、空转力矩和动力矩组成，前三部分之和又称为静力矩，即：

$$M_{\mathrm{m}} = \frac{M}{i} + M_{\mathrm{f}} + M_{\mathrm{k}} + M_{\mathrm{d}} \tag{15-26}$$

附加摩擦力矩是由轧制力引起的轧辊轴承和传动系统的摩擦力矩，空转力矩是空转时传动系统中的摩擦力矩。动力矩是速度变化时，传动系统中的惯性力矩。轧制力矩与静力矩之比为轧机的效率，公式为：

$$\eta = \frac{\dfrac{M}{i}}{\dfrac{M}{i} + M_{\mathrm{f}} + M_{\mathrm{k}}} \times 100\% \tag{15-27}$$

轧机效率与轧制方式和轧机结构有关，变化范围很大，可以在 $\eta = 0.5 \sim 0.95$ 之间。

15.6　斜轧变形与力能参数

15.6.1　斜轧运动学分析

斜轧过程中轧辊同向旋转，轧件以一定的送进角进入轧制过程，其运动特点是螺旋前进。由于变形区内轧辊是不等径的，且轧件也产生减径和延伸变形，因此轧辊与轧件的接触表面产生滑移，即轧辊圆周速度的水平分量与轧件的轴向速度不相等。通常以变形区出口断面的轧辊圆周速度确定轧件的出口速度，公式如下：

轧件的轴向速度和切向速度为：

$$v_{xx} = \frac{\pi D_{ch} n}{60} S_{chx} \sin\beta \frac{F_{ch}}{F_x}$$

$$v_{xy} = \frac{\pi D_{ch} n}{60} S_{chy} \cos\beta \tag{15-28}$$

轧件的转速和单位螺距为：

$$n_x = \frac{D_{ch} n}{d_{ch}} S_{chy} \cos\beta \tag{15-29}$$

$$Z_x = \frac{1}{m}\pi d_{ch} \frac{S_{chx}}{S_{chy}} \tan\beta \frac{F_{ch}}{F_x} \tag{15-30}$$

式中　　D_{ch}，d_{ch}——变形区出口处轧辊直径和坯料直径；

　　　　S_{chx}，S_{chy}——变形区出口处金属的轴向和切向滑移系数；

　　　　F_{ch}，F_x——变形区出口处轧件的截面积和变形区内任一截面面积。

根据实际观测，管材斜轧变形时，切向滑移系数近似等于1。轴向滑移系数：桶形斜轧穿孔机为 0.50~0.90、菌式斜轧穿孔机为 0.80~0.95、两辊斜轧均整机为 0.50~0.95，三辊斜轧穿孔机约比二辊高 15%~20%，浮动芯棒三辊斜轧轧管机为 0.70~1.30。

15.6.2　斜轧变形过程分析

在斜轧过程中，轧件的变形过程较为复杂，图 9-14 给出了斜轧穿孔过程中在轧辊和顶头的作用下，坯料产生塑性变形的区域。

如图 9-14 所示，变形区分为曳入区 Ⅰ、穿孔区 Ⅱ、均整区 Ⅲ 和归圆区 Ⅳ。显然在各个区段上压下量不一样的，可以根据图中的几何关系求得近似的各区段压下量。各区段的接触宽度可以由图 15-3 近似求得。

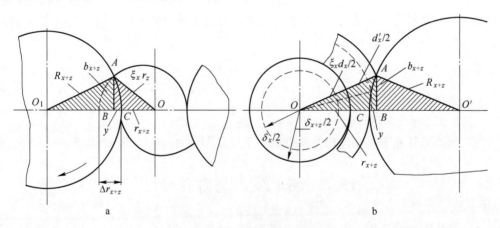

图 15-3　斜轧变形区轧件任一横截面的接触宽度示意图

a—曳入区；b—穿孔区

图 9-14 中的变形区长度 L，可以按下式计算：

$$L = \frac{d_p - d}{2\tan\varphi_1} + \frac{d_{ch} - d}{2\tan\varphi_2} \tag{15-31}$$

15.6.3 斜轧轧制力计算

由于斜轧变形过程的复杂性，因此斜轧轧制力的计算仍然采用近似公式。单位压力计算分为两部分，即为曳入区和穿轧区的单位压力之和。

曳入区的单位压力：

$$p = 2k\left(1.25\ln\frac{2r}{b} + 1.25\frac{b}{2r} - 0.25\right) \tag{15-32}$$

式中　r ——计算剖面的坯料半径；

　　　b ——计算剖面的接触宽度；

　　　k ——材料变形抗力。

穿轧区的单位压力：

$$p = 2k(1 + 0.5\pi) \approx 5.14k \tag{15-33}$$

据实测统计，低碳钢在穿孔过程的平均单位压力为 70~130 MPa，不锈钢为 150~160 MPa。

穿孔机顶头的受力 Q 与轧制力 p 比值的范围在 27%~44% 之间，可以用经验公式确定：

$$Q = (0.35 \sim 0.50)p \tag{15-34}$$

15.6.4 斜轧传动力矩计算

穿孔机的传动力矩包括：轧制力矩、顶头的附加阻力矩以及轧辊轴承中的摩擦力矩。对于有导板或导盘的穿孔机，还需要考虑导板或导盘的阻力矩。

每个轧辊上的轧制力矩为：

$$M'_z = p\,\frac{\overline{b}}{2}\left(1 + \frac{\overline{R}}{\overline{r}}\right) \tag{15-35}$$

式中　p ——变形区内的总压力；

　　$\overline{b}, \overline{r}, \overline{R}$ ——变形区内的平均接触宽度、平均坯料半径、平均轧辊半径。

顶头产生的阻力矩为：

$$M_d = \frac{Q_d}{m}(\overline{R} + \overline{r})\sin\beta \tag{15-36}$$

式中　Q_d ——顶头轴向阻力。

顶头轴向阻力与轧机的形式和轧辊的送进角有关，穿孔机的顶头轴向阻力为轧制压力的 0.22~0.50 倍。此外，作用在导板或导盘的压力为轧制压力的 20% 左右。

15.7　拉拔力能参数

15.7.1　拉拔力

拉拔力与材料变形抗力和接触表面的摩擦状态有直接关系，拉拔力可以按下式计算：

$$F = (A_1 - A_2)CK_m \tag{15-37}$$

式中　A_1 ——坯料入口断面积；

　　　A_2 ——坯料出口断面积；

　　　C ——系数；

　　　K_m ——平均变形抗力，$K_m = \dfrac{K_1 + K_2}{2}$。

系数 C 与减面率有关，可以根据图 15-4 和图 15-5 中的试验数据曲线确定。

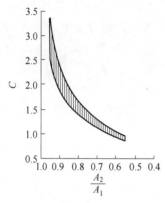

图 15-4　棒材和无芯棒拉拔的系数 C 曲线　　图 15-5　管子芯棒拉拔的系数 C 曲线

15.7.2　拉拔功率

拉拔机的传动功率（kW）可以按照下式计算：

$$P = \frac{FvN}{60300\eta} \tag{15-38}$$

式中　F ——计算拉拔力，N；

　　　v ——拉拔速度，m/min；

　　　N ——拉拔根数；

　　　η ——拉拔机的传动效率。

15.8　小　　结

传统轧制理论计算比较复杂，且计算结果与变形参数和经验数据的选取有很大关系，计算结果多偏于保守。随着计算机计算技术的发展，数值模拟广泛应用于轧制过程分析中，其结果更为精确。然而，传统的计算方法仍然是轧制过程分析的基础，尤其是对新的轧制方式进行初步分析判断，传统轧制理论是轧制工作者应该掌握的分析计算方法。

16 轧机工作机座

16.1 概　述

　　轧制设备泛指轧制生产过程的设备，包括轧制主要设备（轧机）及轧制辅助设备。本章介绍轧制主要设备，即轧钢机的工作机座。轧钢机是通过轧辊（变形工具）使轧件在运行过程中受到滚动辗压（轧制）成型的机械设备。

　　根据轧辊与轧件的相对位置，常用的轧钢机主要有三类：纵轧机（轧辊轴线与轧件前进方向垂直）、横轧机（轧辊轴线与轧件轴线平行）和斜轧机（轧辊轴线与轧件轴线相互交叉）。纵轧机是最常用的轧机类型，由两个或三四个工作辊轧制，斜轧机主要有两辊或三辊形式，用于轴对称轧件的轧制。横轧机主要用于环、盘类零件的轧制。

　　轧钢机主机座的主要组成部分包括：轧辊装置、轧辊调整装置、机架装置和轧机底座。轧钢机主机座与传动轴、齿轮箱、减速器、主联轴器、主电机以及辅助装置一起，构成轧钢机主机列。

16.2 轧辊装置

　　轧辊装置（图 16-1）是直接对轧件施加轧制力的重要部件，包括：轧辊（工具）、轴承、轴承座及相关零件，本节主要介绍轧辊轴承及轴承座。

图 16-1　轧辊装置

16.2.1　轧辊轴承

　　轧辊轴承是用于支承轧辊，使轧辊在机架中保持正确位置的部件。轧辊轴承的工作特点是单位载荷高、连续运行时间长、工作环境恶劣，因此对轧辊轴承的要求是：较小的径向和轴向尺寸、足够的承载能力、较低的摩擦系数、较长使用寿命。此外，轧辊轴承的结构造型形式还要便于快速换辊。

轧辊轴承可以分为三类：滑动轴承、滚动轴承和液体摩擦轴承。

16.2.1.1　滑动轴承

滑动轴承是轴承与轴之间是面接触，因此具有较高的承载能力、较小的径向尺寸，可以承受较大的冲击载荷。此外，冷却和润滑也比较方便。滑动轴承采用较低滑动摩擦系数的材料制成，材质有铜、铸铁、巴氏合金、粉末冶金和酚醛树脂等。

最初的轧辊轴承多采用滑动轴承，如叠轧薄板轧机由于使用热辊轧制，故采用铜瓦轴承和沥青润滑，大型初轧机和横列式轧机则采用胶木瓦轴承，水润滑；小型板带冷轧机采用铜套轴承，油脂润滑。

A　铜合金轴承

铜合金轴承（图16-2）具有较高的强度、较好的减摩性和耐磨性，常用的材料有锡青铜、铅青铜和铝青铜等。锡青铜的减摩性最好，适用于重载及中速场合。铅青铜抗黏附能力强，适用于高速、重载轴承。铝青铜的强度及硬度较高，抗黏附能力较差，适用于低速、重载轴承。

B　粉末冶金轴承

粉末冶金轴承（图16-3）是金属粉末和其他减摩材料粉末压制、烧结、整形和浸油而成的，具有多孔性结构，在热油中浸润后，孔隙间充满润滑油；工作时由于轴颈转动的抽吸作用和摩擦发热，使金属与油受热膨胀，把油挤出孔隙，进而在摩擦表面起润滑作用，轴承冷却后油又被吸回孔隙中。粉末冶金轴承可在较长时间内不需要添加润滑油。粉末冶金轴承孔隙率愈高储油愈多，但孔隙愈多，其强度愈低。

图16-2　铜合金轴承　　　　　　　图16-3　粉末冶金轴承

根据不同的工作条件，选用不同含油率的粉末冶金轴承。含油率大时，可在无补充润滑油和低载荷下应用；含油率小时，可在重载荷和高速度下应用；含石墨的粉末冶金轴承，因石墨本身有润滑性，可提高轴承的安全性，其缺点是强度较低。

C　巴氏合金轴承

巴氏合金轴承（图16-4）是采用锡、铅、锑、铜的合金作为减摩材料的滑动轴承。

以锡或铅作基体，含有锑锡、铜锡的硬晶粒，硬晶粒起抗磨作用，软基体则增加材料的塑性。巴氏合金的弹性模量和弹性极限都很低，嵌入性及摩擦顺应性最好，容易和轴颈磨合，不易与轴颈发生咬黏。该轴承合金强度很低，不能单独制作轴瓦，只能贴附在青铜、钢或铸铁轴瓦上作轴承衬，适用于重载、中高速场合。

D 胶木（酚醛树脂）瓦轴承

胶木瓦轴承（图16-5）具有良好的力学性能，足够的抗压强度和抗疲劳强度，弹性模数小，受压均匀等特点（表16-1）。胶木瓦轴承润滑采用水和乳剂。

图 16-4 巴氏合金轴承

图 16-5 胶木瓦轴承

表 16-1 胶木瓦轴承性能指标

序号	参　数	指　标
1	密度/g·cm^{-3}	1.35~1.40
2	吸水性	≤1.5
3	马丁氏耐热/℃	≥125
4	布氏硬度	>30
5	抗压强度/MPa	≥180
6	冲击强度/MPa	>2

胶木瓦轴承的使用方式有整体式和镶块式两种，如图16-6所示。

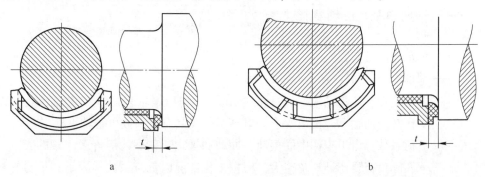

a

b

图 16-6 胶木瓦轴承使用方式
a—整体式；b—镶块式

16.2.1.2　滚动轴承

由于轧辊轴承要在径向尺寸受到限制的条件下承受很大的轧制力,故轧辊使用的滚动轴承主要是双列球面滚子轴承(图 16-7a)、四列圆锥滚子轴承(图 16-7b)和多列圆柱滚子轴承。滚针轴承仅在个别情况下用于工作辊。由于滚动轴承的刚性大,摩擦系数小,但外形尺寸较大,因此多用于各种带轧机和钢坯连轧机上。

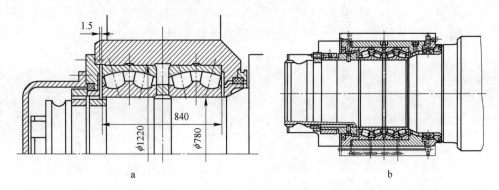

图 16-7　滚动轴承使用方式

a—四辊轧机支承辊的双列球面滚子轴承; b—四辊冷轧机工作辊的圆锥滚子轴承

由于轧辊轴承靠近辊身一端是开式的,因此其密封很重要。一般采用的非接触式迷宫密封有动迷宫和静迷宫(图 16-8)。

根据轧辊尺寸选择合适的轴承型号,轧辊轴承主要是计算它的寿命。计算轴承的寿命要求符合轴承的实际寿命,必须准确地确定负荷。

当量动负荷可由下式求得:

$$P = (XF_r + YF_a)f_F f_T \qquad (16\text{-}1)$$

式中　X——径向系数,根据 F_a/F_r 之比值,由轴承样本查得;

　　　Y——轴向系数,由轴承样本查得;

　　　F_r——轴承径向负荷,N;

　　　F_a——轴承轴向负荷,N;

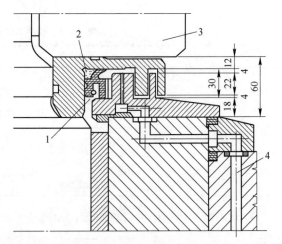

图 16-8　轧辊轴承密封结构图

1—油封; 2—油脂; 3—辊环; 4—空气进口

　　　f_T——温度系数,轧辊轴承一般只能在 100 ℃ 以下工作,$f_T = 1$,需要轴承在高温下工作时应向轴承厂提出要求,对高温轴承其温度系数可查轴承样本;

　　　f_F——负荷系数,由于工作中的振动、冲动和轴承负荷不均等许多因素的影响,轴承实际负荷要比计算负荷大,根据工作情况以负荷系数 f_F 表示,板材轧机的 f_F 值推荐如下:热轧机 $f_F = 1.5 \sim 1.8$,冷轧机 $f_F = 1.2 \sim 1.5$。

当计算多圆柱轴承和滚针轴承时,取轴向负荷等于零,其轴向负荷由专门的止推轴承承受。当量动负荷的计算式为:

$$P = f_F F_r \qquad (16\text{-}2)$$

当计算与多列圆柱轴承、滚针轴承、动压轴承配套使用的止推轴承时，取径向负荷等于零，当量动负荷按下式计算：

$$P = f_F F_a \qquad (16\text{-}3)$$

16.2.1.3 液体摩擦轴承

液体摩擦轴承又称油膜轴承（图16-9），摩擦系数小，工作速度高，刚性较好。按其油膜形成条件分为动压轴承、静压轴承和静动压轴承。静动压轴承的特点是在低于极限速度（约为1.6 m/s）、启动、制动情况下，静压系统工作；高速、稳定运转时，轴承呈动压工作状态，从而减轻高压系统负担，提高了轴承工作的可靠性。其中，动压和静压制度根据轧辊转速自动切换。

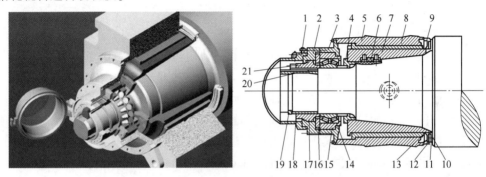

图16-9 轧辊油膜轴承结构

1—端罩；2—箱盖；3—轴承箱；4—压环组件；5—轴承座；6—键；7—锥套；8—衬套；
9—密封环；10—橡胶钉；11—铝环；12—水封；13—脚封；14—止推轴承；15—轴承盒；16—盒盖；
17—锁紧螺母；18—螺环；19—卡环；20—方键；21—扇形键

16.2.2 轧辊轴承座

轧辊装置构成如图16-10所示，轧辊轴承座是其重要组成部分，它的作用是容纳轧辊和轧辊轴承，承受轧制力（图16-11和图16-12）。由于受到轧辊直径和机架牌坊窗口的限制，对轧辊轴承座的材质和加工质量要求十分严格。

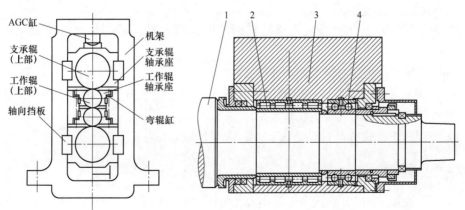

图16-10 轧辊装置构成

1—轧辊；2—滚子轴承；3—轴承座；4—球轴承

图 16-11　工作辊轴承座

图 16-12　支承辊轴承座

除承载能力外，轧辊轴承座还应具备的功能是：

（1）轧辊装置的轴向固定，通常对轧机的非传动端轴承座做轴向固定。

（2）四辊轧机支承辊的多列滚柱轴承没有自位性，支承辊在很大的弯曲载荷下工作，各列滚动体受力不均匀，降低了轴承寿命。为此，必须使支承辊轴承座具有自位性能。上支承辊轴承座的自位性是依靠与压下螺丝端部的球面接触达到，下支承辊轴承座的自位性是将下部做成弧形或加球面垫实现，该方法对油膜轴承时也适用。

（3）通过设置不同的外挂件，与换辊小车或换辊工具连接，满足换辊需要。

（4）设置液压弯辊或液压平衡缸。

16.3　轧辊压下装置

16.3.1　轧辊压下装置的用途与类型

轧辊压下装置的用途主要有：

（1）调整辊缝，实现轧制压下量；

（2）调整轧制线标高，调整轧辊与辊道水平面之间的相对高差、机座之间轧辊的相对高度，保证轧制线的高度；

（3）调整辊型，板带轧机上调整轧辊的轴向位置或径向位置，改变辊型从而控制板形。

轧辊压下装置的类型有以下两种分类方法：

（1）按照工艺要求分类有立辊侧压下装置、下辊压上装置、中辊上下调整装置、上辊压下装置和特殊轧机的轧辊调整装置。

（2）按照压下方式分类有手动压下、电动压下和液压压下。

16.3.2　手动压下装置

手动压下装置（图 16-13）多用于小型轧机，主要采用手轮、螺杆、斜楔等机构对轧辊进行调整。

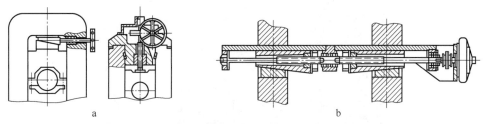

图 16-13　轧辊手动压下装置

a—上辊压下装置；b—下辊压上装置

16.3.3　电动压下装置

电动压下装置（图 16-14）是最常用的轧辊调整机构，按轧辊调整距离、速度及精度又可将电动压下装置分为快速和慢速两种压下装置。在可逆式板带轧机的压下装置中，有的还安装压下螺丝回松机构，以处理卡钢事故。

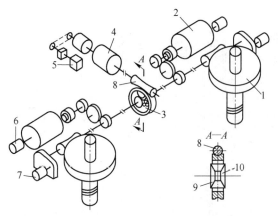

图 16-14　板带轧机压下装置传动示意图

1—压下螺轮副；2—压下电动机；3—差动机构；4—差动机构电动机；5—极限开关；
6—测速发电机；7—自整角机；8—差动机构蜗杆；9—左太阳轮；10—右太阳轮

16.3.4　压下螺丝与螺母

轧辊压下装置的主要受力零件是压下螺丝和铜螺母，其外形如图 16-15 所示。压下螺丝和铜螺母的结构尺寸可以通过经验确定，然后根据轧制力，按照螺纹计算公式进行校核。

16.3.4.1　压下螺母

压下螺母是轧机的重要部件，要求其组织致密，具有良好的减摩性，较高的强度和韧性。压下螺母多采用青铜或黄铜制造，铜螺母的主要结构尺寸参数是外径和高度（图16-16）。

螺母的外径与压下丝杆的直径关系为：

$$D = (1.5 \sim 1.8)d \qquad\qquad (16\text{-}4)$$

a   b

图 16-15   压下丝杆（a）与压下螺母（b）

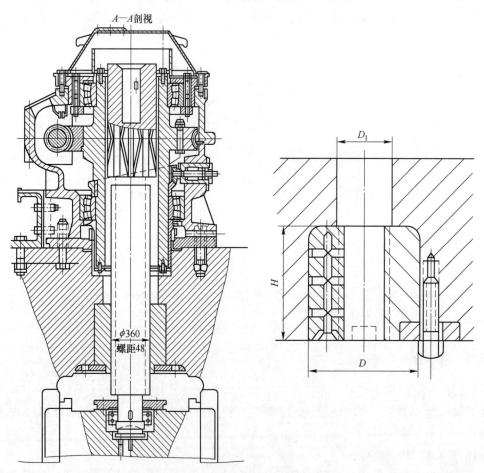

图 16-16   压下丝杆和压下螺母结构

按照挤压强度校核螺母接触端面强度：

$$\sigma_j = \frac{p_1}{\frac{\pi}{4}(D^2 - D_1^2)} \leqslant [p] \qquad\qquad (16\text{-}5)$$

式中 σ_j ——挤压应力；

p_1 ——作用在压下丝杆上的最大压力；

D，D_1 ——螺母的外径和机架牌坊丝杆通过的孔的直径；

$[p]$ ——压下螺母材料的许用单位压力。

螺母的高度：

$$H = (1.2 \sim 2)d \tag{16-6}$$

按照挤压强度校核螺母的螺纹强度：

$$\sigma_j = \frac{p_1}{\frac{\pi Z}{4}[d^2 - (d_1 + 2\delta)^2]} \leqslant [p] \tag{16-7}$$

式中 Z ——压下螺母中的螺纹圈数；

d ——压下螺丝螺纹外径；

d_1 ——压下螺丝螺纹内径；

δ ——压下螺母与螺丝的内径之差。

16.3.4.2 压下丝杆

压下丝杆直径：

$$d = (0.55 \sim 0.62)d_g \tag{16-8}$$

式中 d_g ——轧辊辊颈的直径。

按照自锁条件要求确定螺距有：

$$t \leqslant (0.12 \sim 0.14)d \tag{16-9}$$

对于板带精轧机，要求螺旋升角 $\alpha < 1°$，则有：

$$t \approx 0.017d \tag{16-10}$$

丝杆强度校核：

$$\sigma_j = \frac{p_1}{\frac{\pi}{4}d_1^2}[\sigma] \tag{16-11}$$

式中 σ_j ——压下螺丝的计算应力；

p_1 ——作用在压下丝杆上的最大压力；

$[\sigma]$ ——压下螺丝材料的许用应力。

因此，压下螺丝的安全系数通常为 $n \geqslant 6$。

16.3.5 液压压下装置

与电动压下装置比较，液压压下装置有以下特点：

(1) 快速响应性好，调整精度高，表16-2为液压压下与电动压下动态特性比较；

(2) 过载保护简单可靠；

(3) 采用液压缸压下可以根据需要改变轧机当量刚度，轧机实现从"恒辊缝"到"恒压力"轧制，以适应各种轧制及操作情况；

(4) 较机械传动效率高；

(5) 便于快速换辊，提高轧机作业率。

表 16-2　液压压下与电动压下动态特性比较

项　目	速度 u /mm·s^{-1}	加速度 a /mm·s^{-2}	辊缝改变 0.1 mm 的时间/s	频率响应 宽度范围/Hz	位置分辨率 /mm
电动压下	0.1~0.5	0.5~2	0.5~2	0.5~1.0	0.01
液压压下	2~5	20~120	0.05~0.1	6~20	0.001~0.0025
改善系数	10~20	40~60	10~0	12~20	4~10

　　按照压下油缸的安放位置，有压下装置（图 16-17）和压上装置（图 16-18）两种结构形式。

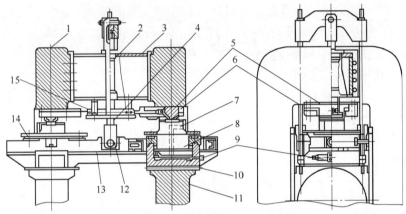

图 16-17　安装在机架上部的压下装置

1—机架；2—平衡缸；3—上横梁；4—平衡拉杆；5—弧形垫块；6—垫块移出滑轨；7—高压进油口；8—压下柱塞缸；9—压力传感器；10—垫片组；11—支承辊轴承座；12—柱销；13—平衡吊架；14—位移传感器；15—垫块快速移动缸

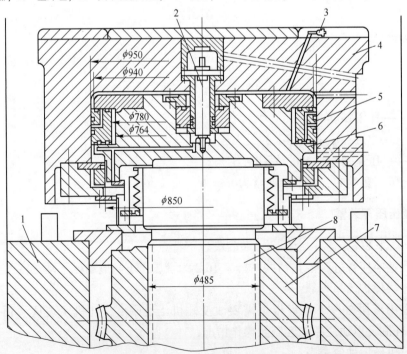

图 16-18　安装在机架下部的压上装置

1—机架；2—位置传感器；3—排气阀；4—缸体；5—活塞环；6—活塞；7—带蜗轮的螺母；8—推上螺杆

通常，液压压下装置需要配备厚度自动控制系统（AGC）。如图 16-19 所示，厚度自动控制系统包括位置闭环和压力补偿环，设有来料板厚、温度以及出口板厚的检测控制系统。其工作原理及控制方法是通过测厚仪、压力传感器和位移传感器等测量设备对进入轧机前钢板的厚度 H 以及出轧机后钢板的厚度 h、电机的转速 n、钢板的轧制力、液压缸

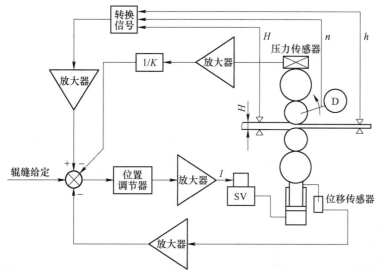

图 16-19　液压压下厚度控制系统示意图

（图 16-20）的位置等一些参数进行实时的测量，经过信号的转换将实际检测回来的钢板厚度值与设定的钢板厚度值进行比较，得出的偏差信号经放大器放大后传送给位置调节器，由调节器输出的一个控制量调整压下油缸的高度，油缸带动轧辊调整辊缝，使得钢板的厚度控制在规定的偏差范围内。

当板带材的出口厚度为 h 时，则有：

$$h = S_0 + P_0/K - \Delta S \quad (16\text{-}12)$$

图 16-20　液压压下伺服缸

式中　S_0——原始辊缝；

　　　P_0——给定的标准板材厚度 h_0 所对应的轧制力；

　　　K——机座自然刚度系数；

　　　ΔS——机座弹性变形增量。

16.4　轧辊平衡装置

16.4.1　轧辊平衡的目的

轧辊平衡的目的主要有：消除工作机座中有关零件间的间隙，减少冲击，改善咬入条

件，防止工作辊与支承辊之间打滑现象。

16.4.2　平衡装置类型

常用的平衡装置有：弹簧式、重锤式、液压式及弹性胶体等形式。

16.4.2.1　弹簧式平衡装置

弹簧式平衡装置多采用螺旋弹簧（图 16-21），结构简单、造价低、维修简便，但平衡力是变化的，仅用于上辊调节高度在 50~100 mm 的中、小型型钢及线材等轧机上。弹簧平衡的最小过平衡力为被平衡零件质量的 1.2~1.4 倍。

图 16-21　轧辊弹簧平衡

16.4.2.2　重锤式平衡装置

重锤式平衡装置的特点：

（1）工作可靠，操作简单，调整行程大；

（2）磨损件少，易于维修保养；

（3）机座的地基深，增加了基建投资；

（4）平衡重锤易产生很大的惯性力，造成平衡系统出现冲击现象，影响轧件质量。

重锤式平衡装置主要用于上轧辊调节距离大的初轧机（图 16-22）。重锤式平衡装置在换辊时需要首先解除平衡力，可用闩板插在机架窗口滑板上的纵向槽中，将平衡支杆锁住来解除平衡力。

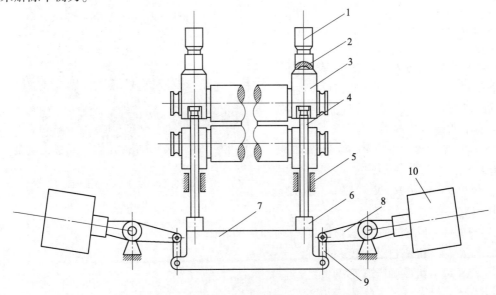

图 16-22　初轧机上轧辊重锤式平衡装置简图

1—压下螺丝；2—球面垫；3—上轴承座；4—支杆；5—立柱滑槽；
6—铰链；7—支梁；8—杠杆；9—拉杆；10—重锤

16.4.2.3　液压式平衡装置

液压式平衡装置的特点：

（1）结构紧凑，适于各种高度上轧辊的平衡；

（2）动作灵敏，能满足现代化的板厚自动控制系统的要求；

（3）在脱开压下螺丝的情况下，上辊可停在任意位置，拆卸方便，加速换辊过程；

（4）平衡装置安装于地平面以上，基础简单，维修方便，便于操作。

液压式平衡装置按平衡柱塞缸的数量多少可以分单缸式、四缸式、五缸式及八缸式等几种类型（图 16-23）。

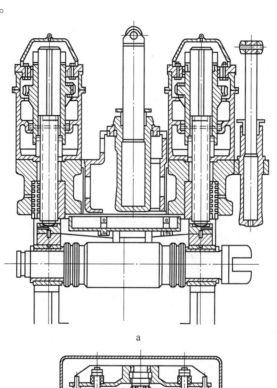

a

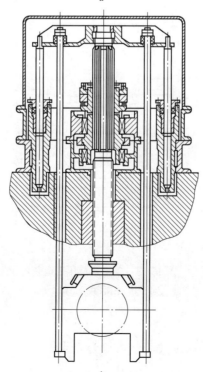

b

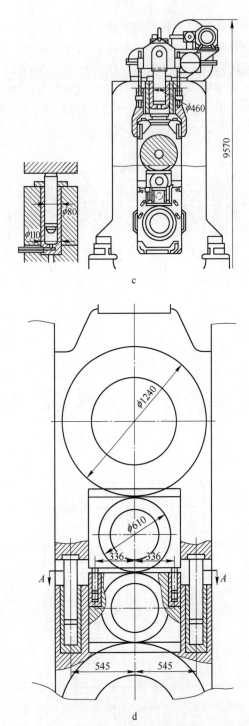

图 16-23 单缸式液压平衡装置

a—单缸平衡；b—四缸平衡；c—五缸平衡；d—八缸平衡

16.4.2.4 弹性胶体平衡装置

弹性胶体平衡装置是采用弹性胶体为填充介质的平衡装置，弹力性能稳定、结构简单、工作可靠、成本低廉、维护方便、使用寿命长。

弹性胶体平衡装置是在一个密闭的容器中（图 16-24），利用高压阀强行填充一种弹性胶体介质，将容器中弹性胶体进行预压缩建立起初压力。

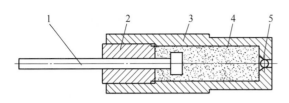

图 16-24　弹性胶体平衡装置
1—活塞杆；2—缸盖；3—缸体；4—弹性胶体；5—单向阀

16.5　轧辊轴向调整及固定

16.5.1　轧辊轴向调整

轧辊轴向调整的作用是：

（1）调整孔型，型钢和线材轧机上，调整轧辊轴向位置，保证轧辊孔型，例如在型钢轧机中使两轧辊的轧槽对正、在初轧机中使辊环对准；

（2）在有滑动衬瓦的轧机上，调整瓦座与辊身断面的间隙；

（3）轴向固定轧辊并承受轴向力；

（4）利用轧辊轴向移动机构调整轧辊辊型。

轧辊轴向调整机构的类型如图 16-25 所示。

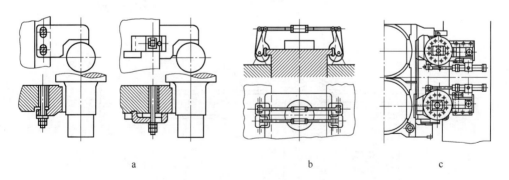

图 16-25　轧辊轴向调整装置
a—螺栓调整；b—双向螺杆调整；c—液压位置控制调整

16.5.2　轧辊的轴向固定

对于普通板带轧机，轧辊只需轴向固定（图 16-26 和图 16-27）。开式轧辊轴承需要两侧固定；采用滚动轴承和油膜轴承时，在一侧（通常在操作侧）固定，另一侧为自由端。

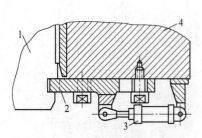

图 16-26　支承辊轴承座轴向固定
1—轴承座；2—挡板；3—油缸；4—机架

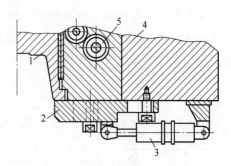

图 16-27　工作辊轴承座轴向固定
1—轴承座；2—挡板；3—油缸；4—机架；5—平衡缸

16.6　换辊装置

　　换辊装置属于轧机的辅助设施，主要用于闭式机架的轧机换辊。为了配合换辊，轧机主体设备上要设置相应的机构，以满足换辊的要求。传统轧机的换辊多是利用车间的起重设备，使用换辊工具换辊（图 16-28）。

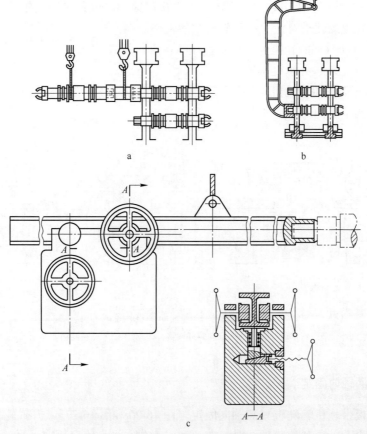

图 16-28　换辊工具
a—换辊套筒；b—换辊"C"形钩；c—带平衡重的换辊套筒

现代的板带轧机基本上都采用了专门的换辊装置进行快速换辊，提高了设备作业率，例如拖曳换辊（图16-29）、小车换辊（图16-30）等。

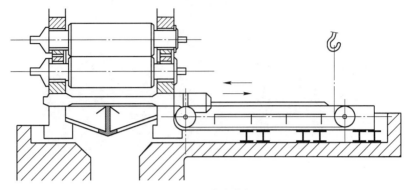

图 16-29 拖曳换辊

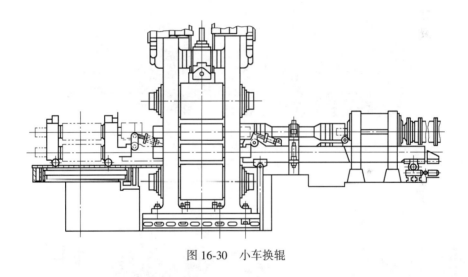

图 16-30 小车换辊

16.7 轧 机 机 架

16.7.1 轧机机架的作用与类型

机架是轧机的重要部件，在轧制过程中承受轧制力、冲击力、倾翻力矩。此外，机架要容纳轧机的所有部件，并保证轧制工艺要求，所以轧机机架必须具有足够的强度与刚度。

（1）根据机架的构成形式有牌坊式机架、框架式机架、板式机架和箱式机架（图16-31）；

（2）根据机架牌坊的形式有闭式机架、开式机架（图16-32）；

（3）根据机架的制作方式有铸造机架、焊接机架和组合机架（图16-33）。

图 16-31　机架的构成形式

a—牌坊式机架；b—框架式机架；c—板式机架；d—箱式机架

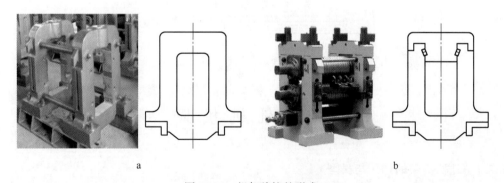

图 16-32　机架牌坊的形式

a—闭式机架；b—开式机架

开式机架的上盖要便于打开，采用的连接方式有螺栓连接、销楔连接、环楔连接、斜楔连接等。

组合式机架可以是单片机架由上、下横梁及左、右立柱通过拉杆预紧，形成一个封闭的矩形框架；也可以是上机架盖和下机座通过拉杆连接在一起，或者是通过拉杆直接将上、下轴承座与机座连在一起，形成无牌坊预应力机架。

16.7.2 机架牌坊结构

机架牌坊的结构参数包括：窗口高度 H、宽度 B 以及立柱断面积 F，如图 16-34 所示。

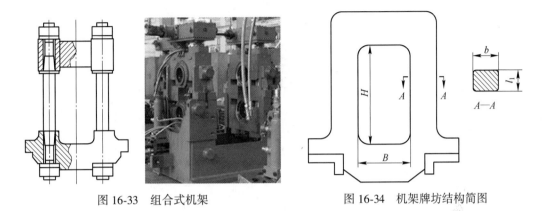

图 16-33 组合式机架　　　　　图 16-34 机架牌坊结构简图

对于闭式机架，为了便于换轧辊，窗口的宽度 B 应稍大于轧辊最大直径 D，而且在换辊侧窗口宽度比传动侧窗口宽度应大 10 mm；对开式机架而言，窗口宽度 B 主要决定于轧辊轴承座的宽度。

机架窗口高度 H 主要取决于轧辊直径、轴承座高度，压下螺丝的伸出量或液压压下油缸及有关零件的高度和安全臼或上推垫、下轴承座垫板等有关零件的高度，以及轧机换辊时的最大开口度。

对于四辊轧机，可取

$$H = (2.6 \sim 3.5)(D_g + D_z) \tag{16-13}$$

式中　D_g，D_z——工作辊和支承辊直径，mm。

机架立柱断面积 F 是根据机架强度确定的。可按表 16-3 的经验公式预定，再进行机架强度与刚度（对板带轧机）验算。

表 16-3　机架立柱断面面积与轧辊辊颈直径平方的比值

轧辊材料	轧机类型	比值 $\left(\dfrac{F}{d^2}\right)$	备　注
铸铁	横列式轧机	0.6~0.8	
碳钢	开坯机	0.7~0.9	
	其他轧机	0.8~1.0	
铬钢	四辊轧机	1.2~1.6	按支承辊辊颈计算

图 16-35 和图 16-36 分别为板带轧机的闭式机架结构和型钢轧机的开式机架结构。

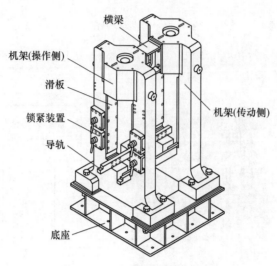

图 16-35 板带热连轧机机架结构

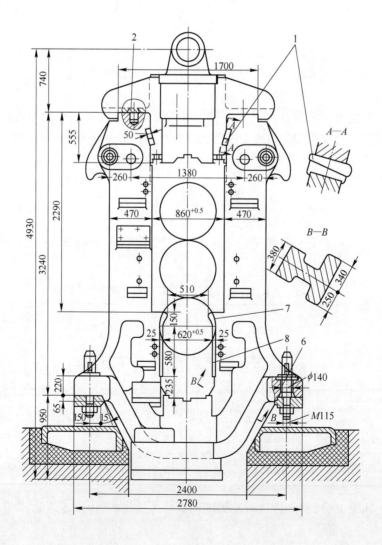

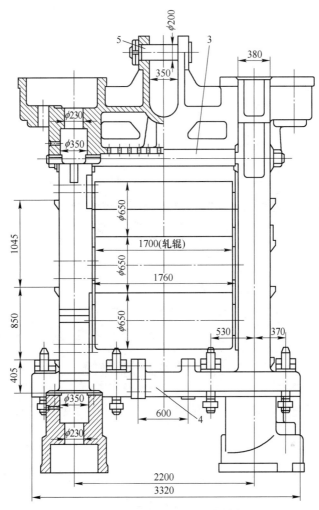

图 16-36　三辊型钢轧机机架结构

1—楔子；2—定位销；3—双头螺栓和撑管；4—铸造横梁；5—起吊用的中心轴；
6—侧支承面；7—突出部分；8—耐磨滑板

16.7.3　机架材料和许用应力

机架是轧钢机中最重要，且不可更换零件，具有较大的强度、刚度以及较长的寿命，安全系数最大，一般为 10~12.5。

机架材料可选用 ZG270~500 铸钢，许用应力为：横梁，$[\sigma]$ = 50~70 MPa；立柱，$[\sigma]$ = 40~50 MPa。

16.8　轧机轨座结构

轧机轨座是用于保证机座安装尺寸精确，承受机座全部质量及其倾翻力矩，通过轨座将机座与地基紧紧连接在一起。安装轨座应准确牢固，确保足够的强度与刚度。

通常轨座与机架的材料相同。轨座结构形式很多，通常为条形结构，分别铺设在机架地脚的两边。图 16-37a 为矩形支承面的轨座，轨座与地脚的连接是通过螺栓、螺母紧固在一起的，用于工作机座不需要进行轴向位置调整的轧机上。

图 16-37b 为斜楔连接的轨座形式，拆卸方便，用于经常拆卸的机座上。

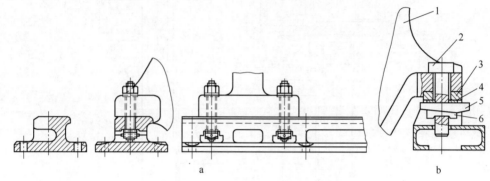

图 16-37 轨座形状及其机架地脚连接形式
a—矩形支承面的轨座；b—用斜楔连接的轨座
1—机架地脚；2—销钉；3—轨座；4—垫圈；5，6—上、下斜楔

16.9 轧机地脚螺栓

轨座通过地脚螺栓与地基连接，地脚螺栓的规格选用与其承受的预紧力相关。地脚螺栓总预紧力 P_y 为：

$$P_y = (1.2 \sim 1.4)Q_1 \tag{16-14}$$

式中 Q_1——地脚螺栓所受最大拉力计算公式为：

$$Q_1 = \frac{M_{q\max}}{b} - \frac{G}{2} \tag{16-15}$$

式中 G——机座的总重力；

    $M_{q\max}$——轧机最大倾翻力矩。

$$M_{q\max} = M_{zh}\left(1 + \frac{2a}{D}\right) \tag{16-16}$$

式中 M_{zh}——总轧制力矩；

    a——轧制线至轨座平面的距离；

    D——轧辊工作直径。

轨座上的最大压力 Q_2 为：

$$Q_2 = \frac{M_{q\max}}{b} + \frac{G}{2} \tag{16-17}$$

式中 b——两轨座间地脚螺栓中心线之间的距离，mm。

在轧钢机上常采用的地脚螺栓结构有两种形式，如图 16-38 所示。大型地脚螺栓的下面用螺帽固定在锚板上，螺帽除拧在螺杆螺纹上外，还要焊在螺杆上；中、小型轧机上的地脚螺栓的下面为钩头螺杆。

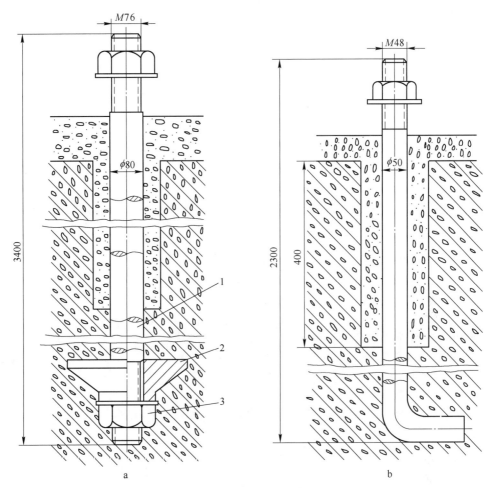

图 16-38　地脚螺栓结构
a—锚板地脚螺栓；b—钩头地脚螺栓
1—螺杆；2—锚板；3—螺母

16.10　小　结

　　轧钢设备是钢坯到钢材生产工艺过程中的主要机械设备。由于钢材的品种繁多，生产工艺过程各异，因此对轧钢设备的功能和性能要求亦不同。然而，构成轧钢设备的基本要素是相同的。尽管有其特殊性，但是轧钢设备所用的设计计算、加工制造、使用维护的方法和手段，还是与普通机械设备使用的相应方法相通的。随着轧制工艺的发展，机械制造水平的提高，自动化、智能化技术的应用，轧钢设备的结构和配置将逐渐演进，工艺装备的组成也将发生变化。

参 考 文 献

[1] 王廷溥. 轧钢工艺学 [M]. 北京：冶金工业出版社，1980.

[2] 王海文. 轧钢机械设计 [M]. 北京：机械工业出版社，1983.

[3] 曹洪德. 塑性力学基础与轧制原理 [M]. 北京：机械工业出版社，1983.

[4] 黄庆学. 轧钢机械设计 [M]. 北京：机械工业出版社，2007.

[5] 周存龙. 钢管冷斜轧成型研究 [J]. 山西机械，2000，2：12-15.

[6] 於方. 钢管冷斜轧成形过程的有限元分析 [J]. 钢铁，2004，6：16-19.

[7] 秦建平. 经济型轧制生产 [M]. 北京：化学工业出版社，2012.

[8] 秦建平. 特种轧制生产 [M]. 北京：冶金工业出版社，2011.

[9] 周琳，陈其安，姜尚清. 中国长材轧制技术与装备 [M]. 北京：冶金工业出版社，2014.

[10] 中华人民共和国国家标准. 线材轧钢工艺设计规范 [M]. 北京：中国计划出版社，2008.

[11] 包喜荣. 轧钢工艺学 [M]. 北京：冶金工业出版社，2013.

[12] 张秀芳. 热轧无缝钢管生产 [M]. 北京：冶金工业出版社，2015.

[13] 《1200叠轧薄板车间机械设备》编写小组. 1200叠轧薄板车间机械设备 [M]. 北京：机械工业出版社，1974.

[14] 舒宾 Г Н. 迭轧薄板工艺基础 [M]. 北京：冶金工业出版社，1957.

[15] 鞍钢中板厂编写组. 中板生产 [M]. 北京：冶金工业出版社，1975.

[16] 《小型热轧无缝钢管车间机械设备》编写小组. 小型热轧无缝钢管车间机械设备 [M]. 北京：机械工业出版社，1973.

[17] 曹家桐. 国外连续炉焊钢管生产 [M]. 北京：冶金工业出版社，1979.

[18] 叶尔莫拉耶夫. 钢管车间机械设备 [M]. 北京：冶金工业出版社，1957.

[19] 《轧辊自动堆焊》编写小组. 轧辊自动堆焊 [M]. 北京：中国工业出版社，1971.

[20] 达尼洛夫 Φ А. 热轧钢管生产 [M]. 北京：冶金工业出版社，1957.

[21] 孔型设计轧辊制造训练班. 轧辊铸造基础 [M]. 北京：冶金工业出版社，1960.

[22] 吴凤梧. 国外高频直缝焊管生产 [M]. 北京：冶金工业出版社，1985.

[23] 康永林. 轧制工程学 [M]. 北京：冶金工业出版社，2014.

[24] 唐文林. 型钢孔型设计 [M]. 西安：西安冶金建筑学院，1988.

[25] 白连海. 我国冷轧管机发展四十年 [M]. 西安：西安重型机械研究所，2001.

[26] 索柯洛夫 Л Д. 轧钢车间机械设备（主要设备）[M]. 北京：重工业出版社，1956.

[27] 苏联机器制造百科全书编委会. 苏联机器制造百科全书（第八卷）[M]. 北京：机械工业出版社，1955.

[28] 《横列式中小型轧钢车间工艺设计参考资料》编写组. 横列式小型车间轧钢工艺设计参考资料 [M]. 马鞍山：马鞍山钢铁设计院，1979.

[29] 宋仁伯. 轧制工艺学 [M]. 北京：冶金工业出版社，2014.

[30] John G Lenard. 板带轧制基础 [M]. 沈阳：东北大学出版社，2015.

[31] 王廷溥. 现代轧钢学 [M]. 北京：冶金工业出版社，2014.

[32] 潘慧勤. 轧钢车间机械设备 [M]. 北京：冶金工业出版社，2016.

[33] 张秀芳. 热轧无缝钢管生产 [M]. 北京：冶金工业出版社，2015.

[34] 谢水生，刘静安，王国军. 铝及铝合金产品生产技术与装备 [M]. 长沙：中南大学出版社，2015.

[35] 王渠东，王俊，吕维洁. 轻合金及其工程应用 [M]. 北京：机械工业出版社，2015.

[36] 常毅传，李骏骋，谢伟滨. 镁合金生产技术与应用 [M]. 北京：冶金工业出版社，2018.

[37] 张蓊，谢水生，赵云豪. 钛材塑性加工技术 [M]. 北京：冶金工业出版社，2010.